雷电监测原理与技术

马启明　编著

U0309998

科学出版社

北　京

内 容 简 介

　　本书全面介绍了国际上现有的雷电监测定位的原理及相应的技术,并以中国气象局国家雷电监测网为实例,详细地讲述了 VLF/LF 三维闪电探测仪、国家雷电监测网数据处理中心及雷电监测网数据应用服务系统对应的技术,以 2012 年全国雷电监测网的监测数据为样板,统计出我国雷电活动的时空特性及对应的雷电密度、雷暴日等重要防雷参数的分布图。本书中的雷电精确定位技术,也适用于导航、无线电监听以及其他通信领域测控与定位。

　　本书为雷电监测与防御领域的专业书籍,可供高等院校相关专业的师生、科研单位的科研人员及相关管理人员参考。

图书在版编目(CIP)数据

雷电监测原理与技术/马启明编著. —北京:科学出版社,2014
ISBN 978-7-03-042661-1

Ⅰ.①雷…　Ⅱ.①马…　Ⅲ.①雷-监测-研究②闪电-监测-研究
Ⅳ.①P427.32

中国版本图书馆 CIP 数据核字(2014)第 284610 号

责任编辑:杨向萍　汤　枫　张艳芬 / 责任校对:桂伟利
责任印制:张　倩 / 封面设计:蓝　正

科 学 出 版 社 出版
北京东黄城根北街 16 号
邮政编码:100717
http://www.sciencep.com
中国科学院印刷厂 印刷
科学出版社发行　各地新华书店经销
＊

2015 年 1 月第 一 版　开本:720×1000 1/16
2015 年 1 月第一次印刷　印张:20
字数:394 000
定价:150.00 元
(如有印装质量问题,我社负责调换)

前　　言

本书的内容主要建立在作者及所带领的科研团队在中国科学院空间科学与应用研究中心、中国气象局气象探测中心及中国科学院电工研究所工作期间承担并完成的相应科研和业务工作的基础上。

全书共 5 章。第 1 章简要介绍雷电监测的科学意义、社会经济效益以及国内外的发展动态。

第 2 章介绍雷雨云的电结构、闪电的放电特性，并依据 Maxwell 方程组，通过 Matlab 仿真计算，得到闪电电磁脉冲辐射与传播特性，这些结果是雷电监测定位所需的理论与技术基础。

第 3 章介绍工作在 VLF/LF、VHF、可见光不同频段，从地基到卫星的雷电监测定位方法及相应的技术。

第 4 章介绍我国自主研发并建设的中国气象局国家雷电监测网系统。

第 5 章以我国雷电监测网 2012 年的监测资料为例，介绍我国雷电气候特征参数的统计方法与 2012 年我国雷电活动的时空特性。

雷电监测技术在中国能有较好的发展，首先要感谢中国科学院空间科学与应用研究中心，以作者导师高潮研究员为首的一批老科学家，奠定了核爆电磁脉冲/雷电监测这个学科方向，将先前美国 LLP 公司研制的 ALDF 闪电探测网引入我国并实现了国产化，让大家看到了雷电监测技术在中国的发展希望；其次，要感谢中国气象局两任局长秦大河、郑国光，推动了雷电监测技术走向气象业务，使雷电监测资料能得到广泛的应用并发挥出较好的社会经济效益。

在撰写本书过程中，得到了以下学生和同事的帮助：武汉大学物理科学与应用学院 2011 级周晓博士，2012 级肖芳、潘超硕士，2013 级田彩霞硕士，2014 级苑尚博硕士；中国气象局气象探测中心的迟文学博士，陈瑶、任晓毓、陈挺工程师。他们广泛阅读相关文献，并对一些结果进行仿真计算和验证，在整理稿件过程中做了大量的工作，在此一并表示感谢。

国家雷电监测网的运行得益于中国气象局综合观测司的组织与管理，国家气象信息中心的维护等，在此向他们表示感谢。

限于作者水平，加之雷电监测技术知识面很广，书中难免存在不妥之处，希望相关领域的专家、学者及各位同仁不吝赐教，谢谢！

目　录

第1章 概　述

　　雷电是自然界中的强放电现象,据估计,全球每年大约发生 10 亿次雷暴,地球上每时刻有 2000 个雷暴云存在。在我国,根据最近几年雷电监测网资料显示,每年大约要发生 1300 万次左右的云地闪电。一方面,雷电维持着由雷暴-电离层-晴天大气-地球所构成的全球电路,号称大自然的"电源",在自然界中起着不可替代的作用;另一方面,雷电也是一种典型的自然强电磁危害源。在现代生活中,闪电仍然威胁着人类生命财产的安全,引燃森林、火工品等造成重大损失,对航空、航天、通信、电力、建筑、石油化工等国防和国民经济的许多部门都有着很大的影响;落地雷往往引起森林火灾,导致成片原始森林的烧毁;高压电网附近的雷电往往引起线路故障,中断电网的供电;导弹、火箭发射场及飞机场附近的雷电对导弹、火箭的发射及飞机的起飞构成威胁。另外,由于闪电辐射的电磁波频谱极宽、强度极大,常常干扰正常的无线电通信和飞行器的遥控从而造成事故。在 20 世纪末联合国组织的国际减灾十年活动中,雷电灾害被列为最严重的十大自然灾害之一。美国将雷电列为排名第二的天气杀手,根据美国国家海洋大气管理局(NOAA)天气局的统计,美国平均每年因雷电灾害致死 73 人,伤 300 多人,雷电比飓风和龙卷风造成的人员伤亡还要多。我国每年发生的雷电灾害有近万次,造成的人员伤亡有 3000～4000 人,直接经济损失达几十亿人民币,雷电造成的损失在我国众多自然灾害中排第六位。随着计算机、微波站、智能传感器、电子信息显示与处理等弱电设备的广泛普及与使用,雷电损失大有上升趋势。因此,在现代信息社会,各国都很重视雷电的研究、监测及防护。

1.1　开展雷电监测定位的意义

　　雷电监测定位理论与技术研究开始于 19 世纪末 20 世纪初,在雷电研究、监测及防护领域中处于核心的位置。首先,通过遥测方式能大范围、较准确地提供雷电发生的时间、位置、强度等放电参数,供雷电科学家进一步研究雷电的放电特性和其他更细致的物理过程,为进一步认识、防护雷电提供科学依据;其次,通过实时监测雷暴的发生、发展、成灾情况和移动方向及其他活动特性,对一些重点目标进行类似于台风的监测预报,使雷电造成的损失降到最低点;第三,雷电往往和暴雨、飓风、冰雹等强对流天气现象有很强的相关性,监测雷电活动的范围和频度是监测、预报上述灾害性天气的手段之一;第四,雷电的监测及准确定位在电力系统雷击故障点的查巡、森林雷击火灾的定点监测、火箭卫星发射场附近的雷电预警、石化企业安全生产等方面都有很高的经济效益。所以,几乎所有发达国家和地区都建有全国和地区性的雷电监测定位网。

1.2　国内外研究现状和发展趋势

现代 VLF/LF(very low frequency/low frequency)频段的雷电监测定位系统起源于 1976 年美国 Krider 等成功地对原双阴极示波器闪电探测仪的改进[1]。在此基础上研制出了智能化的磁方向闪电定位系统(ALDF),该系统采用宽波段接收闪电辐射的 VLF/LF 信号,克服了原窄波段信号带来的偏振误差、电离层反射等不利影响,使测角误差在±1°以内。20 世纪 80 年代初期又增加了云地闪波形鉴别技术,使云地闪电探测效率在 90% 以上。80 年代中期和末期,几乎世界上所有发达国家和地区都布有这种设备组成的雷电监测定位网。与此同时,美国大气科学研究公司又研制了一种时差法(TOA)雷电定位系统,1986 年产品形成,并在美国东部建网,同时也在日本、巴西、澳大利亚等国家和地区建网。进入 90 年代后,由于 GPS 等技术的飞速发展,在原测向系统的基础上增加了时差功能,称为时差测向混合系统(IMPACT)[2]。这种系统在定位精度和探测效率上较原系统都有较大的提高,是当时的主流系统。进一步研究云地闪和云闪的放电过程后,发现云闪 K 过程等也辐射 VLF/LF 脉冲,VLF/LF 系统更进一步升级为时差测向混合云地、云闪探测系统(IMPACT-ESC),并在美国、加拿大布设 187 个站,形成了现在的北美闪电监测网。

现代雷电放电过程观测研究表明,不仅云地闪回击过程辐射 VLF/LF 脉冲信号,云闪正负电荷中和过程(也叫云闪闪击)也产生较强的 VLF/LF 脉冲。通过接收闪电闪击(包括云闪、云地闪)辐射的 VLF/LF 脉冲信号,采用 TOA 定位方法,研发对闪电 VLF/LF 辐射源的时间、位置、高度、强度及极性等主要参数的三维定位技术,是升级传统闪电监测定位系统的最好方案。2007 年,德国慕尼黑大学天电研究小组采用该技术研制了 LINET 闪电监测网[3],不仅能同时探测云地闪、云闪,还能提供三维定位,定位精度达到 150m。该系统目前由 17 个国家约 90 个传感器组成,使用范围覆盖了西经 10°～东经 35°、北纬 30°～65°。LINET 监测网为预报单位提供服务并可进行连续工作,为德国气象服务提供闪电数据,为许多国家和国际科学项目提供实时和历史数据,得到了很高的评价。

为了更好地研究全球范围内雷电特性,美国华盛顿大学地球与空间科学中心利用电离层对闪电 VLF 脉冲信号的反射特性,研发了能探测全球闪电位置的全球闪电定位监测系统(WWLLN)[4],并已在全球完成 60 个站点的建设。通过改进的 TOGA 定位方法,利用接收到 VLF 脉冲信号的相位变化率来确定各探测站点间的时间差,进而确定闪电发生的位置。目前 WWLLN 系统的探测效率只有 30％ 左右,但随着站点的建设及系统的完善,其探测效率和精度也会不断提升。

由于云地闪预击穿、先导等放电过程,云闪都辐射大量的 VHF(very high frequency)频段的脉冲,在 VHF 频段探测闪电,尤其对探测闪电的放电轨迹三维结构的研究非常活跃。20 世纪 80 年代后期,采用 VHF 干涉法测定闪电位置可以判定放电通道走向的系统(SAFIR)开始商业化,进而发展成有三维定位功能的系统,工作在甚高频波段的系统还有时差法的系统 LDAR。近年来在此基础上,美国 NMIMT(New Mexico Institute of Mining and Technology)又发展了具有更高定位精度的 LMA 系统[5],基本实现了闪电放电轨迹的准确探测。

中国科学院空间科学与应用研究中心雷电探测研究团队从 20 世纪 70 年代开始研究闪电与核爆电磁脉冲探测技术,先后和中国人民解放军第二炮兵工程大学(简称二炮)合作研制了数代国产闪电监测定位网设备。"七五"期间,从美国 LLP 公司引进了当时最先进的磁方向闪电监测定位系统(ALDF),1990 年国产化成功。1991 年开始正式建立闪电监测定位网,受通信方式的制约主要是电力和军队系统自建自用。1996 年又在国内最先成功研制采用 GPS 卫星定位系统的高精度时差测向混合定位系统,使得雷电监测定位系统定位精度、探测效率有了明显的提高,随后在我国电力、电信、军队等部门采用专线通信,建立了一批专业闪电监测网,取得了明显的社会与经济效益。从 2003 年开始,随着雷电探测技术越来越成熟,探测设备稳定性、可靠性越来越高。另外,我国宽带网通信价格低廉、通信质量稳定可靠,为气象系统建设业务运行网提供了有力的保障。福建省气象局、江西省气象局率先以省为基本单位建设全省雷电监测定位网。2004～2005 年,湖南、陕西、云南、湖北、四川、黑龙江、山西、江苏等省气象系统纷纷建成了各省雷电监测定位网。

为了整合全国的资源,避免重复建设,中国科学院空间科学与应用研究中心从 2004 年开始将军队、电力、电信、气象等部门建设的闪电监测定位网联网,开展"国家雷电监测定位"的综合联网试验研究。国家雷电监测试验网到 2005 年 10 月 31 日为止,共计联网 186 个探测站,涉及电力、军队、气象、电信、林业等多个部门,探测范围覆盖到我国 20 多个省(市、自治区),全天候实时运行,并通过 WebGIS 实时显示最新 2 小时内的闪电监测资料。另外,在 2004 年 8 月正式开通从中国科学院空间科学与应用研究中心到中国气象局的专线,将探测结果实时传送到中国气象局大院供信息中心、气象中心等部门使用。2007 年底,中国气象局和中国科学院协商将中国科学院空间科学与应用研究中心雷电探测团队整体转到中国气象局,基于中国科学院原有的系统联成国家级闪电监测定位网。目前,该网拥有 346 个闪电探测仪,除新疆、西藏、甘肃、内蒙古部分地区没有覆盖外,几乎覆盖了全国。2007～2011 年,该网连续、不间断运行了 4 年,探测到大量的雷电数据,为我国雷电灾害的防御作出了重点贡献,特别是在 2008 年奥运会期间、2009 年国庆 60 周年雷电保障及"5·12"汶川大地震抗震救灾中表现突出。

2008 年,在"十一五"国家科技支撑计划"雷电灾害监测预警关键技术研究及系统开发"的支持下,中国气象局气象探测中心牵头,联合武汉大学物理科学与技术学院、中国科学院等单位,结合美国 IMPACT 系统的结构、波形鉴别技术和 Linnet 三维定位技术特点,成功研发了 VLF/LF 三维闪电探测系统(ADTD-2型),并开始对原 ADTD-1 型闪电定位仪(中国科学院空间科学与应用研究中心研制)进行技术升级,到 2013 年年底,有近 80 个探测仪升级为 VLF/LF 三维闪电探测仪,我国北京、天津、河北、大连、海南、江苏、贵州、湖北等省(市)可以实时获取三维闪电监测信息,同时在中国科学院电工研究所建立了国家三维闪电数据处理中心。

地基闪电监测网能够实时监测陆地及陆地周边海洋上发生的闪电,全球闪电监测网最多只能探测到海洋上发生的 30% 的闪电,发生在海洋上的雷电只能靠卫星探测。20 世纪 80 年代末,Christian 等指出作为探测闪电理想平台的卫星应该具有较大的探测范围[6]。在 90 年代中期,美国先后发射了 OTD 和 LIS 两个搭载在极轨卫星上的闪电光学探测器。随后,美国和欧洲的地球静止轨道卫星闪电成像仪 GLM 和 LI 都在准备之中,我国即将发射的静止轨道气象卫星("风云四号")也将搭载闪电仪。卫星上探测闪电视野大、效率高(尤其是云闪效率高)、时间分辨率高(2ms),但定位精度并不高,光学探测器并不是直接探测闪电亮光的位置,而是测量闪电亮光照亮的云顶区域,一般探测精度为 5～10km,并不能代替地基闪电监测网。

参 考 文 献

[1] Krider E P,Noggle R C,Uman M A. A gated wideband magnetic direction binder for light-ning return strokes[J]. Journal of Applied Meteorology,1976,15(3):301～306.

[2] Cummins K L,Murphy E A,Bardo W L et al. A combined TOA/MDF technology upgrade of the U. S. national lightning detection network[J]. Journal of Geophysical Research,1998,103 (D8):9035～9044.

[3] Betz H D,Schmidt K,Laroche P,et al. LINET—An international lightning detection network in Europe[J]. Atmospheric Research,2009,91(2-4):564～573.

[4] Dowden R L,Brundell J B,Rodger C J. VLF lightning location by time of group arrival (TO-GA) at multiple sites[J]. Journal of Atmospheric and Solar-Terrestrial Physics,2002,64(7):817～830.

[5] Krehbiel P R,Thomas R J,Rison W,et al. Lightning mapping observations in central Okla-homa[J]. Eos Trans. AGU,2000,8l(3):21～25.

[6] Christian H J,Blakeslee R J,Goodman S J. The detection of lightning from geostationary or-bit[J]. Journal of Geophysical Research,1989,94(D11):329～337.

第 2 章　雷电监测定位的理论与技术基础

2.1　雷雨云的电结构与电场测量

晴天情况下,地球带负电荷,地球表面周围的大气中分散着很多带正电荷的离子,这样,在大气中就形成了指向朝下的垂直电场,大气电学中将这种指向的电场规定为正电场。晴天电场是大气电场的正常状态,常用做参考电场。晴天电场值随地点而异,存在着随纬度而增大的纬度效应。晴天大气电场随高度的分布也因时、因地而异,尤其是在陆地上,其分布规律较复杂[1]。通常晴天大气电场具有随高度增加近似呈指数规律递减的分布特性,但即使在同一时刻,在不同的高度范围内其随高度的分布规律也不尽相同。就全球平均而言,在陆地上为 120V/m,在海洋上为 130V/m,工业地区由于空气高度污染,场强值会增至每米数百伏。晴天电场具有日和年两种周期变化。在海洋和两极地区电场日变化与地方时无关,在格林尼治 19 时出现极大值而于 4 时左右出现极小值,呈现一峰一谷的简单形状,变化振幅可达平均值的 20%。但对于大多数陆地测站电场日变化则取决于地方时,通常存在着两个起伏,地方时 4～6 时与 12～16 时出现极小值,而 7～10 时与 19～21时却出现极大值,变化振幅可达平均值的约 50%。这种变化与近地层粒子的日变化密切相关。在海洋上,电场的年变化不明显;而南北半球的陆地测站,在当地冬季出现极大值,夏季则出现极小值。此外大气电场还有许多非周期性变化,它与气象要素的变化有一定关系。

在晴天大气电场的作用下,大气中的离子形成一个电流密度每平方米约为 10pA 的指向地球的大气电流。虽然空气中的电流密度很小,但地球球面积很大,考虑到地球是半径为 6400km 的球体,很容易计算出:从大气流向地球的总电流约为 1350A,地球总电荷量为 -5×10^5C,从地面到大气顶部总电势差约为 400kV,功率为 5 亿多瓦。

随着这么大的正电流从大气中流向地球,地面上的负电荷几乎不到半小时就被中和光,但自然界中并没有出现这种情况,科学家证明是地球上发生的雷电维持着大气的这种电平衡。

在非晴天时,云起电机制非常复杂,到目前为止尚未形成令人信服、完满的解释,对应的大气电场变化就更复杂了,本章将更多地讨论在地面、高空、中高层大气及卫星平台上电场的探测技术与探测结果,而不研讨理论解释。

2.1.1　雷雨云的电结构与电场分布

通常情况下,雷雨云中电荷结构如图 2.1 所示。云顶带正电荷,云底大部分区域带负电荷,也有小部分带正电荷。云顶正电荷区域在 8～12km,云底负电荷区域在 3～6km,云底小部分正电荷在 3km 以下区域[2]。

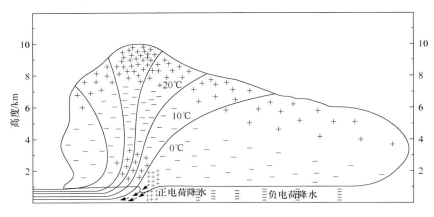

图 2.1　云电荷结构图

(图片源自于 the Lightning Charge P59)

云中携带的电荷在地面、高空、中高层大气层都可以探测到其产生的电场,并通过不同位置点电场值,选取一定电荷分布模型,计算出云中电荷的大小、极性及电荷中心位置等结构,随时间连续观测,进一步得到云中电荷的演变、移动规律。

2.1.2　地面电场测量技术

在地球表面探测云中电荷在地表产生的电场方法很多。测量原理简单、价格低廉、测量精度与性能稳定、用途最广泛的应该是磨盘电场仪,其次是振动式电场仪。为了满足一些特殊场所探测电场的需要,也可以用光电式电场探测仪。

电场测量仪原理图如图 2.2 所示。在静电场 E 中放置一块面积为 S 的金属平板,导体表面就会产生感应电荷 q,感应面电荷密度为 σ,ε 为介电常数,真空中为 ε_0,K 是由于导体放入引起的电场畸变系数。

$$q=\sigma S=\varepsilon KES \tag{2.1}$$

电压为 V,导体电容为 C_a,则

$$V=\frac{q}{C_a}=\frac{\varepsilon KES}{C_a} \tag{2.2}$$

通过后置积分电路,输出电压信号波形反映出电场的变化。其中,天线对地电容设为 C_a,R 的作用是与电容 C 形成放电回路以防止低频分量的饱和,$\tau=RC$ 为

积分器的时间常数。

云在电荷累积过程中,E 是一个缓慢变化的准直流分量,τ 很大,对其测量比较困难,科学家想了许多方法,设法改变 S、C_a 等参数,使 E 变为脉动交流信号以便于放大、测量。

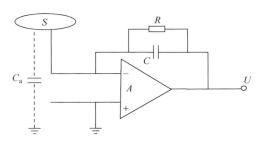

图 2.2　电场仪电路原理

1. 磨盘电场仪

磨盘电场仪是通过电机带动动片在感应片表面旋转来改变平行板电容面积,实现改变 C_a 的一种手段,如图 2.3 所示。磨盘电场仪的磨盘设计为两组形状相似且相互连接在一起的导电片,并分别称之为感应片(定子)和动片(转子)。小叶片的形状与定片相似,也由电机带动旋转,并通过光电开关的缺槽口使光电开关产生同步参考脉冲,用于鉴别电场信号的极性。动片随电机同轴转动,感应片固定不动且与电机轴绝缘,屏蔽片与感应片形状相同,有相同等分开孔。

设定片的总面积为 S,每小片导体面积为 S_i,动片和定片距离恒定为 d,则机械结构固定后,S、d 确定。当动片完全和定片对准时,C_a 最大,当完全对不上时,$C_a = 0$。假定电机的转速为 ω(单位:转/s),并忽略动定片构成的电容边缘效应,S_i 随 ω 周期性变化,导致 C_a 也随 ω 周期性变化,则会产生一交变电信号。

当垂直方向的电场线能够"照射"到

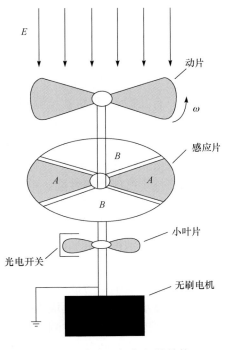

图 2.3　磨盘电场仪机械结构

感应片上时,感应片上感应出的电荷与电场的大小呈线性关系:

$$Q(t) = -\varepsilon_0 E S(t) \tag{2.3}$$

式中,ε_0 为自由空间介电常数,一般取 $\varepsilon_0 = 8.754 \text{pF/m}$;$S(t)$ 为定子的表面积;E 的方向指向转子时为正。

电场线被动片挡住以后,感应片上的电荷为零,如果让动片不停地转动,感应片就会持续输出一个交流信号,而这一交流信号的幅值和电场强度成线性比例关系。感应片输出的是一个交流电流信号,经过前置放大电路的 I-V 转换以后得到一个交流电压信号:

$$V(t) = \begin{cases} IR[(K+1) - 2e^{-\frac{t}{RC}} - 1], & 0 < t < T \\ IR[(K+1 - 2e^{\frac{t}{RC}})e^{\frac{t}{RC}} + 1], & T < t < 2T \end{cases} \tag{2.4}$$

式中,I 为传感器输出的电流幅度,如式(2.5)所示;K 为无量纲常数,如式(2.6)所示;R、C 为电流放大器的反馈电阻和电容。

$$I = 4\pi f_0 \varepsilon_0 (r_2^2 - r_1^2) E \tag{2.5}$$

$$K = (1 - 2e^{-\frac{T}{RC}} + e^{-\frac{2T}{RC}}) / (1 - e^{-\frac{2T}{RC}}) \tag{2.6}$$

其中,r_1、r_2 分别为定子和转子的内、外半径;f_0 和 $T = 1/f_0$ 分别为电机的旋转频率和旋转周期。

磨盘电场仪主要测量电路如图 2.4 所示[3]。电场传感器感应电极输出的交流信号通常只有几微安,很难被检测到,必须采用多级的、高增益的、强抗干扰的放大电路,将信号放大到后端 A/D 电路所能接受的范围。为了避免干扰造成信号失真,电路中要加入低通滤波器,以降低低频噪声的干扰。其中,前置放大电路关系到整个放大电路的优劣,必须具有高精度、高稳定性、高输入阻抗、高共模抑制比、低噪声和强抗干扰能力等性能。电机用来带动动片及定片的旋转,转速由电机控制电路决定。转速稳定后,感应片上将产生幅值大小一定的感应电流信号,经过 I-V 变换电路、放大和带通滤波电路处理之后,输出为单一频率的正弦信号。通过相敏检波电路鉴别被测电场的极性,将正弦信号转换为同一极性全波信号,最后经过低通滤波电路取出直流分量送入数据采集及处理系统,并将该值代入已标定的输出直流电压信号幅值与被测电场强度特性曲线中,解算出被测电场强度的大小,并实时加以显示,电源管理模块为整个系统提供电源。大气电场仪不仅能测量出被测电场的强度,还能辨别被测电场的极性,通常采用相敏检波的方法来实现[3]。常用的相敏检波器有两种:一种由变压器和二极管桥组成,这种电路体积大,稳定性差;另一种则由模拟乘法器构成,性能上得到了很大提高,但价格高,调试麻烦。目前又发展出利用光电开关实现的相敏检测器[4]以及运用单片机设计的相敏检波

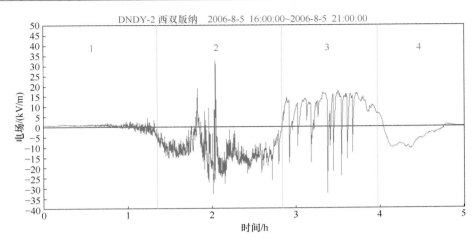

图 2.7　一次正闪雷暴过程中电场探测结果

从探测到的电场变化曲线上看,这次雷暴过程主要分为以下几个阶段。

阶段 1:该阶段地面电场曲线由平稳开始逐渐发生快变抖动,最大值不断增加,且呈针状变化,说明在离电场仪较远的地方有雷电发生。由于电场的快变抖动主要还是围绕在零点附近,说明这其中主要还是能量不大的云间闪。

阶段 2:这段时间的开始,地面电场强度向负向不断增加,说明云底聚集的负电荷在增加。当云层底端和地面之间的电势差达到一定强度以后,便会发生先导闪电。而随着先导闪电的发生,能够将地面电场瞬间倒转,在电场图形上显示为一个向上的快变尖峰。当一次放电结束以后,云层又会马上重新聚集电荷,继续下一次的放电过程。结合图 2.8 可以看到,在该阶段有四次比较强的云地放电发生,且都为负闪。同时,由于在这段时间内电场一直有快变抖动,这反映出在云层积电、对地放电的同时,还有大量的云间闪电发生。由于云间闪一般强度小,发生频繁,因此会使地面电场发生小幅的快变抖动。

阶段 3:这是一个比较特殊的过程,地面电场除了有九次较强向下的快变尖峰出现以外,其他时候基本保持在较平稳的强正电场。地面电场为正,说明云层相对于地面是高电位,云层带正电,因此这九次电场强度变化说明有九个较强的正闪。而在这之后地面电场经过一段时间较平稳的波动以后逐渐向零点逼近,说明带电云层已经漂离或消失。

通过对以上数据的分析发现,该地面电场仪能够形象地反映带电云的活动状况,是一种比较有效的雷电监测手段。

通过上述几个典型雷暴过程中地面电场的变化可以看出,电场仪可以作为一种有效的观测手段应用于雷电预警中。

以电场强度为基础,设定不同的报警等级的门限电场,在 DNDY-2 电场仪中

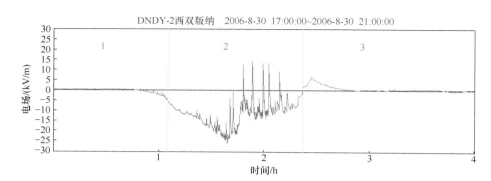

图 2.8   一次负闪雷暴过程中电场探测结果

推荐使用 $2kV/m、5kV/m、8\ kV/m、12kV/m、15kV/m$ 五级报警,再根据不同地区的地理位置、地理环境、地质条件及气候条件,通过经验和统计确定应该选用哪一级雷电报警;其次,可以通过改变发出报警时电场达到的等级来改变提前报警的时间间隔以满足不同的需求;最后,就是根据电场曲线在开始增加的时候是否会出现快变抖动来调整报警的等级(表 2.2)。

表 2.2   电场仪报警等级划分

综合报警等级	报警成功率/%	报警提前时间/min
4	>60	40
5	>70	30
6	>80	20
7	>90	10

2. 振动式电场仪

目前磨盘电场仪还存在一定的缺点,其感应片暴露在空气中容易受环境的影响并且使用的电机功耗大、寿命短、维修困难、而雷电监测是一项长期不间断的工作,因此需要发展一种可连续工作数年的电场仪。

振动式电场仪原理:振动式电场仪是通过改变距离 d 而改变 C_a 的,如图 2.9 所示,设压电陶瓷片的面积为 S,压电片和参考地之间的距离为 d,则

$$V = E(d + \Delta d) \tag{2.7}$$

输出电压随着距离 d 的改变而改变,从而将探测的静电场转换为交变电场。

技术实现:距离的改变可以通过在两平行电容板之间加一振动弹簧来实现,但这种方法会引起电容板之间介电常数的改变。另外一种是将弹簧加在电容板两端,通过谐振电路来控制弹簧的振动,但双弹簧不易控制,容易受温度、湿度、风速等及其他外界因素的影响。

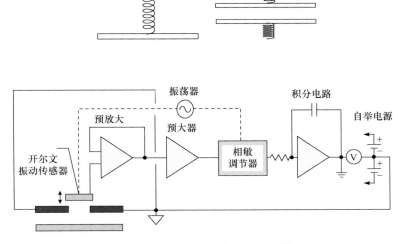

图 2.9　振动式电场仪电路原理[6]

通过简谐振动,探测面板上将感应出交变的感应电荷,通过微电流检测线路就可以检测出交变感应电荷所形成的交变电流,从而得到外电场的大小,通过与谐振波形的同步检波可以得到电场的极性。由于振动电场仪无旋转部分,没有硬件间的摩擦,故寿命大大增长。

主要技术难点:压电片和参考地之间的距离 d 非常小,并随温度、湿度的影响而变化,探测精度不高,优点是不需要电机,可以做得体积非常小,甚至集成在 MEMS 芯片内。

3. 光电式电场仪

目前,全球有数十家公司生产地面电场仪监测设备,大部分采用磨盘电场仪,由于采用了电机装置,容易出现磨损,并且野外使用,受大气灰尘的影响而转速不稳导致测量误差。使用寿命一般为 2～3 年。另外,采用平行板电容标定时,因电场仪本身的体积及金属特性影响平板间的电场的分布,标定很难准确。因而非常希望发明一种没有电机装置、测量仪器体积较小、对测量场本身没有破坏作用的非金属装置,用于校准现有的磨盘电场仪。采用电光晶体泡克耳斯效应原理研制光电式电场仪意义明显。

电光晶体是指具有电光效应的晶体材料。在外电场作用下,晶体的折射率发生变化的现象称为电光效应。外电场作用于晶体材料所产生的电光效应分为两种:一种是泡克耳斯效应,产生这种效应的晶体通常是不具有对称中心的各向异性晶体;另一种是克尔效应,产生这种效应的晶体通常是具有任意对称性质的晶体或各向同性介质。电光晶体广泛应用在光调制器、光开关等领域。通过某种途径,将大气电场强度加载在电光晶体上,利用电光效应测量大气电场将有可能实现[7]。如图 2.10 所示,想方法在电光晶体上,加大气电场。

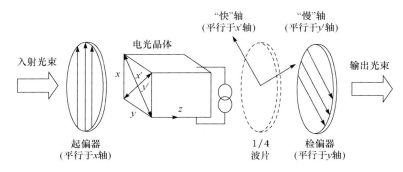

图 2.10   电光效应原理图

晴天时地面大气电场约为 $100V/m$ 量级,大气的击穿电场一般为几千伏/米,雷电发生时产生的瞬时电场是非常强的,可以达到 $100kV/m$ 量级,如此强大的电场加载在晶体上,晶体折射率 n,将出现非线性现象。介质极化率 P 与场强的关系可写成:$P = \alpha_1 E + \alpha_2 E^2 + \alpha_3 E^3$,和非线性光学不太一样的是,非线性光学中 E 指入射光的电场,此处的 E 是指加在晶体上的外场。

测量原理图如图 2.11 所示。

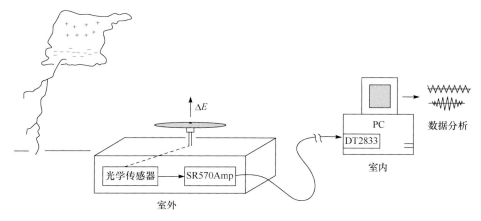

图 2.11   电光晶体测量闪电引起电场变化的总体图
(放大器选用 SR570,采集系统选用 DT2833)

图 2.12 中,第一部分为一个半导体激光器($\lambda = 685nm$),晶体采用 KDP。KDP 是单轴晶体,有 $n_0 = n_e = 1.467$,于是单轴晶体折射率椭球方程为

$$\frac{x^2 + y^2}{n_0^2} + \frac{z^2}{n_e^2} = 1 \tag{2.8}$$

当晶体处在一个外加电场中时,晶体的折射率会发生变化,改变量的表达式为

$$\Delta\left(\frac{1}{n^2}\right) = \frac{1}{n^2} - \frac{1}{n_0^2} = \gamma E + p E^2 + \cdots \tag{2.9}$$

式中,n 是受外场作用时晶体的折射率;n_0 是自然状态下晶体的折射率;E 是外加电场强度;γ 和 p 是与物质有关的常数。式(2.9)右边第一项表示的是线性电光效应,又称为普克尔效应,因此 γ 称为线性电光系数;第二项表示的是二次电光效应,又称为克尔效应,因此 p 也称为二次电光系数。

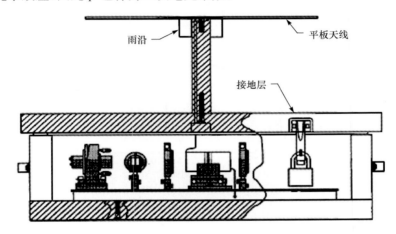

图 2.12　电光晶体闪电传感器
（采用一个铝盘天线接收闪电电场,位于晶体上方）

通过长度为 l 的电光晶体后要产生位相差 φ:

$$\varphi = \frac{2\pi}{\lambda}(n_{x'} - n_{y'})l = \frac{2\pi}{\lambda} n_0^3 \gamma_{22} V \frac{l}{d} \tag{2.10}$$

式中,l 是晶体的通光长度;d 是晶体在 y 方向的厚度;$V = E_y d$ 是由闪电引起的外加电压。此式表明,由 E_y 引起的位相差与加在晶体上的电压 V 成正比。

为了加大相差 φ,一般在第二块偏振片前插入 1/4 波片。从式(2.10)中可以清楚地看出铝板上的电压和相差 φ 的对应关系。

进入晶体前的光强为

$$I \propto EE^* = |E_{x'}(O)|^2 + |E_{y'}(O)|^2 = 2A^2 \tag{2.11}$$

当光经过长为 l 的 LN 晶体后产生位相差 φ,对应的输出光强为

$$I_o \propto (E_y)_o^* (E_y)_o = \left(\frac{A^2}{2}\right)\left[(e^{-i\varphi} - 1)(e^{i\varphi} - 1)\right] = 2A^2 \sin^2 \frac{\varphi}{2} \tag{2.12}$$

将输出光强与输入光强比较,最后得到

$$\frac{I_o}{I_i} = \sin^2\frac{\varphi}{2} = \sin^2\left(\frac{\pi V}{2V_\pi}\right) \tag{2.13}$$

V_π 表示半波电压,在相位延时为 π 时,$V = V_\pi$;I_o/I_i 为透射率,它与外加电压 V 之间的关系曲线就是光强调制特性曲线。为了提高测量分辨率,通常在调制光路中插入一个 $\lambda/4$ 波片。

测量曲线如图 2.13 所示。

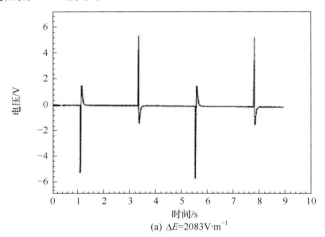

(a) $\Delta E = 2083\text{V} \cdot \text{m}^{-1}$

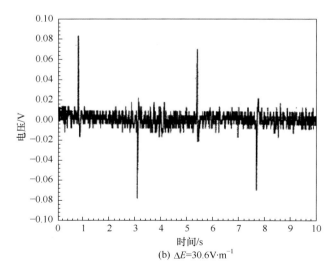

(b) $\Delta E = 30.6\text{V} \cdot \text{m}^{-1}$

图 2.13 实际测量到的电场曲线

从测量曲线中可以看出,电光晶体闪电传感器探测结果基本能反映雷雨云电场的变化情况。但需要注意以下几方面的问题:

　　（1）激光光源稳定性的影响。由于激光器电源的波动、器件的衰减等原因，输入晶体前的光强不稳，导致测量错误。为此在激光器输出端口增加一个分光镜，分出一簇用于监控激光光源稳定性的光束。

　　（2）闪电信号接收天线。采用铝盘作为接收天线，天线信号端和 KDP 晶体电极连接，另一端接地，解决好阻抗匹配、绝缘性、防水等结构问题。

　　（3）噪声的处理。闪电电场信号主要是低频段，而电源等可能引起 50Hz 的信号噪声，在光电探测器后端的电流放大器中，要求既保留低频信号，又能除掉 50Hz 及其倍频噪声。

　　（4）标定。在室内通过标准信号发生器，标定出零点到满量程段内特性，理论上应该为一条斜线。如图 2.14 所示。

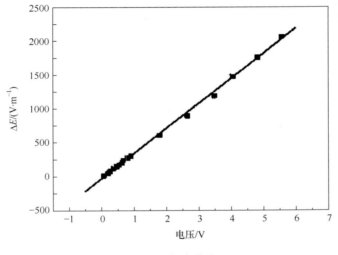

图 2.14　标定曲线

　　（5）动态范围。前面曾讲过，闪电电场的变化范围为 0～100kV/m，要求对应探测系统的动态范围极大，以 5mm 宽的晶体为例，电压为 0～2000V。

　　（6）时间常数 RC。闪电的发生的速度非常快，一般为几微秒，晶体的 RC 常数一般要求延时到秒级，以保证晶体能获得足够的信号。

　　采用电光晶体研制闪电电场仪，具有体积小、精度高、波形细致等优点，选择合适的 KDP 晶体，是完全有可能研制成功并投入市场的。

2.1.3　探空电场测量技术

　　与在地面探测电场相对应的是，科学家更希望通过探空设备将电场仪带到空中直接测量云中的电场分布，为研究雷暴云下、云内、云上电结构以及起电机制提供观测资料。气象探空气球、火箭、小飞机、飞艇等都是很好的搭载平台。为了适应所搭载的探空平台,人们对地面电场仪进行了相应的改进,演变为探空电场仪。一般而言,探空电场仪要求重量轻、体积较小、功耗低、适应 0~30km 高空低温环境,往往是一次性使用不回收,要求成本比较低。

目前在我国比较实用有两类探空电场仪:一种是中国科学院空间科学与应用研究中心研制的双球式探空电场仪;另外一种是将地面磨盘电场仪改装而成的简易磨盘式探空电场仪,中国科学院寒区旱区环境与工程研究所、中国科学院电子学研究所、中国科学院电工研究所等单位都在生产。

1. 双球式探空电场仪

中国科学院空间科学与应用研究中心自 20 世纪 90 年代成功研制球载双球式电场仪以来,先后参与了近 20 颗卫星的升空安全保障任务,并发挥了重要作用。

双球电场仪是基于导体在电场中感应电荷的原理,由两个相隔一定距离的空心球导体传感器、水平旋转轴、轴球连接机构和驱动机构、位置传感器和信号电刷组成。现有的双球探空电场仪结构图、电路原理图及工作示意图如图 2.15 所示[8]。

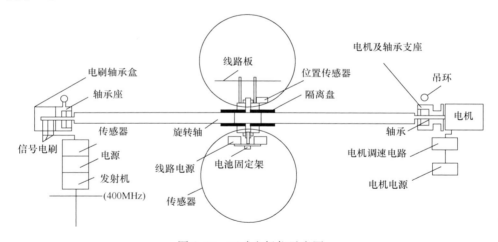

图 2.15　双球电场仪示意图

由电场传感器感应的信号经前置放大器、滤波、二级放大、阻抗变换、有效值检测、低通滤波和电压频率变换后,再由信号输出口与气压、高标、低标等信号一起调制到 1680MHz 的调频发射机,发射到地面。电场信号存在时,有效值检测之前,各级的输出信号均为 2Hz 左右的正弦波,有效值检测器和低通滤波器的输出为直流电压,电压频率变换器输出 7~10kHz 的方波。电场信号不存在时,低通滤波器之前各级的输出信号均为 0 电平,电压频率变换器的输出为 7kHz 左右的方波。

电路原理图如图 2.16 所示。

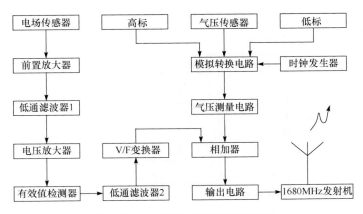

图 2.16　电场探空仪的电路原理图

新一代 GPS 空中电场仪探测系统如图 2.17 所示。

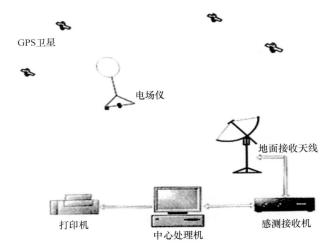

图 2.17　新一代 GPS 空中电场仪探测系统

主要技术指标为：适合探测高度 0～30km、测量精度 50V/m、测量范围 1～50kV/m，功耗 5W。

2. 磨盘式探空电场仪

垂直电场是空中电场测量的主要分量，由于处在空中的测量装置不能接地，受空间电荷或摩擦带电的影响，仪器本身会有一定的极化电荷，形成附加电场从而造成测量误差。而差分电路的输出信号与两输入信号之差成正比，与导体本身带电无关，因此可把两个电场仪安置在一个相对于水平面对称的导体上，根据差分原理采用双电场仪来测量空中电场。其结构图如图 2.18 所示[9]。

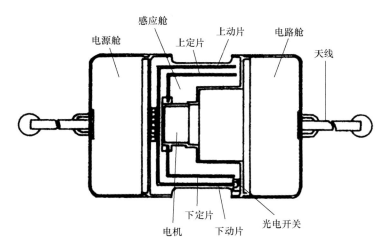

图 2.18　磨盘式探空电场仪探头结构图

　　从双电场仪的探头结构中可以看出,感应舱内装有上感应电极(上定片)、上动片、下感应电极(下定片)、下动片。在电场中感应电极感应出电荷,上下动片在电机的带动下同时转动,上下定片通过感应窗口在电场中交替地被屏蔽和暴露,各自感应出交变信号。动片在旋转时还通过光电开关管的槽口,产生用于解调的同步信号。感应片在电场中交替地屏蔽和暴露,表面感生的电荷以一定的频率变化。

　　图 2.19 为空中电场仪的主要电路结构。上下感应片感应的信号与各自的电荷放大器相连。电荷放大器是一个具有电容反馈的高增益运算放大器,它的输出与输入电荷量成比例。把两个信号加到差分放大器以消除仪器自身带电的影响,得到真正的电场交变信号并送至相敏检波器。动片在旋转时还通过光电开关槽口形成与信号同步的参考脉冲,经整形分相形成两相脉冲,亦加到相敏检波器。在两相同步脉冲作用下相敏检波器能鉴别出感应交变信号的正负极性。为了减少纹波,在后面跟一级低通滤波器,得到与电场信号相对应的直流输出。直流放大器进一步把电压放大到压控振荡器所需的电平。采用简单的 555 时基电路,利用它的控制输入端很容易组成压控振荡器。把与环境电场成比例的直流电压输出转换成频率输出,压控振荡器的中心频率为 1.6kHz。等宽电路的作用是使压控振荡器输出的脉冲都变成 10μs 的宽度,以减小在频率增高时由于脉冲宽度太宽使发射机载频对测量电路和压控振荡器产生的影响,一般要求小于测量振荡最高频率的半周期。等宽电路的输出脉冲通过调制器控制振荡发射电路。超高频振荡和发射利用同一个晶体管,发射电路的工作频率为 150MHz。脉冲调制的信号由天线辐射出去。地面接收机接收到的超高频信号,由调谐解调后得到一串频率变化的脉冲,经频率电压变换产生与电场成比例的直流电压,可以接到走纸记录器记录或计算

机存储[9]。

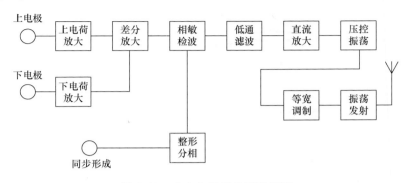

图 2.19 空中电场仪的原理框图

3. 磨盘式空中电场仪的技术指标

磨盘式空中电场仪的主要技术指标如表 2.3 所示。

表 2.3 磨盘式空中电场仪主要技术指标

指标名称	指标要求
电场测量值/(kV/m)	±100
电场感应频率/Hz	100
压控振荡器中心频率/kHz	1.6
调制脉冲宽度/μs	100
发射机频率/MHz	150
电源电压/V	+3
质量/g	<800(含电池)
体积/cm³	φ10×16

4. 典型探测结果

图 2.20 为肖正华等于 1992 年在兰州附近使用磨盘式探空电场仪观测试验的结果。图 2.20(a)为将电场仪安放在同一高度的观测结果,两仪器间隔 1.5m。地面电场仪的输出地面电场仪输出接到自动平衡记录仪的红笔,空中电场仪由接收机输出接到蓝笔。两笔之间有一距离差,蓝笔在红笔后面 3min。从曲线可以看出空中电场仪和地面电场仪测量值变化趋势一致。

用气球携带空中电场仪探测到的电场变换曲线如图 2.20(b),并同时在地面安置一电场仪与其进行联测。由于是远区,雷暴电场变化不大,但有反应,因此两者变化趋势相同。

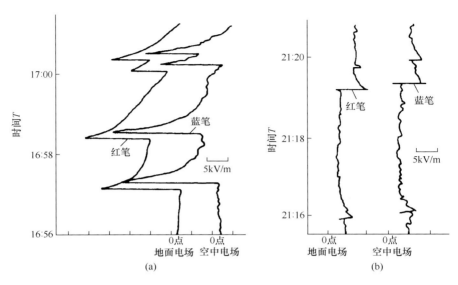

图 2.20　地面观测曲线

5. 发展建议

探空电场仪能够得到大气电场廓线,在强对流天气、雷电预警预报、数值天气预报等领域都有广泛的应用,但如何减轻重量、降低成本和与现有业务接轨,是探空电场仪需要改进的方向:

(1) 精简探空电场仪中的发射机部分,利用气象业务运行现有的 L 波段、GPS探空平台,进行集成;

(2) 精简探空电场仪的气压采样、V/F 变换器,可同时减少电池容量和重量;

(3) 采用新的材料和工艺,减少双球电场仪外形尺寸和重量;

(4) 研制探空电场标定箱,检测探空电场仪的测量精度、测量范围、功耗等参数。

2.1.4　中高层大气电场测量技术

在中高层大气区域(对流层到电离层)雷雨云产生的电场也非常强,并且和高层大气中的离子作用产生很多奇异的放电现象,直接探测该区域的电场对研究和解释中高层大气放电现象非常必要,但在接近和进入电离层后,电离层的中电场强度成分就变得非常复杂,它与太阳活动、雷暴活动、地震活动及大气环境污染等都有不同程度的关联。气象探空气球很难飞到 30km 以上高空,而卫星、飞船很难下到 200km 以下区域飞行,在 20～200km 的中高层大气区域(也称为临近空间)探测设备的载体主要是:高空无人机、低空探空火箭(70km 以下区域)、高空探空火箭(70km 以上区域)等。为了适应这些探空平台,电场探测仪也进行了相应的调整,70km 以下区域,基本采用和地面电场测量相似的方法,测量对象主要还是雷雨云产生的电场,70km 以上采用电位差测量方式。由于受探空载体限制,国内研制的单位也很少,中高层大气电场实测数据极少。我国主要探测设备研制单位为中国科学院空间科学与应用研究中心。飞机平台上的探空电场仪以磨盘式电场仪为主,火箭平台上的探空电场仪采用双臂探针式电场仪。

　　箭载双臂式电场仪探测电场的原理实际上与电压表测量电压的原理类似,即测量两点之间的电位差(图 2.21)。其方法是向空间伸出两杆,在各自的端头安装与其有电性绝缘的金属球或金属圆柱体作为探针,即电场传感器(图 2.22)。在两探针上的电位与其各自周围等离子体的电位一致时,测量出两探针之间的电位差除以两探针之间的距离就得到了沿伸杆方向的电场分量[10],即

$$E' = [(V_{X_1} - V_S) - (V_{X_2} - V_S)]/d = (V_{X_1} - V_{X_2})/d = E + v \times B \quad (2.14)$$

式中,E 是高空大气电场;E' 是测得电场;d 是两探针 X_1、X_2 之间的距离;v 是航天器速度;B 是磁场。

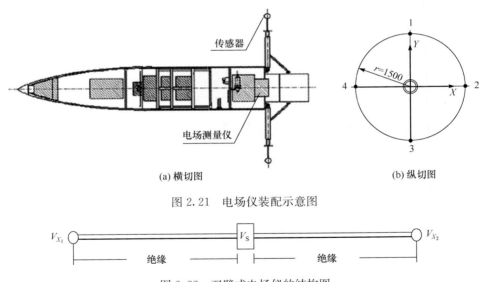

(a) 横切图　　　　　　　　　　(b) 纵切图

图 2.21　电场仪装配示意图

图 2.22　双臂式电场仪的结构图

　　双臂探针式电场仪可以在火箭飞行过程中实时对空间电场分布进行原位测量,在火箭飞行的上升段(60~200km)和下降段(200~50km),可以对 DC~5MHz 频率范围内的空间电场进行测量。

　　双臂探针式电场仪在工作过程中会采集 5 个通道的原始电位差数据,即:DC~100Hz 频段通道、100Hz~10kHz 频段波形通道、100Hz~10kHz 频段峰值通道、10~100kHz 频段峰值通道及 100Hz~5MHz 频段峰值通道。

图 2.23 所示为日本 SEEK-2 探空火箭箭载电场仪的探测数据。图(a)为原始探测数据,图(b)为由 $v \times B$ 计算得到的附加电场,图(c)为两组数据相减得到的实际空间电场。可以看出,原始测量结果中两探头电位差约为 200mV,而相减后得到的实际电场产生的两探头典型电位差仅在几十毫伏左右,因此如果 $v \times B$ 项不能实现准确计算,对电场数据后处理将产生极其严重的影响,有可能无法得到电场测量结果。另外,对于双探针法测电场,无论是测一维、二维还是三维电场,都需要对原始数据进行 $E = E' - v \times B$ 处理,因此都需要火箭飞行的姿态数据[11]。

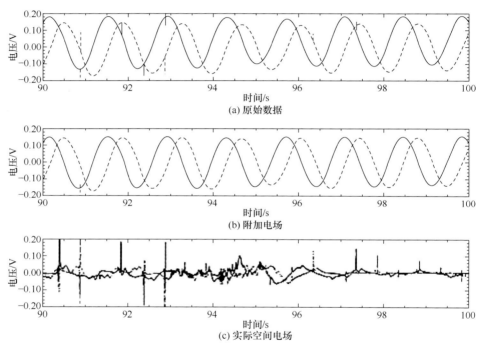

图 2.23　日本 SEEK-2 探空火箭箭载电场仪探测数据

2011 年 4 月,中国科学院空间科学与应用研究中心用一枚天鹰-3E 运载火箭将"鲲鹏一号"(图 2.24)探测仪送到距地 191km 的太空。该探测仪由 3 种探测设备组成:探测电子和离子垂直分布的朗缪尔探针、探测空间电场垂直分布的空间电场仪,以及研究电离层动力学特征的金属钡粉释放装置。其中,双臂探针式电场仪以及由中国、奥地利和意大利合作研制的朗缪尔探针是在中国空间探测活动中首次应用。

双探针法探测原理简单,测量范围较宽,广泛应用于以卫星和探空火箭为载体的空间电场探测。在等离子体较为稠密的电离层中,双探针法可以获得比较好的探测效果,对于磁层、等离子体片层以及行星际空间,同样可以通过对探头施加偏置电流的方式,很好地完成稀薄等离子体环境中的电场探测任务。

图 2.24　"鲲鹏一号"探测仪

实测电场、附加电场和空间电场 X 通道数据之间的关系如图 2.25 和图 2.26所示。

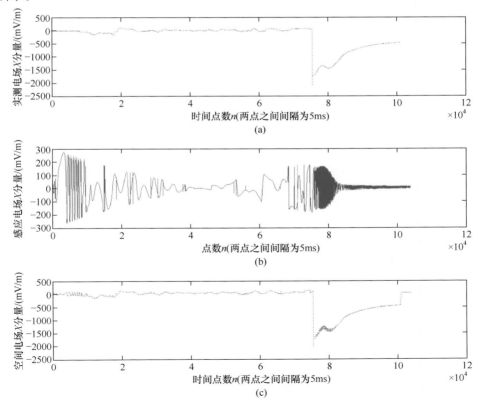

图 2.25　空间电场实测电场、附加电场和空间电场 X 通道数据之间的关系图

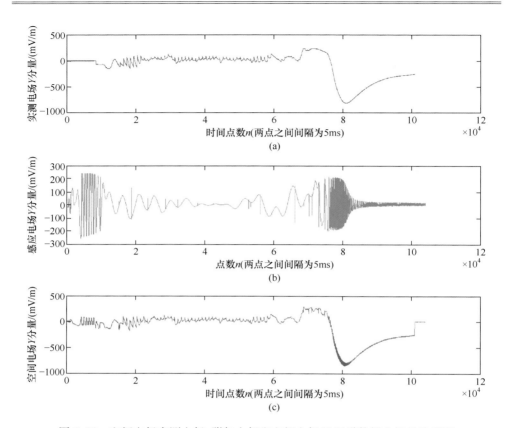

图 2.26　空间电场实测电场、附加电场和空间电场 Y 通道数据之间的关系图

2.1.5　星载电场测量技术

　　卫星上的星载电场测量仪并不是针对对流层雷电观测而设计的,而是针对太空中太阳活动对近地空间天气的影响,以及航天活动等领域设计的,与空间电磁场探测技术中磁场计相呼应。尤其在我国接连遭受汶川、玉树、雅安地震后,据说星载电场资料能提供地震预报的直接观测资料,而变得非常热门。

　　在地面上观测地震产生的电磁异常信号受到地域和观测条件的限制,观测结果相对较少,且观测结果受噪声干扰大,有时甚至被其他信号所掩盖而难以识别,缺乏有意义的统计结果。但近 20 年来,在卫星上探测到了大量与地震相关的电磁异常信号。国际上,已经发射了以观测地震和火山喷发过程中相关电磁场变化为目的的多颗地震卫星,如 COMPASS(complex orbital magneto-plasma autonomous small satellite)系列卫星(俄罗斯)、QuakeSat 卫星(美国)和 Demeter 卫星(法国)等。目前,国际上比较成熟的测量空间电场的方法主要有两种:双探针电场测量法和电子漂移电场测量法[12]。

1. 双探针电场测量法

在 1976 年发射的 S3-3 卫星中,第一次使用球形双探针在磁层等离子体中进行电场探测,在这之后,该技术大量运用在一系列的卫星任务中。过去的 30 多年里,双探针电场测量法已经被证实用于测量电离层和磁层中的电场是非常可靠有效的。该方法简单、成熟、可靠,现已扩展到外磁层和太阳系中稀薄等离子区的电场测量。

卫星上使用的双探针探测电场仪和 70km 以上探空火箭上使用的双探针电场仪基本一致,只是针对不同的载体,进行对应的结构设计。其原理与双臂探针式电场仪的工作原理相同。

$$E' = [(V_{X_1} - V_S) - (V_{X_2} - V_S)]/d \qquad (2.15)$$

式中,d 为两探针间的距离;V_{X_1}、V_{X_2} 分别为两探针的电位;V_S 为飞船的参考电位;E' 为探针在探针移动的参照系中测得的电场。需要将探针移动的参照系转换到其他参照系中,通常采用相对地球的参照系。因此,参照地球所得到的电场为

$$E = E' - v_p \times B \qquad (2.16)$$

式中,E 为实际空间电场;v_p 为探针系统相对于地球的速度;B 为地球磁场。

2. 电子漂移电场测量法

在一些重要的等离子环境中,由于等离子体的密度特别稀薄,电场非常小($<1mV/m$)。在这些场合,如果采用双探针测量法就很难将所需要探测的电场与飞船的尾流、光电子,以及等离子鞘所形成的感应电场区分开,这时就需要使用电子漂移电场测量法测量电场。

电子漂移测量法通过测量一个充电粒子在垂直于电场和磁场方向的导引中心漂移速度间接地测量电场。该漂移速度和电磁场的关系可以表示为

$$v_d = \frac{E \times B}{B^2} \qquad (2.17)$$

式中,v_d 为导引中心漂移速度;E 为电场;B 为磁场。在已知周边磁场的前提下,只需测量带电粒子的漂移速度,就可以计算得到电场。

测量带电粒子的漂移速度有两种方法:一种是三角测量法,即测量带电粒子在一个回旋周期中漂移的位移,利用三角关系计算漂移速度;另一种测量方法是飞行时间测量法,即测量发射出的带电粒子回到最初位置时的飞行时间,以此计算漂移速度。

3. 评论

双探针电场测量法和电子漂移电场测量法这两种测量电场技术在实践中均已

得到实际应用,并且工作运行情况良好。双探针测量法技术简单、成熟可靠,可以在任何地方工作,其测量频率范围为 DC~MHz。但是,卫星与飞船的姿态、外壳、磁性、运行速度会对探针的探测性能产生影响;飞船和探针的光电效应、探针的不对称性问题,以及探针的支持系统的电容性耦合都会影响探针的精度;飞船的尾流、阴影、阳光照射角度也会对探针测量造成影响。

电子漂移法可以测量等离子体密度特别稀薄、电场特别小的等离子体环境。从电子漂移法的工作原理中可以看出,由于发射的电子在返回飞船之前会飞行很远的距离,它们的运行轨道大部分处在飞船的德拜半径之外,电子漂移测量法很少会受到因飞船感应产生的本地电场分布的影响。但是,它只能用于波的活跃性不太高、电子能量为 keV 量级、电子流量不大、磁场在 30nT 以上的区域,测量的频率范围小于 10Hz。其测量性能受到返回的波束电子流量和周边电子流量数量的严重影响;当发射的波束由于不稳定或者与周边的波动的相互作用导致严重发散时,会使测量失败;电场或者磁场的快速变化都会造成对波束探测失败;并且仅使用有限范围的电子能量来精确分离漂移的电分量和磁分量是不太可能的。

总体而言,由于电子漂移测量法在一些应用中的限制,目前双探针测量法是进行空间电场探测的主要方法,电子漂移测量法是作为对双探针法的验证及补充而发展起来的,它可以在某些区域替代双探针法进行探测。因此,在实际测量中,为了使测量的范围更广、测量的精度更高,常常在卫星上同时携带采用这两种探测方法的探测仪器来进行电场探测。例如,1992 年发射的 Geotail 卫星、2000 年发射的 Cluster 2 卫星等均同时搭载了这两种设备进行探测,并取得了良好的效果。

2.2　闪电的放电特性

2.2.1　闪电的分类

自然界中发生的闪电可以细分为:云闪,泛指云与云、云与空气、云内的放电;云地闪,指云对地的放电;云对中高层大气的放电,指云对云顶之上的中高层大气、电离层的放电。其中,云地闪电对地面上的目标危害最大,是电力、森林防火等领域研究的重点。

袖珍云闪(compact intracloud discharges,CID)是云内闪电中的特例,较常规雷电放电具有很多特殊性,辐射的电磁波频率极高,甚至可以穿越电离层被卫星探测到,成为近几年科学家研究的热门方向。

还有一种广受争议的闪电现象:球闪,也就是人们常说的地滚闪。强雷暴发生时,一种在地表大气中呈橙红色、球状、漂浮不定的"光球",有文献将其列为自然闪电类型中的一种,也有文献认为它是能量很大的云地闪的后续物理过程(如强电磁场约束下的离子体)。

诱发闪电：自然条件下，尚不能形成放电，但采用人工引雷的方法，如火箭、激光等方式诱发形成的放电。

随着人类在中高层大气活动的日益增多，最近几年，中高层大气放电的研究日趋热门。

现代闪电监测定位技术可以探测到云地闪、云闪及诱发闪电，中高层大气闪电也有可能被探测到，但是，到目前尚未看到能监测球闪（如果存在的话）的报道。

2.2.2　云地闪的放电特性参数

云地闪是指云和大地间的强放电过程，也常简称为地闪。大地是人类生存、活动、创造的基本空间，是雷电灾害防御的重点，也是雷电监测定位网关注的重点。

云地闪又可以细分为：正闪，正电荷对地的放电，云底荷正电，大地荷负电，有上行和下行之分；负闪，负电荷对地的放电，云底荷负电，大地荷正电，有上行和下行之分；下行负闪电数量最多，约占统计总数的 90%。以负下行云地闪电的放电过程为例，介绍云地闪的放电过程。

1. 云地闪的放电结构

闪电发生在瞬间，早期照相技术仅仅能得到闪击数、闪电放电的路径。1929年，Boys 发明了 boys 相机，利用 boys 相机，科学家得到了闪电的详细结构，如图 2.27 所示[13]。

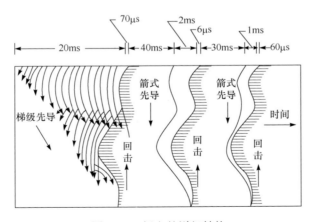

图 2.27　闪电的详细结构

从图 2.27 中可以看出，一个闪电由梯级先导、第一回击、直窜先导（也有翻译为箭式先导）、第二回击、后续直窜先导、后续回击等过程组成。

Uman 绘制了一次负下行云地闪的详细的放电过程，如图 2.28 所示[13]。

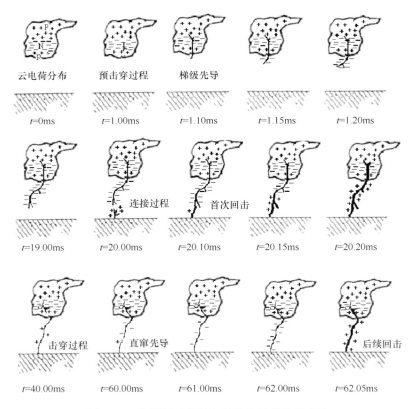

图 2.28　负下行云地闪电的放电过程的示意图

云层荷电形成电分布→初始击穿→梯级先导→连接过程→第一回击→K 过程、J 过程→直窜先导→第二回击→……

1) 梯级先导

梯级先导包含初始击穿、梯级先导、电离通道、连接先导等放电过程。云中电荷的逐步积累，在云底的负电荷和正电荷区域中电场随之增强，超过了云雾大气击穿电场值（大约达到 10^4 V/m 量级）时，就发生击穿过程，负电荷中和掉正电荷，云底全部带负电荷，对应在地面上感应出相反极性的正电荷，这个阶段称之为初始击穿。当云底和地之间的大气电场进一步增强，空气产生电离，云底的负电荷向下发展，形成"一条暗淡的光柱"——流光，场强不断增强，流光不断向下发展，用 boys 相机照出的相片，像台阶一样，称之为"梯级先导"。梯级先导在电导率随机分布的大气中，寻找到地面电导率最大的路径，并产生许多向下发展的分枝，就像击碎汽车前挡风玻璃的裂纹一样。梯级通道向下发展，下行的负电荷在大气中形成了一条条负电荷为主的通道，即电离通道。当某一条分枝的梯级先导进一步向下发展，最先临近地面时,地面上感应的正电荷开始向上发展,形成向上发展的正流光,也称为向上先导、连接先导。当向下先导和向上的正流光会合,其会合点称为连接点,向下先导和向上先导会合称之为连接过程。

2）回击过程

当梯级先导与连接先导会合瞬间,沿着梯级先导打通的电离通道,大量的电荷爆发式由地面高速冲向云中,形成了震撼大地的声、光、电效应,这称为回击。

梯级先导和第一回击合称为第一闪击。

3）直窜先导

第一回击发生后,沿着第一回击已电离过的通道,产生从云中快速向地面的流光,称之为直窜先导。直窜先导在通道中的传播速度比梯级先导快很多,也没有梯级先导"摸索"放电通道路径的过程。

4）后续回击

当直窜先导到达地面附近时,又产生向上发展的流光,形成第二次连接点和连接过程,以一股耀眼的光柱沿着直窜先导的路径从地面向云中冲去,产生向上发展的第二次回击,直窜先导和第二回击称为第二次闪击。

由一次闪击过程组成的云地闪电称为单回击地闪,由两个及两个以上闪击过程组成的云地闪称为多回击地闪。第一回击称为首次回击,第二回击及以后的回击都称为后续回击。自然界中 3～5 次回击的闪电比例较大,最多观测到有 30 多次回击的闪电。一般来讲,第一次回击和后续回击发生的位置一致、回击放电电流极性一致、第一回击和后续回击时间相差在几十至几百毫秒。以前,人们总认为第一回击强度最强,但后来探测资料证明也有后续回击比第一回击更强的闪电。受大气的风、气压及雷击产生的超声波等因素的影响,第一回击通道和后续回击的通道,尤其是通道底部的位置也会发生小的偏移。

闪电的放电过程中最重要的过程是回击过程,因为回击的电流大、时间短、辐射的电磁场强,是形成故障、造成危害的主要原因。早期雷电监测定位系统主要探测回击发生的时间、位置、极性、强度、波形前沿时间、波形后拖时间、波形陡度、电荷量等参数,通过对一次闪电多次回击的观测,还可以确定一次闪电的回击次数、回击之间的时间间隔等闪电特征参数。现代雷电监测定位系统除测量云地闪上述放电参数外,还可以探测云闪及云闪高度,通过波形判据修改后,可能探测到中高层大气闪电。

2. 云地闪的放电参数与统计值

1）闪电放电时间与回击放电的时间

每次闪电持续的时间主要由回击数决定,一般在 1s 以内,平均值为 0.2s。一个回击的持续时间一般小于 0.1ms,回击和回击之间的时间间隔一般为 20～200ms,平均值为 50～70ms。统计分布如图 2.29 所示。

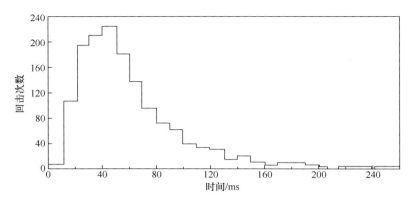

图 2.29　一次闪电回击和回击之间的时间间隔统计分布图

现代雷电监测定位系统所测定的回击放电时间是回击发生的绝对时间,精度大约为 10^{-7} s。

2）闪电的回击数

每次闪电的回击数为一至几十个不等,一般超过 10 个回击的闪电数量很少,平均值为 3～5 个,其统计图如图 2.30 所示。

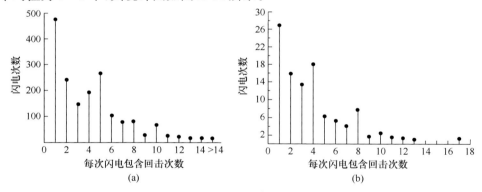

图 2.30　闪电回击数分布图

现代雷电监测定位系统所测定的闪电回击数,是根据每次回击事件按时间、位置、极性的相关性归闪而成的,早期的雷电监测定位系统只测量闪电的第一次回击,以后的回击只计次数。

3）回击发生的位置

闪电通道长度一般为几公里,但有时也有长约十几公里的,通道一般不垂直于地面。但回击发生时到地面的通道一般只有几百米,几乎垂直于地面。现代雷电监测定位系统所测定的回击位置是回击通道取垂直分量在地面或者在目标上的位置。

4）闪电的电流值、回击的电流值

在早期的雷电监测定位系统中,闪电的电流值常常用第一回击的电流峰值代替。在现代雷电监测定位系统中,闪电的电流值是指每次回击的电流值。回击的电流值定义为回击电流波形(图 2.31)的峰值。

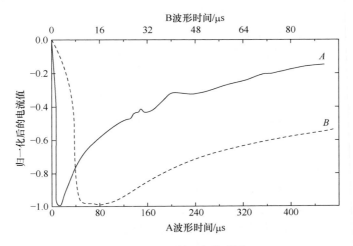

图 2.31　回击电流波形图

A—后续闪击；B—第一回击

回击电流波形峰值的统计分布如图 2.32 所示。

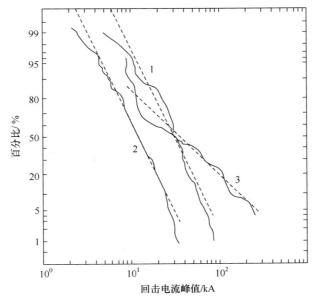

图 2.32　回击电流波形峰值的统计分布图

1—负闪第一回击；2—负闪随后回击；3—正闪首次回击

(图片源自于 the Lightning Discharge P123)

5）回击电流波形陡度最大值

回击电流波形陡度最大值是指回击放电过程中单位时间内回击电流变化的最大值，反映了闪电回击放电最剧烈时的状况，直接和破坏力相关。

6）回击波形前沿持续时间

回击波形前沿持续时间是指回击电流波形中，从 2kA 到峰值电流的过渡时间。

7）回击放电电荷

回击放电电荷是指每次回击所释放出的电荷，实际上是 $\int idt$ 值。整个闪电的放电电荷是指多次回击的累积值。

8）电流平方的积分值

电流平方对时间的积分值是能量值，反映了闪电放电的辐射能量。

9）回击放电参量的探测值

回击放电参量的探测值包括回击数、电流峰值、最大变化速率、峰值时间、半峰值时间、电荷量等反应回击特征的参数值。

根据国内外许多资料表明，上述参数的测量值范围如表 2.4 和表 2.5 所示。

表 2.4　闪电回击放电参数

个例数目	参数	超过给定值的百分比/%		
		95	50	5
	峰值电流/kA(最小值 2kA)			
101	负地闪首次回击	14	30	80
135	负地闪后续回击	4.6	12	30
20	正地闪首次回击(无后续回击)	4.6	35	250
	电荷/C			
93	负地闪首次回击	1.1	5.2	24
122	负地闪后续回击	0.2	1.4	11
94	负地闪(总)	1.3	7.5	40
26	正地闪(总)	20	80	350
	脉冲放电/C			
90	负地闪首次回击	1.1	4.5	20
117	负地闪后续回击	0.22	0.95	4.0
25	正地闪首次回击	2	16	150
	上升沿持续时间/μs(从 2kA 到峰值)			
89	负地闪首次回击	1.8	5.5	18
118	负地闪后续回击	0.22	1.1	4.5
19	正地闪首次回击	3.5	22	200

个例数目	参数	超过给定值的百分比/%		
		95	50	5
	电流微分最大值(kA/μs)			
92	负地闪首次回击	5.5	12	32
122	负地闪后续回击	12	40	120
21	正地闪首次回击	0.2	2.4	32
	回击持续时间/μs(从 2km 到半峰值)			
90	负地闪首次回击	30	75	200
115	负地闪后续回击	6.5	32	140
16	正地闪首次回击	25	230	2000
	电流积分/(A² · s)			
91	负地闪首次回击	6.0×10^3	5.5×10^4	5.5×10^5
88	负地闪后续回击	5.5×10^2	6.0×10^3	5.2×10^4
26	正地闪首次回击	2.5×10^4	6.5×10^3	1.5×10^7
	闪电持续时间/μs			
94	负地闪(包括单次闪击)	0.15	13	1100
39	负地闪(不包括单次闪击)	31	180	900
24	正地闪(只包括单次闪击)	14	85	500

表 2.5　闪电回击电流参数

参数	上升		下降	
	首次回击	后续回击	首次回击	后续回击
回击数	42	33	61	142
电流峰值/kA	33	18	7	8
最大变化速率/(kA/μs)	14	33	5	13
到达峰值时间/μs(3kA 到峰值)	9	1.1	4	1.3
到达半峰值时间/μs	56	28	35	31
电荷量/C	2.8	1.4	0.5	0.6

2.2.3　云闪的放电特性参数

从图 2.33 中可以看出,随着电荷累积与云中电场的加强,首先雷暴云中上部正电荷区域和下部负电荷区域将发生电荷中和与放电、底部负电荷区域和正电荷区域也会发生电荷中和与放电,这称为云内闪电;雷暴云将周边的空气电离,形成的放电过程称为云气闪电;一个雷暴云和附近另外一个雷暴云也可能发生放电,这称为云云闪电。云内、云气、云云统称为云闪。相比云地闪电(通道基本垂直于地面,有典型的回击过程),云闪更像是没有发展成云地闪的先导、流光等放电过程,它们通道短、全方位路径方向、路径发展快,云闪的数量在自然界占绝大多数。事实上人们获取云闪的探测资料相对较少,现代雷电监测定位技术能较准确统计出云地闪的数量,但很难准确统计出云闪数量,一些强度较小、通道很短的云闪放电特别容易遗漏。

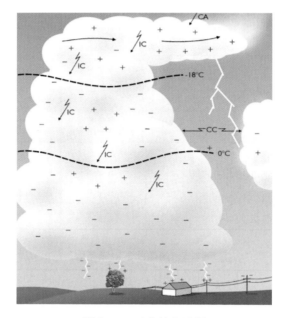

图 2.33　云内放电过程

1. 云闪放电结构

云闪放电结构大体上由初始流光、负流光、反冲流光等放电过程一个、二个和三个组合而成。所谓流光是指大气电场达到击穿值时,空气中正负电荷分离,电荷定向移动并和相反电荷离子中和而形成具有一定长度的路径、微小连续的放电火花串。云闪中的反冲流光往往是云中正负电荷区域的放电,云上部正电荷区域产生向下发展的初始正流光,云底部负电荷区域产生向上发展的负流光。当下行正流光和上行负流光连接后,产生类似于云地闪的回击过程的放电过程,称之为反冲流光。早期的研究认为,反冲流光的强度峰值约为 10^3 A,比回击强度小很多,但最近几年的监测资料显示,不可小看反冲流光的强度,十几千安的云内闪电很多,甚至有人干脆称为云内回击,把正电荷向下传输的称为"正云内回击",把负电荷向下传输的称为"负云内回击"。早期的雷电监测定位系统很难辨别是云地闪回击,还是云闪回击。云闪回击对航空、航天安全乃至地面目标影响较大,同时也是反映强对流天气剧烈程度的重要指标。云闪的监测定位应以云闪闪击为重点。云闪放电轨迹、放电速度等参数探测主要用于云闪精细结构的研究。

最近几年,科学家在云闪中又发现了 CID,CID 较常规雷电放电具有很多特殊性:产生的脉冲持续时间短,为 $10\sim30\mu s$,RF 辐射极强,并且可以穿过电离层被卫星上的传感器探测到,是卫星对全球闪电的监测的重要手段。CID 会严重干扰地面与卫星之间的无线通信,甚至可能改变中高层大气的电学特性,引发中层大气放电,并可能与到达地面的伽马射线有关。近几年对 CID 的特征及其与其他雷暴现象之间的关系成为研究的热门方向。目前被大多数人所认同的 CID 产生的原因是逃逸击穿理论,宇宙中的高能粒子在背景电场的作用下引发大气的雪崩式电离击穿所致。

2. 云闪的放电参数表

云闪闪击的监测定位参数一般为时间、位置、高度、极性、峰值强度、电荷与电矩。统计参数如表 2.6 所示。由于流光是移动的,采用 VHF 雷电监测定位系统,以一定的步长可以探测出云闪的放电轨迹图,得出云闪持续时间、传播速度、持续电流强度、长度等参数,流光的放电参数如表 2.7 所示。

表 2.6 云闪闪击的放电参数

放电过程	结构参量和电学参量	典型值	变化范围
云闪全过程	持续时间/ms	$150\sim500$	—
	高度/km	$4\sim10$	—
	长度/km	$1\sim3$	—
	电荷/C	30	$10\sim100$
	电矩/$(C \cdot km)$	100	$20\sim400$

表 2.7 流光的放电参数

放电过程	结构参量和电学参量	典型值	变化范围
初始流光	持续时间/ms	$100\sim300$	—
	传播速度/$(cm \cdot s^{-1})$	$8\times10^5\sim5\times10^6$	—
	持续电流强度/A	100	—

续表

放电过程	结构参量和电学参量	典型值	变化范围
反冲流光	持续时间/ms	1	—
	间隔时间/ms	10	2~20
	传播速度/(cm·s^{-1})	1×10^8~4×10^8	—
	总持续时间/ms	50~200	—
	峰值电流/A	10^3~4×10^3	—
	电荷/C	0.5~3.5	—
	电矩/(C·km)	3~8	—

CID 的放电特性参数:CID 的放电通道极短,通常仅为几百米,远远小于云闪的放电通道,放电电流的传输速度在 10^7 量级;电流幅值为 100kA 量级;CID 的持续时间很短,仅为 $10\mu s$ 左右,远小于常规云闪的初始击穿;CID 在地面的电场峰值与云地闪相当;VHF 辐射极强。

3. 云闪数与地闪数之比

云闪和地闪之比定义为 P,$P=N_c/N_g$,P 的起伏较大,与纬度、季节、地理条件和雷暴特性等因子有关,通常大于 1,平均值为 3.1,变化范围为 0.7~9.5,一般认为 P 随纬度递减,如图 2.34 所示。

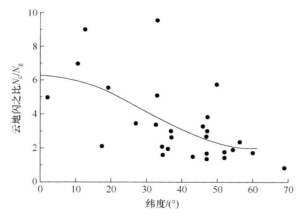

图 2.34　云地闪之比和纬度的关系
(图片来源于 the Lightning Discharge P45)

云地闪之比首先和纬度有关,纬度越低,云地闪之比越高,纬度越高,云地闪之比越低。经验公式如下:

$$N_c/N_g=4.16+2.16\cos(3\lambda)　　　　　　(2.18)$$

$$N_g/(N_c+N_g)=0.1+0.25\sin\lambda \tag{2.19}$$

式中，λ 为纬度；N_c 代表云闪发生的频率；N_g 代表地闪发生的频率。

云地闪之比还和雷暴日有关，雷暴日少的地方，比值也低。这实际上和纬度相关是一致的，一般情况下，纬度越低，雷暴日越高。并有如下的经验公式[14]：

$$P(\lambda,N_y)=\left[4.16+2.16\cos(3\lambda)\right]\left(0.6+\frac{0.4N_y}{72-0.98\lambda}\right) \tag{2.20}$$

式中，N_y 是年雷暴日数。

云地闪之比和云的厚度也有关系，厚度增加，云地闪之比也增高。因为云层越厚，发生云闪的比例也越高。如图 2.35 所示。

$$z=a\Delta H_c^4+b\Delta H_c^3+c\Delta H_c^2+d\Delta H_c+e \tag{2.21}$$

式中，ΔH_c 为云层厚度；a、b、c、d、e 是拟合系数，分别为 0.021、-0.648、7.493、-36.54、63.09。

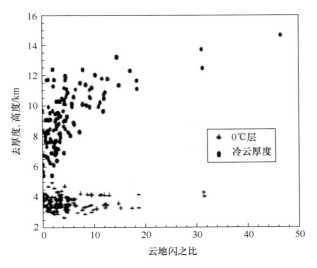

图 2.35　云地闪之比与云厚度关系[14]

2.2.4　中高层大气闪电放电特性

早在 20 世纪 20 年代，苏格兰物理学家查尔斯·威耳逊就曾预言过，在雷雨云之上的高层大气中也会出现放电现象，1956 年他又进一步指出，高空闪电应当是一种常见现象，只是大多数高空闪电因为大气的散射或现象本身较弱而不容易在地面上观察到。但一直到 1989 年 7 月 6 日，明尼苏达大学的科学家才取得直接的观察证据[15]（表 2.8）。

中高层大气闪电或中高层大气放电指的是一系列特殊的大气放电现象，这种放电发生的位置要远比正常闪电发生处高。不过,因为这种放电现象缺少与对流层闪电的共通性,所以它们又被称为瞬态发光现象(transient luminous events, TLE)。中高层大气瞬态发光事件(TLE)是发生于活跃雷暴上空平流层和中间层的一类快速大气放电现象。根据光辐射的形态特征和发生位置的不同,可将已发现的 TLEs 归纳为 4 类[16](表 2.9):由电离层快速向下发展的 Red Sprites(又称红色精灵,红闪);由雷暴云顶部向上发展的 Blue Jets(又称蓝色喷流,蓝激流);由闪电激发的低电离层区域的圆环状放电 ELVE(emissions of light and VLF per-turbation due to EMP Sources,又称光辐射和 EMP 源引起的甚低频扰动)和由云顶向电离层快速向上发展的 Gigantic Jets(又称巨型喷流),如图 2.36 所示。

表 2.8 四种中层大气闪电现象的发现

要素	红色精灵	蓝色喷流	极低频率辐射	巨型喷流
发现者	Franz 等	Wescott 等	Beock 等	台湾成功大学红色精灵研究团队
时间	1989.7.6	1994.6.30	1992	2002.7.22
地点	明尼苏达	阿肯色州	圭亚那	台湾吕宋岛
首次记录仪器	低广度照相机	摄像机	摄像机	摄像机

表 2.9 四种中层大气闪电现象的时空特性

闪电现象	高度范围/km	宽度范围	持续时间
蓝色喷流	15~40	1~10km	几百毫秒
红色精灵	50~85	几公里	一至几十毫秒
极低频率辐射	75~105	几百公里	1ms
巨型喷流	15~90	40km	几百毫秒

1) 红色精灵

红色精灵是一种发生在积雨云之上的大规模放电现象,其大小形态变化很大。这种现象是由云层与地面间的正闪电引起的。红色精灵通常呈红橙色,下部为卷须状,上部则有弧形枝状结构,有时其顶端还会出现淡红光晕。该现象通常成簇发生在离地面 30~90km 的高空。红色精灵在 1989 年 7 月 6 日首次被明尼苏达大学的科学家拍摄下来,其后在世界各地都观察到了这种现象。红色精灵还被认为是很多发生在高海拔上的飞机无端故障的元凶[16]。

1995 年,Boccippi 等利用北美国家闪电监测网(NLDN)提供的闪电资料以及对应红色精灵的观测数据,研究了 1994 年夏天发生在美国阿肯色州上方两个中尺

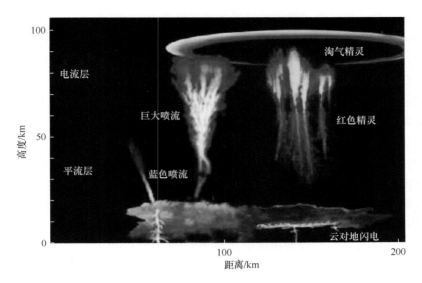

图 2.36　中高层大气放电现象

度对流体系的闪电,共分析了观测的 97 例红色精灵现象,发现红色精灵由正云地闪引起的百分率分别为 86% 和 78%,得出红色精灵基本上是由大的正云地闪产生的结论。他们同时得到,产生红色精灵的闪电放电电流的峰值都分布在所有探测到的正云地闪的最大峰值电流附近,并且,产生红色精灵的所有正云地闪的闪电放电电流中值大约是不产生红色精灵的正云地闪放电电流中值的 2 倍,在 150kA以上。

　　Rising 等在 1996 年分析了产生红色精灵时记录的闪电的电磁场波形,推断出产生红色精灵的闪电存在一个大而长的连续电流,此连续电流传输大量电荷到地面,并认为红色精灵是产生探测到的甚低频 VLF 信号的极低频尾巴。

　　2) 蓝色喷流

　　蓝色喷流通常呈细锥形,从积雨云的顶端一直延伸到离地面 40～50km 的电离层。不像红色精灵,蓝色喷流并非直接由闪电引起(但它们似乎与雷暴中的强冰雹现象有关)。它们比红色精灵要亮。其蓝色可能是来自氮气分子的发射光谱。蓝色喷流在 1989 年 10 月 21 日由一艘经过澳大利亚上空的航天飞机初次观测到。蓝色喷流要比精灵稀少得多。到 2007 年为止,科学界只有不到 100 张关于蓝色喷流的照片。这些照片绝大多数是在 1994 年阿拉斯加大学对红色精灵的一次研究中拍摄的。蓝色启辉器(blue starters)首次发现在一段研究雷暴的夜间飞行记录的视频中,它被描述成"一种与蓝色喷流紧密相关的上行发光现象"。它们比一般的蓝色喷流更亮但却更短,长度通常不足 20km。一位研究有关项目的电机工程专家 Pasko 博士描述道:"蓝色启辉器就像是没长大的蓝色喷流"[16]。

1998 年,Wescott 等再次对他在 1994 年得到的蓝色喷流的数据进行了分析。他指出,蓝色喷流发生的时间与正云地闪或者负云地闪的发生时间并不一致,却通常发生在雷暴云中大冰雹发生的位置。在蓝色喷流发生地点 15km 范围内,在其发生的前 1s 时间内,负云地闪的发生率大大增加,在其发生后的 2s 时间内,负云地闪的发生率大大减少。

3) 巨型喷流

2001 年 9 月 14 日,阿雷西博天文台拍下了一个长达 70km 的巨大喷流——比一般喷流的两倍还要长。该喷流发生在海洋上空一块积雨云的顶部,持续了不到 1s。喷流开始时像普通喷流般以 50000m/s 的速度上行,其后突然分成两股并加速到 250000m/s,到达电离层化做绚烂的闪光。

2002 年 7 月 22 日,台湾在南中国海观察到 5 个长度在 60～70km 的巨型喷流,并发表在《自然》杂志上。这些喷流只持续了不到 1s,研究者描述其形状像大树与胡萝卜[16]。

4) 极低频率辐射

精灵是一种直径可达 500km 左右的暗淡平缓的闪光现象,通常只能持续 1ms[16]。它们通常发生在离积雨云 100km 高的电离层中。它们的颜色一直成谜,现在一般相信是红色。极低频率辐射在 1990 年 10 月 7 日法属圭亚那的一次航天任务中首次被观测到。

"精灵"得名于其英文缩写 ELVES(emissions of light and very low frequency perturbations from electromagnetic pulse sources,电磁脉冲源造成的甚低频扰动与发光现象)。此名称阐述了发光的原理:电子碰撞导致的氮气分子激发(电子可能通过雷暴产生的电磁脉冲获能)。根据 NLDN 记录,此次精灵现象由正云地闪产生,峰值电流为 150kA。

5) 有关正云地闪的说明

正云地闪一般只由一次回击和紧随的连续电流过程组成。只具有单次闪击的正云地闪占总云地闪数的 80% 以上。正云地闪是产生大电流的主要原因,通常在 200～300kA,一次正云地闪转移的电荷量比负云地闪要多得多。

表 2.10 为 Berger 等给出的正、负云地闪电流特征的比较。从表中可以看出,正云地闪电流的上升时间和恢复时间都比负地闪的要长,其上升沿时间的平均值为 22μs,为负地闪的 4 倍;单次闪击的云地闪,正闪持续时间是负闪的 7 倍;一次单正地闪转移的总电荷量比单负地闪大一个数量级。正负云地闪的平均电流分别为 36kA 和 30kA,相差不大。但正地闪产生大电流的概率较负地闪要大得多,正地闪转移的电荷量在脉冲变化部分和整个放电过程都比负地闪大得多。

表 2.10　正、负云地闪电流特征对照

个例数目	参数	超过给定值的百分比/%		
		95	50	5
	峰值电流/kA(最小值 2kA)			
101	负地闪首次回击	14	30	80
135	负地闪后续回击	4.6	12	30
20	正地闪首次回击(无后续回击)	4.6	35	250
	电荷/C			
93	负地闪首次回击	1.1	5.2	24
122	负地闪后续回击	0.2	1.4	11
94	负地闪(总)	1.3	7.5	40
26	正地闪(总)	20	80	350
	脉冲放电/C			
90	负地闪首次回击	1.1	4.5	20
117	负地闪后续回击	0.22	0.95	4
25	正地闪首次回击	2	16	150
	上升沿持续时间/μs(从 2kA 到峰值)			
89	负地闪首次回击	1.8	5.5	18
118	负地闪后续回击	0.22	1.1	4.5
19	正地闪首次回击	3.5	22	200
	电流微分最大值(kA/μs)			
92	负地闪首次回击	5.5	12	32
122	负地闪后续回击	12	40	120
21	正地闪首次回击	0.2	2.4	32
	回击持续时间/μs(从 2km 到半峰值)			
90	负地闪首次回击	30	75	200
115	负地闪后续回击	6.5	32	140
16	正地闪首次回击	25	230	2000
	电流积分/(A^2·s)			
91	负地闪首次回击	6.0×10^3	5.5×10^4	5.5×10^5
88	负地闪后续回击	5.5×10^2	6.0×10^3	5.2×10^4
26	正地闪首次回击	2.5×10^4	6.5×10^3	1.5×10^7
	闪电持续时间/μs			
94	负地闪(包括单次闪击)	0.15	13	1100
39	负地闪(不包括单次闪击)	31	180	900
24	正地闪(只包括单次闪击)	14	85	500

2.3　闪电电磁辐射特性

2.3.1　回击的电流模型及电流测量技术

雷电电流模型即用公式、数字或图像来描述观测到的回击特性。从雷电电流波形可以得到雷电流的峰值、最大电流的上升率、峰值时间等参数。雷电回击模型的合理性主要表现在,至少应该能够表现出真实雷电回击的一些特征,而这些特征可以通过试验和观测得到,如雷电通道底部电流及其导数的瞬时变化、雷电回击顶的速度和雷电回击产生的远距离处的电场。精确的雷电回击数学模型可以用来完成以下任务:由测量得到的电磁场数据来推算回击电流;可预测雷电通道近距离处的电场和磁场;更好地理解自然雷电及其相关现象。因此,雷电电流模型是研究雷电的主要内容之一[17]。

1. 闪电回击电流传输模型

真实的回击电流波形极不规则,并具有很大的随机性和偶然性,工程中往往建立雷电回击的简化模型。工程模型以观察到的雷电回击通道的重要特征(如通道底部电流和上行先导的速度)为根据,以表达通道中电流的时间和空间分布为目的。为简化分析,在建立回击模型前需作如下假设:

(1) 垂直的闪电通道是理想化的传输线;

(2) 大地是理想的平面导体;

(3) 在闪击点没有电流反射;

(4) 闪击点的瞬时电流已知;

(5) 回击波前尚未到达通道顶部。

1941 年,Bruce 和 Golde 首次提出雷电回击 BG 模型(Bruce-Golde model)[18],之后各种雷电回击模型被相继提出。目前,回击电流模型主要包括 Uman 和 McLain 提出的传输线(transmission line,TL)模型[19]、Rakov 和 Dulzon 提出的电流线性衰减的传输线模型(modified transmission line model with linear decay,MTLL)[20]、Nucci 等提出的电流指数衰减模型的传输线模型(modified transmission line model with exponential decay,MTLE)[21]、Heidler 提出的运动电流源(travelling current source,TCS)模型[22]、Diendorfer 和 Uman 提出的 DU 模型(Diendorfe-Uman model)[23]以及最早提出的 BG 模型共六种。

这六种工程模型可以分为两大类,即 TL (传输线)类型和 TCS(传输电流源)类型。传输线模型的基本思想是将雷电回击电流看成在放电通道的底部注入了一个特定的基电流,该电流沿着通道向上传播,形成回击电流。传输电流源模型认为雷电回击电流是由向上移动的先导以及先导向下传播产生的。

六种工程模型的统一表达式为

$$I(z',t)=\mu(t-z'/v_{\mathrm{f}})P(z')I(0,t-z'/v) \tag{2.22}$$

式中，μ 是赫维赛德（Heaviside）函数，该函数在 $t \geqslant z'/v_{\mathrm{f}}$ 时等于 1，否则等于 0；$P(z')$ 是依赖于高度 z 的电流衰减因子；v_{f} 是电流波先导的速度，v 是电流波的传播速度，通常取 $v_{\mathrm{f}}=v$。

表 2.11 总结了六种工程模型的衰减因子 $P(z')$ 和传播速度 v_{f} 的值[24]。表中，H 是雷电放电通道的高度，λ 是电流衰减常数，c 是光速，$v^{*}=v/(1+v/c)$，除非特别指定，v_{f} 一般取常量。

表 2.11　六种工程模型的电流衰减因子 $P(z')$ 和电流传播速度 v_{f} 的值

模型	$P(z')$	v
TL	1	v_{f}
MTLL	$1-z'/H$	v_{f}
MTLE	$\mathrm{e}^{-z'/\lambda}$	v_{f}
BG	1	∞
TCS	1	$-c$
DU	1 或 $\mathrm{e}^{-(t-z'/v)/\tau_{\mathrm{D}}}$	$-c$ 或 v^{*}

（1）TL 模型

$$I(z',t)=I(0,t-z'/v) \tag{2.23}$$

（2）MTLL 模型

$$I(z',t)=(1-z'/H)I(0,t-z'/v) \tag{2.24}$$

（3）MTLE 模型

$$I(z',t)=\mathrm{e}^{-z'/\lambda}I(0,t-z'/v) \tag{2.25}$$

（4）BG 模型

$$I(z',t)=I(0,t) \tag{2.26}$$

（5）TSC 模型

$$I(z't)=I(0,t+z'/c) \tag{2.27}$$

（6）DU 模型

$$I(z',t)=I(0,t+z'/c)-I(0,z'/v^{*})\mathrm{e}^{-(t-z'/v)/\tau_{\mathrm{D}}} \tag{2.28}$$

TL、MTLL、MTLE 模型统称为传输线模型。TL 模型认为，回击电流在传输线上无损流动。MTLL 模型和 MTLE 模型是由 TL 模型发展而来的，都考虑了闪电回击通道对雷电流能量的消耗作用,这两种模型认为回击电流是在一根有损传输线上流动,MTLL 模型认为雷电流沿通道高度以线性规律衰减,MTLE 模型认为雷电流沿通道高度以指数规律衰减,如图 2.37 所示。

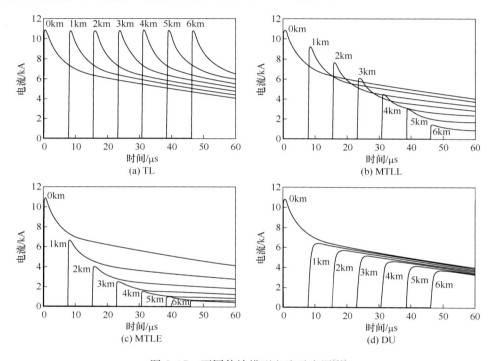

图 2.37　不同传输模型电流示意图[26]

BG、TCS、DU 模型统称为传输电流源模型。TCS 模型认为,电流沿通道以光速向下传播,先导通道中的电荷被穿过的回击波前瞬时汲出、中和,形成一个以光速向下运动的电流源,它到达通道底部时比在 z 处有一个 z/c 的延迟。如果 TCS 模型中的电流向下运动速度为无穷大,则 TCS 模型简化为 BG 模型。DU 模型认为,衰减时间不同的两个电流组成电晕电流和击穿电流,即雷电流可分为两部分,一部分等同于 TCS 电流,另一部分是一个瞬间增大又以指数规律衰减的反向电流。后一部分仅仅是作为雷电流脉冲头的一个修正,它向上传播,以消除雷电流脉冲头的不连续性[25]。

回击工程模型是否有效主要是依据其能否比较准确、有效地预测雷电电磁场。目前主要采用两种方法对回击工程模型的有效性进行验证:第一种是以典型的通道底部电流和回击速度作为模型的输入参量,然后将计算电磁场与典型实测电磁场进行比较;第二种是对某一次回击而言,以实测通道底部电流和实测回击传播速度为输入参量,计算出电磁场,与该次回击的实测电磁场进行比较[17]。

表 2.12　由五种回击模型计算得到的辐射场与观测值的比较

回击模型	距离/km					
	0.05	1	5	20	50	100
MTLL	−0.99	−0.85	−0.14	+0.81	+0.97	+0.99
MTLE	−1.0	−0.92	+0.14	+2.6	+3.0	+3.1
BG	−1.0	−0.87	−0.09	+1.1	+1.2	+1.3
TCS	−1.0	−0.88	−0.08	+1.1	+1.3	+1.4
DU	−1.0	−0.88	−0.08	+1.1	+1.3	+1.4
观测数据	−0.1	−0.81	−0.17	+0.8	+0.8	+0.8

表 2.12 是 Thottappillil 给出的由五种回击模型计算得到的辐射场与观测值的比较[27]，由此可以得出：

（1）电磁场的初始峰值和电流的初始峰值之间的关系可以由 TL、MTLL、MTLE 和 DU 模型很好地预测；

（2）在 $10\sim15\mu s$ 期间，离通道几十米内的电场可以由 MTLL、BG、TCS 和 DU 模型来表现，而 TL 和 MTLE 模型则不行；

（3）对于 5km 及更远处的电磁场的预测，所有的模型都不是很准确。

基于验证结果并出于数学表达简洁的考虑，可将工程模型按优劣排列：MTLL、DU、MTLE、TCS、BG 和 TL。然而，TL 模型可以用于估算初始电场的峰值，因为它是最简洁的数学模型，而且可以达到甚至超过其他复杂模型的预测精度。

2. 闪电回击通道基电流波形

图 2.38 是 Berger 等[28]得到的地闪第一回击的电流波形，纵坐标为电流 $I(t)$ 与电流峰值 I_{max} 之比，也就是归一化的曲线。曲线 B 所表示的电流的第一阶段是根据 85 次记录获得的；而较长的波形曲线 A 是取 10 次观测到的电流波形取平均得到的。

从图 2.38 中可以看出雷电流有以下特征[29]：

（1）峰值电流。典型值为 2×10^4 A 左右，变化范围为 $2\times10^3\sim2\times10^5$ A。

（2）电流上升率。典型值为 10^4 A·μs^{-1} 左右，变化范围为 $10^3\sim8\times10^4$ A·μs^{-1}。

（3）峰值时间。典型值为 $2\mu s$ 左右，变化范围为 $1\sim30\mu s$。

（4）半峰值时间（电流随时间衰减到峰值 50% 的时间）。典型值为 $40\mu s$ 左右，变化范围为 $10\sim250\mu s$。

实际观测到的雷电流非常复杂，波形各不相同，但是一般而言，回击电流是一种具有单峰形式的脉冲电流波形，电流波形的前沿变化十分陡峭，而电流波形尾部

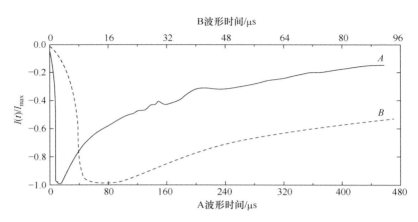

图 2.38　闪电回击电流波形

变化则较为缓慢,如图 2.39 所示。其中,T_1 是波头时间,T_2 是半波长时间,当 $T_1=8$,$T_2=20$,常称为 8/20 雷电流波形。I 是雷电流的峰值。T_1 越短,I 越高,则雷电流波头陡度越大,即雷电流在短时间内变化越快,其周围空间内的电磁感应越强;T_2 越长,I 越高,则雷电流的能量越高[17]。

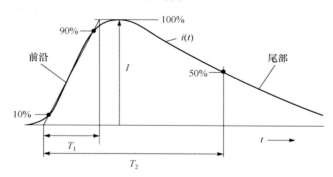

图 2.39　雷电流波形及其参数[30]

根据雷电流的特征,目前常用的闪电回击基电流函数有三种:双指数函数、Heidler 函数及脉冲函数(图 2.40)。

(1) 双指数函数模型

$$i(0,t)=\begin{cases}0, & t<0 \\ \dfrac{I_0}{\eta}(\mathrm{e}^{-\alpha t}-\mathrm{e}^{-\beta t}), & t\geqslant 0\end{cases} \tag{2.29}$$

式中,I_0 为峰值电流;α 决定电流衰减的时间常数;β 决定电流上升的时间常数;$\eta=\exp(-\alpha t_p)-\exp(-\beta t_p)$ 为峰值电流的修正因子,$t_p=\ln(\beta/\alpha)/(\beta-\alpha)$ 为峰值时间。该模型虽然应用广泛但仍有不足之处[31]:一是该模型仅描述了雷电流随时间的变化关系,通常只适用于研究雷电流由某一点注入系统的情形,不能反映出不同点雷电电磁场的变化(即空间变化关系),也不能反映出雷电电荷分布对空间电磁场的贡献;其二,这一公式是根据线路和仪器中测出的感应电流波形而提出的,由于通常线路上的感应电流波会产生一定的畸变,因此在实际雷电道中传播的雷电电流波形与公式之间有可能存在一定的差别。

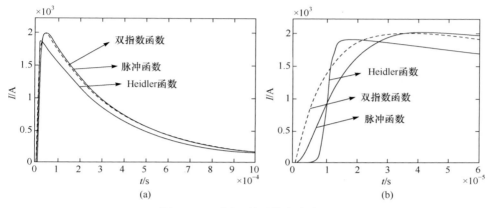

图 2.40　不同函数下的电流波形

(2) Heidler 函数模型[22]

$$i(0,t)=\begin{cases}0, & t<0 \\ \dfrac{I_0}{\eta}\dfrac{\left(\dfrac{t}{\tau_1}\right)^n}{1+\left(\dfrac{t}{\tau_1}\right)^n}\mathrm{e}^{-\frac{t}{\tau_2}}, & t\geqslant 0\end{cases} \tag{2.30}$$

式中,I_0 为峰值电流;τ_1 决定电流上升(波头)的时间常数;η 为修正因子;τ_2 决定电流下降(波尾)的时间常数。该模型的缺点是没有考虑雷电通道本身的大小、放电时雷电通道的分岔对空间雷电电磁场的影响、雷电通道并不垂直于地面等因素。但是该模型能够较为客观地反映雷电的基本规律,用该模型作为雷电防护的研究和分析是合理的,而且也比较精确。

(3) 脉冲函数模型[32]

$$i(0,t)=\begin{cases}0, & t<0 \\ \dfrac{I_0}{\eta}(1-\mathrm{e}^{-\frac{t}{\tau_1}})^n\mathrm{e}^{-\frac{t}{\tau_2}}, & t\geqslant 0\end{cases} \tag{2.31}$$

I_0 为峰值电流,η 为峰值修正因子,将式(2.31)中的 $(1-\mathrm{e}^{-\frac{t}{\tau_1}})^n$ 展开,可得

$$(1-\mathrm{e}^{-\frac{t}{\tau_1}})^n=\sum_{k=0}^{n}\frac{(-1)^k n!}{k!(n-k)!}\mathrm{e}^{\frac{kt}{\tau_1}} \tag{2.32}$$

脉冲函数展开式(2.32)中的第一项($k=0$ 时)是决定脉冲函数衰减的主要项。

一般情况下,脉冲函数可以看成是双指数函数的修正,且更符合雷电电流的实际规律。但是在雷电电磁场的计算中,涉及雷电电流的时间积分,而双指数函数在 $t=0$ 时没有连续的一阶导数,Heidler 函数没有积分显式,因此在雷电电磁场计算中,雷电电流解析表达式常选用脉冲函数。

3. 雷电电流的测量

对于雷电流参数的测量可简单分为四个阶段[33]:①磁钢棒测量;②阴极射线示波器;③雷电定位系统(LLS);④磁带测量法。

1) 磁钢棒测量

1897 年,Pockels 发现当玄武岩遭雷击后的剩磁,即使是由雷电流引起的磁场也只持续极短时间,剩磁也只与闪电电流的峰值有关。为此他加工了一批玄武岩块,将它放置在建筑物的避雷针上,测量到电流辐值为 11kA 和 20kA。几十年后,用高剩磁钢条束代替天然玄武岩,而发展为磁钢棒法。磁钢棒是最早用于雷电参数测量的方法,现在仍在电力系统中使用。一般用该方法测量雷电流幅值。磁钢棒的缺点也是显而易见的,主要表现在以下几个方面:

(1) 磁钢棒的配方和生产工艺的分散性导致产品性能不稳定,无法统一确定钢棒上剩磁与所测雷电流的准确关系;

(2) 测量磁钢棒上剩磁时要十分小心,以免磁钢棒被消磁;

(3) 磁钢棒无法测出几千安以下的雷电流,有时还会由于强雷电流出现饱和;

(4) 磁钢棒无法测出雷电流的极性;

(5) 运输过程中,周围磁化的钢棒和颠簸对磁钢棒的剩磁有影响。

2) 阴极射线示波器

阴极射线示波器于 20 世纪 20 年代末一出现就被应用于雷电流的观察与记录,Berger 在瑞士的圣萨尔瓦托山(Mount SanSalvatore)、Gorin 在莫斯科 537m 高的电视台都观测到了雷电波的全过程。随着微电子技术的不断发展,采样频率达 5Gs/s 的数字示波器已很常见,它为人类进一步了解雷电的特性提供了很好的条件。示波器虽能记录雷电流的全过程,为人们提供最准确最完整的雷电流参数,但是也有其局限性。

(1) 示波器属于精密仪器,要求有无畸变的电流分流器,观测成本高;

(2) 由于示波器观测成本高,因此只能装置在特定地点,记录指定装置上的雷电流,受经济性能影响,不能大面积推广应用;

(3) 现场测量环境有许多电磁干扰,测量波形会叠加许多振荡与毛刺,造成测量结果波形失真;

(4) 由所记录的雷电波推算雷电流波形时,受到多方面的限制;

(5) 数字示波器是抽样采集数据,如何对这些离散的数据进行数字信号平滑处理,减少测量误差,也是一个很大的难题。

3）雷电定位系统

雷电定位系统是 20 世纪 70 年代中期由美国 Uman、Krider 等首次研制成功，并首先应用于肯尼迪宇航中心队，随后逐渐在世界各地推广应用。该系统既可对雷电进行定位，也可记录雷电参数。雷电定位系统已在北美、日本及中国的许多省市推广应用，各国在使用中也发现了一些问题：

（1）设备复杂，前期投资很大；

（2）如果要获得被雷击的杆塔号，就必须绘制十分精确的电子地图，使雷电探测站和每一个杆塔的地理坐标误差<5m，要达到这种精度所要完成的工作量与所使用的测绘技术不是电力部门一家所能承担的；

（3）定位系统本身存在一定误差与探测死区，容易把雷云之间的放电误记为对地"负闪"，如要提高探测精度就必须增加探测站的个数、提高灵敏度，这就大大增加了投资；

（4）地形因素对探测站的干扰很大，像安徽、山东、广西、山西这种多山的省份，误差较大；

（5）定位系统对雷电流幅值的计算偏小，计算依据有误差。

4）磁带测量法

磁带法测量雷电流参数，最早是在 20 世纪 80 年代初由美国宇航局（NASA）的 Jafferis 和 Cerrato 提出并首先在航天中心使用，该方法利用雷电流通过导体时可将靠近导体的磁带上预先录制的波形抹掉的特性，通过读取磁带上剩余波形测算出雷电流幅值。该方法的最大特点就是便宜、易于推广、精度较高。磁带与磁钢棒相比，具有材料便宜、同一型号磁带物理性质、电磁性质一致且性能稳定、轻巧、运输、安装、检测都方便，并且精度与磁钢棒相比有很大提高，磁带测量误差<4%而磁钢棒达到 30%。该方法经国内外实践证明是一种便宜、简单易行、可靠的雷电流参数测量方法。但依然还有许多需要改进之处：

（1）改进从磁带上读取被雷电流消磁后的残余波形的方法，达到提高精度的目的；

（2）可测雷电流幅值的下限还要降低，才可测更小的感应雷电流；

（3）需找到一种利用磁带直接测量雷电流陡度的新方法。

5）Rogowski 线圈法

2000 年，清华大学电机系成功用 Rogowski 线圈、高速 A/D 采样电路、个人计算机研制出雷电电流记录仪，为我国雷电研究提供了一种新的方法[34]。该方法利用电流流过导体时会在其周围产生磁场的电磁特性，测量接地线上流过的电流从而间接得到雷电流波形。

Rogowski 线圈是基于电磁感应定律工作的，即被测电流产生的变化磁场在Rogowski 线圈中感应出电压信号，因而该线圈和被测电流在电路上没有直接的连接，这有利于 A/D 采样电路和计算机的安全运行。通过选择合适的线圈结构参数（环形骨架直径和材料、线圈截面、匝数、积分电阻等），它可测量幅值（几 A 到数百

kA,频率为 0.1～100MHz)电流(图 2.41)。

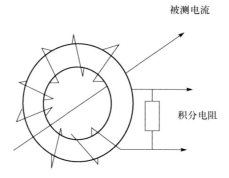

被测电流

积分电阻

图 2.41　自积分式 Rogowski 线圈工作原理图

该方法的主要优点是测量范围宽,为 100A～100kA;易于以数字量输出,实现测量数字化、网络化和自动化;低功率输出、结构简单、线性良好。但由于其成本昂贵,不便于大范围安装,因此目前该方法还没有被普及推广。

2.3.2　回击辐射的电磁场计算及探测技术

闪电发生的瞬间,脉冲电流产生剧烈变化的电磁场,并在闪电周围空间激发出很强的电磁辐射。雷电辐射的强电磁辐射脉冲通常会导致各种电子设备的失效甚至损坏,对人的日常生活、航空航天、军事等领域会产生严重的影响。另外,闪电产生的电磁场又是进行雷电探测的重要信息,由此可获知闪电电流、闪点电荷以及云中电荷分布等各种闪电电学参量,对雷电的研究有重要的意义。通过对闪电辐射的电场、磁场波形的观测,还可以进行实用价值较大的雷电定位、监测、预警等工作。

1. 回击辐射的电磁场

对毫秒级的闪电回击电磁辐射场已经有了很多的研究,如 Brook 等、Kitagawa 等、Krehbiel 等和 Lin 等。该尺度下的回击电场变化可以用来确定各回击中所中和的云中电荷的位置和通道中的毫秒级电流。

垂直电场和水平磁场在毫秒级和次毫秒级的变化也已经有了很多报道,如 Fisher 和 Uman、Uman 等、Tiller 等、Weidman 和 Krider、Lin 等、Weidman、Cooray 和 Lundquist,以及 Master 等。Serhan 等、Weidman 等、Preta 等,以及 Weidman 和 Krider 对其频谱特性进行了研究(表 2.13)[13]。

典型的首次回击和后续回击微秒级电磁场波形如图 2.42 所示。该图是 Lin 对电磁场的测试结果,给出了首次回击(实线)和后续回击(虚线)的垂直电场强度[图 2.42(a)]和水平的磁通密度[图 2.42(b)],反映了电磁场的幅值、初始峰值、斜坡起始时间、斜率、过零点等特征。由此可以看出闪电电磁场具有以下特征:快速上升的电磁场初始峰值,在 1km 距离以外其幅度与距离基本成反比;几十公里距离以内的电场在初始峰值之后有 1 个缓慢上升斜坡,其持续时间>100μs;几十公里距离以内的磁场在初始峰值以后有 1 个弧形凸起,其峰值出现在 10~40μs;50~200km 的电磁场在初始峰值之后会与时间轴产生 1 个零交叉点,一般发生于初始峰值之后几十微秒之内。在 10km 以内,回击电磁场以静电磁场为主,初始峰值是近场区电磁辐射场的主要特征。在远场区,电场和磁场以辐射场为主并有类似的波形,在几十公里外,过零点为其主要特征。

表 2.13　向下负闪垂直电场统计结果

特征参数及观测值	首次闪击			随后闪击		
	闪击数	平均	标准偏差	闪击数	平均	标准偏差
初始峰值,以 100km(V/m)为标准						
Master 等得到的值	112	6.2	3.4	237	3.8	2.2
Krider 和 Guo 得到的值	69	11.2	5.6	31	6.0	1.9
	31	8.8	4.0			
Cooray 和 Lundquist 得到的值	553	5.3	2.7			
McDonald 等得到的值	54	5.4	2.1	119	3.6	1.3
McDonald 等得到的值	52	10.2	3.5	153	5.4	2.6
Tiller 等得到的值	75	9.9	6.8	163	5.7	4.5
Lin 等得到的值						
[KSC]	51	6.7	3.8	83	5.0	2.2
[Ocala]	29	5.8	2.5	59	4.3	1.5
Talor	47	4.8				
零交点时间/μs						
Lin 和 Uman 得到的值	46	54	18	77	36	17
Cooray 和 Lundquist 得到的值						
[Sweden]	102	49	12	94	39	8
[Sri Lanka]	91	89	30	143	42	14
从零上升到峰值时间/μs						
Master 等得到的值	105	4.4	1.8	220	2.8	1.5
Cooray 和 Lundquist 得到的值	140	7.0	2.0			
Lin 等得到的值						
[KSC]	51	2.4	1.2	83	1.5	0.8
[Ocala]	29	2.7	1.3	59	1.9	0.7
Tiller 等得到的值	120	3.3	1.0	163	2.3	0.9
Lin 等得到的值	12	4.0	2.2	83	1.2	1.1

续表

特征参数及观测值	首次闪击			随后闪击		
	闪击数	平均	标准偏差	闪击数	平均	标准偏差
Fish 和 Uman 得到的值	26	3.6	1.8	26	3.1	1.9
10%～90%上升时间						
Master 等得到的值	105	2.6	1.2	220	1.5	0.9
慢锋持续时间/μs						
Master 等得到的值	105	2.9	1.3			
Cooray 和 Lundquist 得到的值	82	5.0	2.0			
Cooray 和 Lundquist 得到的值	104	4.6	1.5			
Wediman 和 Krider 得到的值	62	4.0	1.7	44	0.6	0.2
	90	4.1	1.6	120	0.9	0.5
慢锋,振幅为峰值的百分数						
Master 等得到的值	105	28	15			
Cooray 和 Lundquist 得到的值	83	40	11			
Cooray 和 Lundquist 得到的值	108	44	10			
Wediman 和 Krider 得到的值	62	52	20	44	20	10
	90	40	20	120	20	10
快速跃变,10%～90%上升时间/ns						
Master 等得到的值	102	970	680	217	610	270
Wediman 和 Krider 得到的值	38	200	100	80	200	40
Wediman 和 Krider 得到的值	15	200	100	34	150	100
Wediman 得到的值	125	90	40			

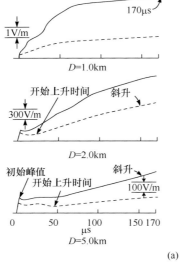
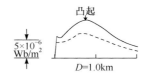
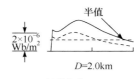
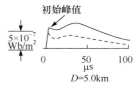

(a)

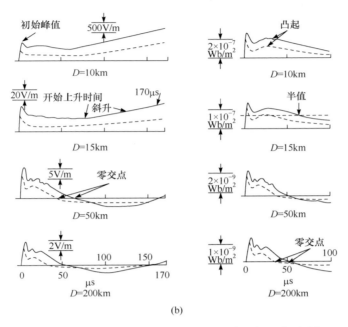

图 2.42　闪电首次回击和后续回击的垂直电场和水平磁场

以 100km 处电场为标准,图 2.43 给出了佛罗里达地区归一化后的 20km 内的初始峰值电场的直方图。从图中可以看出,首次回击的电场范围为 6~8V/m,后续回击的范围为 4~6V/m。观测到的平均值较高是由于设备阈值触发电平过高,对较低的回击闪击电场值观测不到。Peckham 等的试验表明,对于固定的阈值电平的平均标准初始峰值电场随距离由在 25~75km 的 7V/m 增加到在 100~150km 的 9V/m。

图 2.44 给出了一次负地闪首次回击和后续回击的辐射场波形的精细特征示意图。从回击辐射波形的宏观特征看,其上升阶段按其上升速率可分为两种不同的过程,即开始的慢电场变化阶段和随后的快速上升到峰值的变化阶段,其中慢电场变化部分通常称为慢前沿过程(slow front),之后快速上升到峰值的过程称为快变化部分(fast transition)。图中,L 代表先导过程,F 代表慢前沿过程,R 代表快变化过程,回击之后还有一个肩状变化 a 和几个次峰值 a、b、c 等。不同作者对首次回击和后续回击的精细特征见表 2.13。表中给出了标准的初始峰值电场、过零点时间、从过零点到峰值的时间等。Lin、Cooray 和 Lundquist 分别在佛罗里达、瑞典和斯里兰卡对过零点时刻进行了测量。在佛罗里达和瑞典过零点的平均时间为 50μs,而在热带区的斯里兰卡平均时间则为 90μs。Cooray 和 Lundquist 认为造成这种差异的主要因素是气候条件,对于后续回击,三个地点的过零点时间相似。

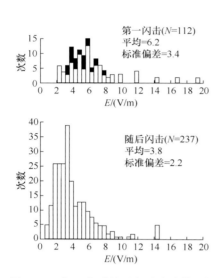

图 2.43　归一化后的回击垂直峰值电场

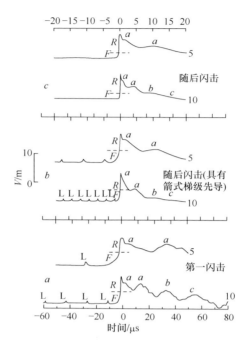

图 2.44　回击电场的具体特征

　　为了研究雷电电磁辐射的特征,Uman 在 20 世纪 80 年代提出了雷电电磁场的理论计算模型和方法[35,36]。雷电电磁场的理论计算基础是麦克斯韦方程组,麦克斯韦方程组可以描述电荷和电流激发电磁场以及电磁场向远处传播的普遍规律。由于雷电放电通道极不规则,往往具有倾斜、弯曲、分支和扭曲等现象。目前国内外对闪电放电通道建模时都会进行简化,通常会忽略分支将其看做是垂直于地面的天线模型,并假设地面为理想导体,根据偶极子(dipole)理论求解麦克斯韦方程组,推导出空间任意一点的电场和磁场强度。

　　对于线性、各向同性、匀质的单一媒质,麦克斯韦方程组的微分形式如下:

$$
\begin{cases}
\nabla \cdot \varepsilon_0 \boldsymbol{E} = \rho \\
\nabla \cdot \mu_0 \boldsymbol{E} = 0 \\
\nabla \times \boldsymbol{E} = -\dfrac{\partial \mu_0 \boldsymbol{H}}{\partial t} \\
\nabla \times \boldsymbol{H} = \boldsymbol{J} + \dfrac{\partial \varepsilon \boldsymbol{E}}{\partial t}
\end{cases}
\tag{2.33}
$$

式中,ε_0 为媒质的介电常数;μ_0 为磁导率;$\boldsymbol{J}$ 为电流密度;ρ 为电荷密度。电场和磁场可以表示为

$$
\begin{cases}
\boldsymbol{B} = \nabla \times \boldsymbol{A} \\
\nabla \cdot \boldsymbol{A} + \dfrac{1}{c^2} \dfrac{\partial \phi}{\partial t} = 0 \\
\boldsymbol{E} = -\nabla \phi - \dfrac{\partial \boldsymbol{A}}{\partial t} \\
\boldsymbol{E} = -\dfrac{\partial \boldsymbol{A}}{\partial t} + c^2 \displaystyle\int_{-\infty}^{t} \nabla(\nabla \cdot \boldsymbol{A}) \, \mathrm{d}t
\end{cases}
\tag{2.34}
$$

式中，ϕ 为标量电位；A 为电流微元偶极子的矢势。考虑洛伦兹条件 $\nabla \cdot A + \mu\varepsilon \dfrac{\partial \phi}{\partial t} = 0$，麦克斯韦方程组可转化为关于 ϕ 和 A 的两个方程：

$$
\nabla^2 \phi - \mu\varepsilon \frac{\partial^2 \phi}{\partial t^2} = -\frac{\rho}{\varepsilon}
\tag{2.35}
$$

$$
\nabla^2 A - \mu\varepsilon \frac{\partial^2 A}{\partial t^2} = -\mu J
\tag{2.36}
$$

该方程组的非齐次一般解为

$$
\phi(r,t) = \frac{1}{4\pi\varepsilon} \int_{V'} \frac{\rho\left(r_s', t - \dfrac{|r_s - r_s'|}{c}\right)}{|r_s - r_s'|} \, \mathrm{d}V'
\tag{2.37}
$$

$$
A(r,t) = \frac{\mu}{4\pi} \int_{V'} \frac{J\left(r_s', t - \dfrac{|r_s - r_s'|}{c}\right)}{|r_s - r_s'|} \, \mathrm{d}V'
\tag{2.38}
$$

式中，$c = 1/(\mu\varepsilon)$ 为雷电波的传播速度。在空气介质中，传播速度等于光速，即 $2.998 \times 10^8 \mathrm{m/s}$。$r_s$ 和 r_s' 如图 2.45 所示。

如图 2.46 所示，将雷电回击放电通道近似为垂直于地面的竖直天线，回击通道长度为 H，回击电流以匀速 v 从地面沿通道向上传输，电流和电荷在通道中均匀分布，在电流的回击高度 h 上方，电流为 0，大地为导电率为无穷大的水平面，整个传输线可看做是由一系列长度为 $\mathrm{d}z'$ 的无穷小的电流元串联而成。图 2.46 中，$P(r, \phi, z)$ 表示场点，$R_0 = \sqrt{r^2 + z^2}$ 表示场点 P 与回击电流底部的距离，$R_H = \sqrt{r^2 + (h-z)^2}$ 表示场点 P 与回击电流顶部的距离，$R = \sqrt{(z-z')^2 + r^2}$ 表示场点 P 与偶极子 $\mathrm{d}z'$ 的距离。

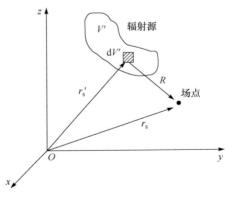

图 2.45　求解示意图

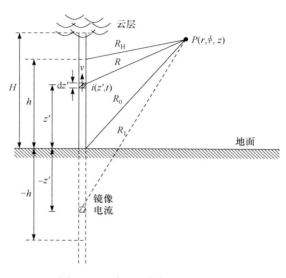

图 2.46　雷电回击物理结构模型

在回击电流中任取微电流元 dz' 为研究对象,设 dz' 距离地面的高度为 z',根据偶极子理论,在 $-z'$ 处建立一个镜像等效微电荷,整个放电通道将附加镜像电流 $-h$。由于闪电回击放电通道具有轴对称特性,计算坐标系选取柱坐标系。在柱坐标系中矢量磁势

$$dA(R,t)=\frac{\mu_0}{4\pi}\left[i\left(R',t-\frac{|R-R'|}{c}\right)\right]/|R-R'| \tag{2.39}$$

在柱坐标系中矢量磁势 A 只有垂直于地面的 z 分量,代入式(2.34)中可得

$$B(r,\phi,z,t)=\nabla\times A(r,\phi,z,t)$$

$$=\left(\frac{1}{r}\frac{\partial A_z}{\partial\phi}-\frac{\partial A_\phi}{\partial z}\right)a_r+\left(\frac{1}{r}\frac{\partial A_r}{\partial z}-\frac{\partial A_z}{\partial r}\right)a_\phi+\frac{1}{r}\left[\frac{\partial(rA_\phi)}{\partial r}-\frac{\partial A_r}{\partial\phi}\right]a_z \tag{2.40}$$

在雷电放电通道底部,即电流元位于原点时,矢量磁势 A 的表达式如下:

$$A(R,t)=\left(\frac{\mu_0}{4\pi}\frac{i(0,t-R/c)}{R}l\right)a_z \tag{2.41}$$

式中,$R^2=r^2+z^2$;l 为电流元的长度。将式(2.41)代入式(2.40)中可推导出

$$B(r,\phi,z,t)=-\frac{\mu_0 l}{4\pi}\frac{\partial}{\partial r}\left(\frac{i(t-R/c)}{R}\right)a_\phi=-\frac{\mu_0 l}{4\pi}\left[\frac{1}{R}\frac{\partial i(t-R/c)}{\partial r}+\frac{r}{R^3}i(t-R/c)\right]a_\phi \tag{2.42}$$

易知

$$\frac{\partial}{\partial r}\left[i(t-R/c)\right]=-\frac{r}{cR}\frac{\partial}{\partial t}\left[i(t-R/c)\right] \tag{2.43}$$

因此,式(2.42)最终可写为

$$B(r,\phi,z,t)=\frac{\mu_0 l}{4\pi}\left[\frac{r}{cR^2}\frac{\partial i(t-R/c)}{\partial t}+\frac{r}{R^3}i(t-R/c)\right]\boldsymbol{a}_\phi \tag{2.44}$$

电场强度可根据式(2.34)中第四项推导。式中第一项

$$-\frac{\partial \boldsymbol{A}}{\partial t}=-\frac{l}{4\pi\varepsilon_0 c^2 R}\frac{\partial i(t-R/c)}{\partial t}\boldsymbol{a}_z \tag{2.45}$$

第二项根据散度在柱坐标系下的计算公式可写为

$$\nabla\cdot\boldsymbol{A}(r,\phi,z,t)=\frac{1}{r}\frac{\partial}{\partial r}(rA_r)+\frac{1}{r}\frac{\partial A_\phi}{\partial \phi}+\frac{\partial A_z}{\partial z}=\frac{\partial}{\partial z}\left(\frac{i(t-R/c)}{R}\right)$$

$$=\frac{\mu_0 l}{4\pi}\left[\frac{1}{R}\frac{\partial i(t-R/c)}{\partial z}-\frac{1}{R^3}i(t-R/c)\right] \tag{2.46}$$

在垂直的闪电回击通道中,矢量磁势 $\boldsymbol{A}(\boldsymbol{R},t)$ 只有 z 方向分量,将式(2.46)代入式(2.34)可以得到闪电回击的电磁场计算模型。由于镜像电流的作用,电场只有沿 $\boldsymbol{a}_z$ 方向和 $\boldsymbol{a}_r$ 方向的分量,磁场只有沿 $\boldsymbol{a}_\phi$ 方向的分量:

$$\boldsymbol{E}=E_z\boldsymbol{a}_z+E_r\boldsymbol{a}_r$$

$$\mathrm{d}H_\phi(r,\phi,z,t)=\frac{\mathrm{d}z'}{4\pi}\left[\frac{r}{R^3}i(z',t-R/c)+\frac{r}{cR^2}\frac{\partial i(z',t-R/c)}{\partial t}\right] \tag{2.47}$$

$$\mathrm{d}E_r(r,\phi,z,t)=\frac{\mathrm{d}z'}{4\pi\varepsilon_0}\left[\frac{3r(z-z')}{R^5}\int_0^t i(z',\tau-R/c)\mathrm{d}\tau+\frac{3r(z-z')}{cR^4}i(z',t-R/c)\right.$$

$$\left.+\frac{r(z-z')}{c^2 R^3}\frac{\partial i(z',t-R/c)}{\partial t}\right] \tag{2.48}$$

$$\mathrm{d}E_z(r,\phi,z,t)=\frac{\mathrm{d}z'}{4\pi\varepsilon_0}\left[\frac{2(z-z')^2-r^2}{R^5}\int_0^t i(z',\tau-R/c)\mathrm{d}\tau\right.$$

$$\left.+\frac{2(z-z')^2-r^2}{cR^4}i(z',t-R/c)-\frac{r^2}{c^2 R^3}\frac{\partial i(z',t-R/c)}{\partial t}\right] \tag{2.49}$$

式中,r、ϕ 和 z 分别为径向坐标、方位角和轴向坐标;R 是电流偶极子到场点的距离,对于实际通道电流,对应图 2.46 中的 R_0,对于镜像电流,对应图 2.46 中的 R_1;ε_0、μ_0 和 c 分别为真空电导率、磁导率及光速;z' 表示雷电电流元的坐标。图 2.46 中的 h 表示 t 时刻通道电流前沿所到达的高度。式(2.48)和式(2.49)中的右边第一项为静电场,第二项为感应场或中间场,第三项为辐射场或远区场,式(2.47)右边第一项为感应场,第二项为辐射场。

地面的反射效应可根据镜像原理求得,通过镜像电流与实际通道电流产生的电磁场的叠加,即获得任意空间点的电磁场。根据上面的计算式进行叠加之后,对 z' 进行积分,得到 t 时刻雷电流 $i(z',t)$ 在空间点 (r,ϕ,z') 产生电磁场的积分表达式:

$$H_\phi(r,\phi,z,t) = \frac{1}{4\pi}\int_{-h}^{h}\left[\frac{r}{R^3}i(z',t-R/c) + \frac{r}{cR^2}\frac{\partial i(z',t-R/c)}{\partial t}\right]dz' \quad (2.50)$$

$$E_r(r,\phi,z,t) = \frac{1}{4\pi\varepsilon_0}\int_{-h}^{h}\left[\frac{3r(z-z')}{R^5}\int_0^t i(z',\tau-R/c)d\tau + \frac{3r(z-z')}{cR^4}i(z',t-R/c)\right.$$

$$\left. + \frac{r(z-z')}{c^2R^3}\frac{\partial i(z',t-R/c)}{\partial t}\right]dz' \quad (2.51)$$

$$E_z(r,\phi,z,t)$$

$$= \frac{1}{4\pi\varepsilon_0}\int_{-h}^{h}\left[\frac{2(z-z')^2-r^2}{R^5}\int_0^t i(z',\tau-R/c)d\tau + \frac{2(z-z')^2-r^2}{cR^4}i(z',t-R/c)\right.$$

$$\left. - \frac{r^2}{c^2R^3}\frac{\partial i(z',t-R/c)}{\partial t}\right]dz' \quad (2.52)$$

在回击电流到达通道顶端之前,沿通道的积分上限实际为电流前沿所到达的高度 h,根据电流模型中的赫维赛德函数:

$$t - h/v - [(z-h)^2 + r^2]^{1/2}/c = 0 \quad (2.53)$$

可求得

$$h = \frac{\xi}{1-\xi}\left[ct - \xi z - \sqrt{(\xi ct - z)^2 + r^2(1-\xi^2)}\right] \quad (2.54)$$

式中,$\xi = v/c$。回击电流到达通道顶端之后 $h = H$。

2. 雷电电磁场的测量

1) 雷电电场测量

1916 年,Wilson 设计出电场变化仪"原型",到 1960 年,Kitagawa 和 Brook 首次提出采用两种不同时间常数的电场变化仪来记录闪电电场的变化。一幅按照早期的设置,采用较低的采样率,记录准静态场的变化,称为慢变化电场仪,也称慢天线。另外使用一幅天线配以较高的采样率和灵敏度,用以记录瞬变场,称为快天线。之后的几十年中,电场变化仪被广泛应用于自然闪电电场以及人工引雷电场的测量。快慢天线由此成为闪电电场变化测量的一个基本手段,人们通过慢天线组网、快天线组网、多种便携式设计、频谱分析和闪电电磁环境测量、电场探空等方式,将其应用于闪电研究的各个领域。虽经多次改进,但其基本原理和结构(图 2.47 和图 2.48)一直沿用至今。

闪电电场变化测量仪一般采用与电场垂直的金属圆板作为天线,其结构和电原理图分别如图 2.47 和图 2.48 所示。

将面积为 S 的金属平板作为天线,通过后置积分电路,使输出电压信号波形反映电场的变化。其中,天线对地电容设为 C_a,R 的作用是与电容 C 形成放电回路以防止低频分量的饱和,$S = RC$ 为时间常数。

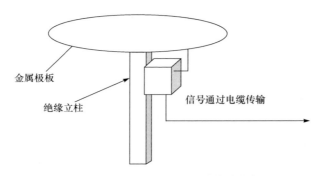

图 2.47　传统的闪电电场变化仪结构图

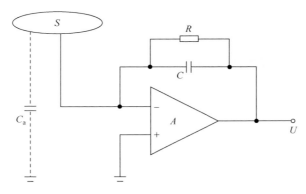

图 2.48　闪电电场变化测量仪电原理图

当地面电场变化 ΔE 时,输出电压与电场变化满足

$$\Delta U = \frac{\varepsilon_0 S}{c} \Delta E \tag{2.55}$$

采用图 2.46 所示电场变化测量仪即可将 ΔU 传输至信号采集和实时处理终端设备的输入端,完成对 LEMP(lightning electro magnetic pulse)电场的采集和实时处理。快、慢电场变化测量仪的区别仅取决于 RC 参数的选择。

2)雷电磁场测量

雷电磁场测量的基本原理是电磁感应,当垂直于线圈平面的磁场发生改变时,线圈上会产生感应电动势。最早的雷电磁场是由 Krider 和 Noggel 在 1957 年用同轴电缆做成的单环感应探头(天线)测得的[37]。天线环上的感应电压与外界磁通量密度变化率成正比,同时与天线的面积以及天线环平面与放电通道的夹角有关。

$$V = \frac{A\cos\theta}{R_l C_l} B \tag{2.56}$$

式中，V 为积分器的输出电压；B 为磁通量密度（磁感应强度）；A 为天线的面积；θ 为天线平面与放电通道之间的夹角；R_1、C_1 分别为积分电阻和电容。

最简单的磁场传感器是一个开环线环，如图 2.49 所示。

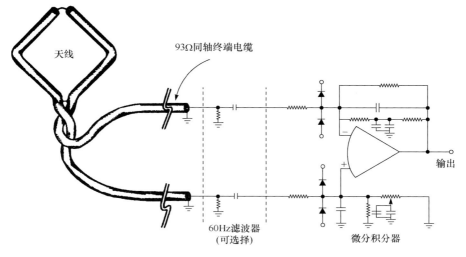

图 2.49　磁场测量系统

闪电的放电通道与地面并非完全与地面垂直，即通过二维磁场测量获得的信息尚不能完全描述闪电通道的位置，如图 2.50(a) 所示。目前发展出的三维磁场测量系统（图 2.50(b)），利用面积相同且相互正交的正方形环天线同步接收雷电电磁脉冲磁场分量，以全面测量包括云闪在内的来自任意方向闪电放电通道电流产生的磁场[38]。

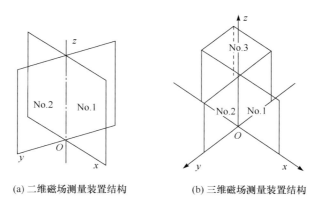

(a) 二维磁场测量装置结构　　　　(b) 三维磁场测量装置结构

图 2.50　磁场测量装置结构图

2.3.3　云闪辐射的电磁场计算及探测技术

雷暴过程中,多数闪电发生在云中,一般认为,云闪的发生频数约占闪电总数的三分之二以上。但由于云地闪对地面的危害有重大的现实利益,因此目前研究云地闪的电磁特性较多,随着通信、航空航天技术的发展,对云闪电磁特性的研究也越发重要。

1. 云闪辐射的电磁场

Kitagawa 和 Brook 记录了云闪放电时大约 1400 个电场,如图 2.51 所示,并把云闪放电的近地面电场分为初始阶段、极活跃阶段和最后阶段[13]。

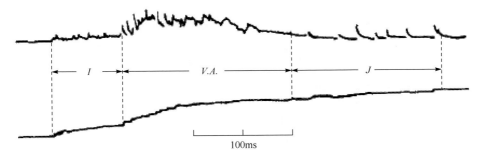

图 2.51　云闪的电场变化

(1) 初始阶段。具有大量较小振幅的脉冲、平均脉冲间隔为 $680\mu s$,云闪放电时间为 $50\sim300ms$。与地闪初始阶段的主要不同点是:云闪初始阶段的脉冲之间的间隔和初始阶段的持续时间明显比地闪的阶梯先导的脉冲时间间隔和持续时间长。另外,Schonland 研究称叠加于慢电场变化的脉动是由云闪放电引起的。该云闪与梯式先导有同样的脉冲间隔时间。Kitagawa 和 Brook 发现云闪和地闪的电场变化的不同表现为最初的 10ms,可以预测闪电是云闪还是地闪的准确率达 95%。

(2) 极活跃阶段。具有大量较大幅度的脉冲和迅速变化的电场,但是从初始活动阶段到极活跃阶段没有明显的突变。

(3) 最后阶段。大气电场变化具有与地闪的 J 变化类似,出现间歇脉冲,与极活跃阶段明显不同,云闪的 J 变化不是迅速变化,是 J 过程叠加 K 过程引起的,并以反冲流的 K 过程为主要起因。

Kitagawa 和 Brook 在对约 1400 多个云闪放电的研究中指出,50% 包含以上所有三个阶段,40% 包含极活跃阶段和 J 类型阶段(最后阶段),余下的 10% 只有初始阶段或极活跃阶段或两者皆有,但没有 J 类型阶段。

图 2.52 给出了云闪时电场变化的四种基本类型。图 2.52(a)表示电场变换出现的次数,图 2.52(b)为放电情况。其中,第 I 类电场变化曲线和斜率均为正,一般在距雷暴不到 6km 处观测到,总的持续时间很短,一般仅 100ms,很少超过 300ms;第 II 类电场为正,但斜率为负,第 III 类最初与第 II 类相似,只是到后来电场为负,第 II、III 类电场变化常在距离雷暴 4~10km 处观测到;第 IV 类电场变化和斜率都为负值,这一类约距闪电大于 8km 处观测到。

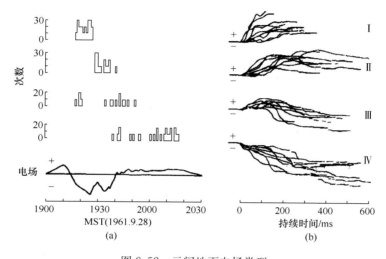

图 2.52　云闪地面电场类型

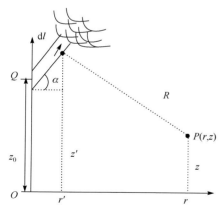

图 2.53　云闪斜向放电通道模型

由于云体在光学频段是不透明的,常规的观测手段受到限制,目前对云闪的了解相对较少,对云闪电磁场计算理论的研究则更少。最近几年研究发现,云闪中的反冲流光和云地闪的回击脉冲类似,会辐射出较强的电磁脉冲。而云闪放电与云地闪放电很不相同,因此不能用云地闪回击的电磁场辐射模型解决云闪回击的电磁辐射问题。按照云内放电的过程,云闪通道可近似为一悬空斜向通道模型,如图 2.53 所示。

图 2.53 中,Q 为云闪的回击点,Z_0 为回击点距地面的高度,回击通道与地面夹角为 α,电流沿斜向通道向上传输,$P(r,z)$ 为观测点,$R=\sqrt{(r-r')^2+(z-z')^2}$ 为观测点距回击点距离。

在柱坐标系下,经麦克斯韦方程组推导出闪电的电磁场微分表达式如下:

$$\begin{cases} \mathrm{d}\boldsymbol{E}(r,\varphi,z,t) = c^2 \int_{-\infty}^{t} \nabla(\nabla \cdot \mathrm{d}\boldsymbol{A})\mathrm{d}t' - \dfrac{\partial \mathrm{d}\boldsymbol{A}}{\partial t} \\ \mathrm{d}\boldsymbol{B}(r,\varphi,z,t) = \nabla \times \mathrm{d}\boldsymbol{A} \end{cases} \tag{2.57}$$

云闪斜向通道的矢量磁势可表示为径向分量和垂直分量,即 $\mathrm{d}\boldsymbol{A} = \mathrm{d}\boldsymbol{A}_r + \mathrm{d}\boldsymbol{A}_z$,其中

$$\mathrm{d}\boldsymbol{A}_r = A_r\mathrm{d}\boldsymbol{r} = A_r\mathrm{d}r'\boldsymbol{e}_r = \frac{\mu_0}{4\pi}\frac{i(r',t-R/c)}{R}\mathrm{d}r'\boldsymbol{e}_r \tag{2.58}$$

$$\mathrm{d}\boldsymbol{A}_z = A_z\mathrm{d}\boldsymbol{z} = A_z\mathrm{d}z'\boldsymbol{e}_z = \frac{\mu_0}{4\pi}\frac{i(z',t-R/c)}{R}\mathrm{d}z'\boldsymbol{e}_z \tag{2.59}$$

式中,r'、z' 分别为云闪通道内电流到达的径向距离和垂直距离。

云地闪通道内电流元只有垂直分量,而云闪通道内的电流元既包含垂直分量也包含水平分量,将式(2.58)和式(2.59)代入式(2.57)得到云闪在地面激发的电磁场的计算模型:

$$\begin{aligned} \mathrm{d}\boldsymbol{E}_z(r,z,t) = \frac{1}{4\pi\varepsilon_0}\Big\{&\Big[\frac{3(r-r')^2-R^2}{R^5}\int_{-\infty}^{t}i(r',t-R/c)\mathrm{d}t' + \frac{3(r-r')^2-R^2}{cR^4}i(r',t-R/c) \\ &+ \frac{(r-r')^2-R^2}{c^2R^3}\frac{\partial i(r',t-R/c)}{\partial t}\Big]\mathrm{d}r' + \Big[\frac{3(z-z')^2-R^2}{R^5}\int_{-\infty}^{t}i(z',t-R/c)\mathrm{d}t' \\ &+ \frac{3(z-z')^2-R^2}{cR^4}i(z',t-R/c) + \frac{(z-z')^2-R^2}{c^2R^3}\frac{\partial i(z',t-R/c)}{\partial t}\Big]\mathrm{d}z'\Big\}\boldsymbol{e}_z \end{aligned} \tag{2.60}$$

$$\begin{aligned} \mathrm{d}\boldsymbol{H}(r,z,t) = \frac{1}{4\pi}\Big\{&\Big[-\frac{z-z'}{R^3}i(r',t-R/c) - \frac{z-z'}{cR^2}\frac{\partial i(r',t-R/c)}{\partial t}\Big]\mathrm{d}r' + \Big[\frac{r-r'}{R^3}i(z',t-R/c) \\ &+ \frac{r-r'}{cR^2}\frac{\partial i(z',t-R/c)}{\partial t}\Big]\mathrm{d}z'\Big\}\boldsymbol{e}_\varphi \end{aligned} \tag{2.61}$$

电流在通道中传输的距离 l 可根据 $t-l'/v-R/c=0$ 求得,对式(2.60)和式(2.61)在 $0\sim l$ 积分,即可求得云闪放电在地面任一点激发的电磁场。

图 2.54 给出了斜向通道在地面上 1km、2km、5km、10km、50km、200km 处的磁场和电场,其中,长虚线、短虚线及实线分别代表水平电流产生的电磁场、垂直电流产生的电磁场及总电磁场。从仿真波形中可以看出,总电场的波形与垂直电流辐射的电场波形相似,而水平电流辐射的电场对总电场的影响几乎可以忽略。这主要是由于斜向放电通道分解为水平通道、垂直通道后,垂直通道有 6.4km,水平通道只有 1.8km 较短。在近场区,与云地闪的特征不同,电场在初始峰值后呈负极性,云闪与云地闪电磁场计算模型的主要区别是回击点高度和水平电流的影响,而水平电流对总电磁场的影响较小,因此,电场的负极性主要是由于回击点高度的影响。随着观测点距离的增加,回击高度对电场的影响越来越小,在远场区与云地闪回击的电场波形相似,但受水平偶极子影响其过零点时刻比云地闪的稍早。

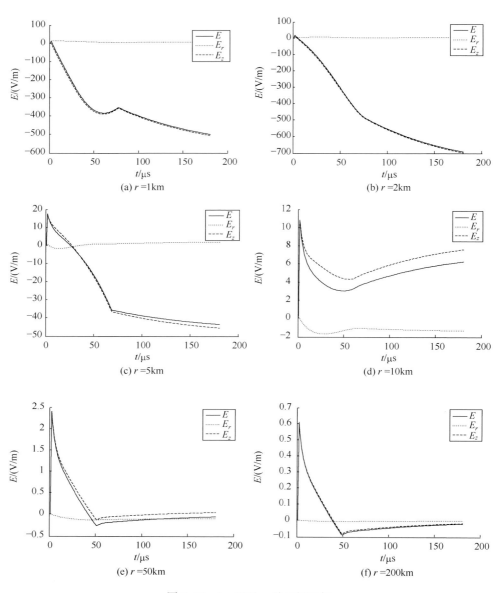

图 2.54   1~200km 处云闪电场

　　与前面提到的云闪电场变化的四种基本类型相比，电场变化曲线开始为负，这是受云闪的正负极性的影响。如果将仿真波形极性取反，则距雷暴不到 2km 的云闪电场波形，电场变化曲线为负，斜率为正。在距雷暴的 3km 处左右，电场在 20μs 后为正，电场的变化率开始为正，60μs 后电场不再变化，与第 Ⅱ 类电场有相似之处，而 3km 后，电场的变化和斜率均为负值，与第 Ⅳ 类电场的变化相同，但观测点在 3km 左右,远小于前面提到的大于 8km 处。本节提出的云闪电磁场计算模型能大致反映实测电磁场的变化特征,但在一些细节上与实测结果又有所区别,这可能是由于建立模型过于理想所致。

从图 2.55 的云闪磁场仿真结果中可以看出,在近场区距雷暴小于 2km 的地

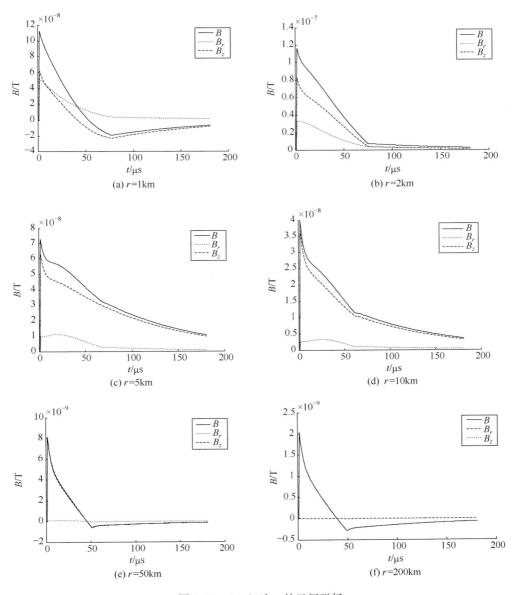

图 2.55　1~200km 处云闪磁场

方,水平偶极子激发的磁场与垂直偶极子激发的磁场脉冲波形相似,且幅值相差不大,对总磁场的贡献相当。与云地闪磁场相比,云闪磁场波形在近场区并没有凸起特征,反而在 1km 处,60μs 后会出现负极性过冲,图 2.55(a)中水平电流产生的磁场一直为正,因此该负极性过冲主要是由回击点高度影响垂直电流辐射的磁场所造成的。同样,受通道长度的影响,水平电流对总磁场的贡献越来越小,在大于50km 的远场区,影响可以忽略。

为了更加明显地说明云闪斜向放电通道中,垂直电流和水平电流激发电磁场对总电磁场的贡献,图 2.56 和图 2.57 中给出了二者峰值比和平均值比的曲线图。图中,横坐标表示距离,单位为 km,纵坐标表示比值。从垂直电流激发电场与水平电流激发的电场峰值比可以看出,在 10km 内由于反冲流光起始位置的影响,垂直偶极子激发的负向电场与水平偶极子激发的电场比值较大,随着距离的增加,比值在约 3km 处的地方比值达到最大值(约 85),随后在 7km 左右的地方降至最低,

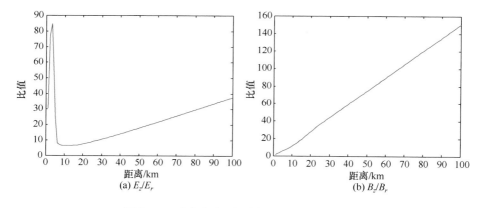

(a) E_z/E_r　　　　　　　　　　(b) B_z/B_r

图 2.56　垂直电流、水平电流电磁场峰值之比

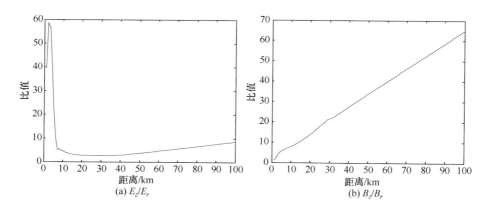

(a) E_z/E_r　　　　　　　　　　(b) B_z/B_r

图 2.57　垂直电流、水平电流电磁场平均值之比

比值大约为 9,之后,随着距离的增加,垂直电流与水平电流激发的电场之比基本呈线性关系。而垂直电流与水平电流激发的磁场,无论在近场区还是远场区,其比值均随着距离的增加而增加,在 100km 处达到最大值 160,比值与距离呈线性关系。而平均值之比的趋势与峰值比的趋势十分一致,同一距离处的平均值之比要小于峰值比,这是主要是受电磁场的双极性特征影响。

2. 云闪电磁场探测技术

云闪过程蕴含了更丰富的闪电信息,有助于全面的研究雷暴活动的特征。由于云闪在雷暴过程中先于地闪发生,通过探测云闪可以为地闪的监测预警提供支撑。闪电放电过程伴随着频谱范围很宽的电磁辐射,频率遍及几赫兹到几百吉赫兹,地闪产生的闪电电磁脉冲主要在低频段,云闪过程产生的电磁脉冲辐射主要分布在 VHF 频段。目前,国内外的云闪探测手段主要是采用干涉法或时差法来确定云闪发生位置。

1) 干涉法(VHF/IFT)

干涉技术的主要原理是采用有足够波程差的若干个接受天线振子,当来波从不同的方位到达天线阵时,各个振子上接收的信号将产生不同的相位差,测定这些相位差原则上即能确定来波相对于天线阵的方位。与低频闪电定位技术结合,能探测出云闪和地闪,对闪电的连续脉冲定位较好。

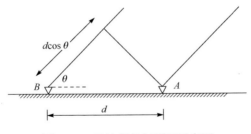

图 2.58　干涉仪几何原理示意图

图 2.58 中,A、B 是两个接收天线,它们间的距离 d 称为基线长度,到达天线 A 的辐射信号可表示为 $f(t)$,则到达天线 B 的信号为 $f(t-s)$,这里,s 为辐射信号的延迟时间。辐射信号的频域表达形式为

$$f(t) = \int_{-\infty}^{+\infty} F(\omega) e^{i\omega t} d\omega \tag{2.62}$$

$$\sqrt{f(t-\tau)} = \sqrt{\int_{-\infty}^{+\infty} F(\omega) e^{i\omega(t-\tau)} d\omega} = \sqrt{\int_{-\infty}^{+\infty} F(\omega) e^{i\omega t} e^{-i\omega \tau} d\omega} \tag{2.63}$$

式(2.62)和式(2.63)仅有相位因子 $e^{-i\omega\tau}$ 的差别,因此信号到达两个天线的相位差为

$$\Delta\varphi = \omega\tau = 2\pi f\tau \tag{2.64}$$

式中,$\tau = d\cos\theta/c$,f 和 θ 分别是频率和辐射信号的入射角,c 是真空中光速。因此,方程(2.64)可写为

$$\Delta\varphi = \omega\tau = 2\pi f d\cos\theta/c \tag{2.65}$$

对接收的时域信号进行快速 Fourier 变换(FFT),即可得到两个天线接收到的辐射信号之间的相位差谱,由式(2.65)可得到其辐射信号到达天线阵的入射角。简单起见,通常采用两个相互垂直的正交基线,然后经简单的球面三角运算后即可得到相应辐射源的方位角和仰角。

2)时差法

时差法是根据不同的探测站所探测到的雷电辐射电磁场的到达时间差来对雷电进行定位的。如图 2.59 所示,云闪辐射源的坐标用 (x,y,z) 表示,发生时间用 t 表示。第 i 个探测站坐标为 (x_i,y_i,z_i),$i = 1,2,\cdots,n$,它测得的信号到达时间为 t_i。观测量和未知量之间的数学关系为

$$t_i = t + \sqrt{(x-x_i)^2 + (y-y_i)^2 + (z-z_i)^2}/c + \varepsilon_{Ti} \tag{2.66}$$

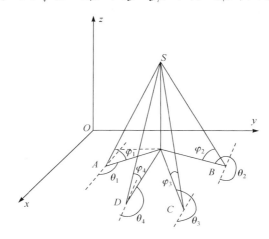

图 2.59　云闪辐射源与各探测站的位置

式(2.66)中的未知数有 4 个,因此要定位出云闪辐射源必须有至少 4 个探测站的数据参与计算,为避免奇异值(双解)的出现,定位计算中必须有冗余观测量。因此,为保证云闪定位的可靠性,对辐射源的定位计算至少需要 5 个探测站的数据。云闪激发的电磁波沿直线传播到探测站,探测误差主要受探测站本身的时钟误差的影响,目前云闪探测器采用精度较高的 GPS 授时技术(误差小于 $1 \times 10^{-7}\text{s}$)。

消除未知参数 t,可以得到云闪时差定位的基本公式[39]:

$$c(t_i-t_1)=\sqrt{(x-x_i)^2+(y-y_i)^2+(z-z_i)^2}-\sqrt{(x-x_1)^2+(y-y_1)^2+(z-z_1)^2}$$

$$(2.67)$$

求出式中(x,y,z)的值即可判断云闪发生的位置。为了推导云闪辐射定位的线性方程组,Koshak 等将ε_{Ti}先略去,将式(2.67)展开得

$$c^2(t^2+t_i^2-2tt_i)=x^2+y^2+z^2+x_i^2+y_i^2+z_i^2-2x_ix-2y_iy-2z_iz \quad (2.68)$$

定义$R^2=x^2+y^2+z^2$,$R_i^2=x_i^2+y_i^2+z_i^2$,则可将式(2.68)简化为

$$c^2(t^2+t_i^2-2tt_i)=R^2+R_i^2-2x_ix-2y_iy-2z_iz \quad (2.69)$$

利用两个探测站的到达时间值按式(2.69)的形式列出观测方程,将两方程相减,可消除其中的未知数二次项t^2和R^2,得到以下线性方程:

$$(x_i-x_1)x+(y_i-y_1)y+(y_i-y_1)z-c^2(t_i-t_1)t=\frac{(R_i^2-R_1^2)-c(t_i^2-t_1^2)}{2}$$

$$(2.70)$$

当下标i分别取$2,3,\cdots$时,可列出$i-1$个线性方程,并组成线性方程组,直接解算该线性方程组可以确定云闪辐射源的位置。

2.3.4　中高层大气放电电磁场模型与仿真

Wilson 曾在 20 世纪初提出:在 80km 的上空,雷暴电场应超过空气雪崩电场的阈值,从而触发向上的闪电,但由于大气的散射或高空闪电现象本身较弱,不容易在地面上观测到。随着探测技术的发展,自 1989 年起,先后发现了红色精灵、蓝色喷流、巨型喷流和极低频率辐射四种中层大气闪电现象[40]。至今,以美国和欧洲为主,日本、印度和中国在内的大量研究工作者致力于中高层大气闪电现象的光学和无线电测量研究。

1. 中高层大气放电电磁场

在对中高层大气闪电现象观测的同时,不同的放电模型被相继提出,在不同的模型中,用来解释中高层闪电现象的物理机制主要有两种[16]。一种是准静电场热崩机制(以 Pasko、Boccippio、Winckler 等为代表):闪电放电前后的准静电场或闪电放电电流产生的辐射电场脉冲对中高层大气中能量较低的电子(约几电子伏)加速,被加速的电子获得足够的能量后,反过来对周围的大气加热、电离和产生光辐射。另一种机制是逃逸雪崩机制(以 Gurevich、Milikh、Roussel-Dupre 和 Winckler 为代表):放电前后的准静电场对宇宙射线产生的逃逸电子(或称高能电子,能量量级为 MeV),被加速的高能电子反过来电离周围大气引起逃逸雪崩。

引起中层大气闪电现象的能量源是雷暴云电荷和闪电放电电流产生的电磁场,电场按产生时间可以分成三种[16]:①闪电放电前雷暴云源电荷引起的准静电场(QEF);②闪电放电电流产生的电磁场脉冲(EMP);③闪电放电后雷暴云中的

剩余电荷和大气中的诱导电荷产生的 QEF。表 2.14 为上述两种机制和三种电场的不同组合及所对应的现象。

表 2.14   中高层闪电现象不同模型的电场源和加热机制组合

电场源	热崩机制	逃逸雪崩机制
电磁脉冲	极低频率辐射	
准静电场(闪电放电前)	喷流,巨型喷流	喷流,巨型喷流
准静电场(闪电放电后)	红色精灵	红色精灵

中高层大气放电现象中红色精灵基本上由正的云-地放电产生[41],极低频率辐射由大的回击电流脉冲产生。中高层大气放电电流的模型可采用正云地强放电现象模拟,描述闪电放电电流变化的函数可采用 Veronis 等在 1999 年提出的脉冲函数[42]:

$$I(t) = \begin{cases} I_p t/\tau_r, & t \leqslant \tau_r \\ I_p \exp\{-[(t-\tau_r)/\tau_f]^2\}, & t > \tau_r \end{cases} \quad (2.71)$$

式中,τ_r 和 τ_f 分别为放电电流的上升时间和下降时间;I_p 为回击电流的峰值。

电流波形已在 2.3.1 节中讨论过,典型的闪电放电电流波形在几微秒内很快达到峰值,后缓慢下降,在约 $100\mu s$ 内完场放电。经大量观测表明,红色精灵现象总是伴随较长时间的闪电放电电流。NLDN 测量表明,极低频率辐射的电流峰值通常在 150kA,最大可到达 300kA[43~45]。表 2.15 给出了观测范围内的不同算例参数的取值。

表 2.15   模拟参数

实例	方电方式(CG)	$\tau_r/\mu s$	$\tau_f/\mu s$	z_+/km	z_-/km	I_p/kA	$\Delta Q/C$
1	正向	10	25	10	5	150	4.073343
2	正向	10	100	10	5	150	14.04336
3	正向	10	500	10	5	150	67.21489
4	正向	10	1000	10	5	150	112.2163

注:CG 表示 cloud-ground。

研究中高层大气放电时,准静电场模型只考虑空间电荷分布产生的电场而忽略电流脉冲产生的电场,而电磁场脉冲模型只考虑瞬时电流脉冲产生的电磁场脉冲而忽略电荷的作用。麦克斯韦方程组描述一般情况下电荷和电流激发的磁场以及电磁场向远处传播的普遍规律。因此建立在麦克斯韦方程组基础上的电磁场模型比准静电场模型更能全面精确地反映在产生中间层大气闪电过程中电荷、电流和电磁场三者之间的关系。麦克斯韦方程组的微分形式如下:

$$\frac{\partial E}{\partial t} = \frac{1}{\varepsilon_0 \mu_0}(\nabla \times B) - \frac{J}{\varepsilon_0}$$

$$\frac{\partial B}{\partial t} = -\nabla \times E \tag{2.72}$$

$$\nabla \cdot E = \rho / \varepsilon_0$$

$$\nabla \cdot B = 0$$

式中，E、B 分别为电场强度和磁场强度；J 为电流密度；ε_0 和 μ_0 分别取真空的介电常数和磁导率。闪电放电过程中，电流密度主要由雷暴云的源电流密度 J_z 和传导电流密度 J_e 组成，即

$$J = J_z + J_e \tag{2.73}$$

传导电流密度和电场之间的关系为 $J_e = \sigma E$，其中，σ 为电导率。代入 (2.72) 中可得

$$\frac{\partial E}{\partial t} = \frac{1}{\varepsilon_0 \mu_0}(\nabla \times B) - J_z + \frac{\sigma E}{\varepsilon_0} \tag{2.74}$$

在 65km 以下，大气密度较大，电子与中性气体碰撞频繁，大气的电导率以离子的电导率 σ_1 为主，$\sigma_1 = 6 \times 10^{-13} \, \mathrm{e}^{z/6(\mathrm{km})} \, \mathrm{S/m}$，$z < 65\mathrm{km}$。65km 以上，大气相对稀薄，大气的电导率以电子电导率 σ_e 为主，$\sigma_e = q_e N_e \mu_e$，$z > 65\mathrm{km}$，其中，N_e 为大气中的电子数密度，即

$$N_e(z) = 1.43 \times 10^7 \, \mathrm{e}^{-0.15z'} \cdot \mathrm{e}^{(\beta - 0.15)(z - z')} \tag{2.75}$$

式中，z 为海拔高度，单位为 km；$\beta = 0.5\mathrm{km}^{-1}$；$z'$ 为参照高度。模拟结果表明，当 $z' = 88\mathrm{km}$ 时，模拟结果与观测结果比较吻合。

由于中高层大气放电通道的形状为轴对称结构，因此计算坐标系可选取柱坐标系 (r, ϕ, z)。在柱坐标系下，麦克斯韦方程组可写为

$$\frac{\partial E_z}{\partial t} = \frac{c^2}{r}\frac{\partial(rB_\phi)}{\partial r} - \frac{J}{\varepsilon_0} - \frac{\sigma E_z}{\varepsilon_0}$$

$$\frac{\partial E_r}{\partial t} = -c^2 \frac{\partial B_\phi}{\partial z} - \frac{E_r}{\varepsilon_0} \tag{2.76}$$

$$\frac{\partial B_\phi}{\partial t} = \frac{\partial E_z}{\partial r} - \frac{\partial E_r}{\partial z}$$

式中，E_r、E_z 分别为水平径向和垂直方向电场的分量；B 为磁场的环向分量；J 为闪电放电的电流密度；σ 为大气电导率；ε_0 为真空的电导率；c 为真空中的光速。

用蛙跳格式离散解方程组 (2.76)，可以得到下面的差分方程组[16]：

$$\frac{(E_z)^{n+1}_{l, k+\frac{1}{2}} - (E_z)^{n}_{l, k+\frac{1}{2}}}{\Delta t} = -\frac{(J_z)^{n+\frac{1}{2}}_{l, k+\frac{1}{2}}}{\varepsilon_0} - \frac{(\sigma E_z)^{n+\frac{1}{2}}_{l, k+\frac{1}{2}}}{\varepsilon_0} + c^2 \frac{(rB_\phi)^{n+\frac{1}{2}}_{l+\frac{1}{2}, k+\frac{1}{2}} - (rB_\phi)^{n+\frac{1}{2}}_{l-\frac{1}{2}, k+\frac{1}{2}}}{r_l \Delta r}$$

$$\tag{2.77}$$

$$\frac{(E_r)_{l+\frac{1}{2},k}^{n+1} - (E_r)_{l+\frac{1}{2},k}^{n}}{\Delta t} = -\frac{(\sigma E_r)_{l+\frac{1}{2},k}^{n+\frac{1}{2}}}{\varepsilon_0} - c^2 \frac{(B_\phi)_{l+\frac{1}{2},k+\frac{1}{2}}^{n+\frac{1}{2}} - (B_\phi)_{l+\frac{1}{2},k-\frac{1}{2}}^{n+\frac{1}{2}}}{\Delta z} \tag{2.78}$$

$$\frac{(B_\phi)_{l+\frac{1}{2},k+\frac{1}{2}}^{n+1} - (B_\phi)_{l+\frac{1}{2},k+\frac{1}{2}}^{n-\frac{1}{2}}}{\Delta t} = -\frac{(E_r)_{l+\frac{1}{2},k+1}^{n} - (E_r)_{l+\frac{1}{2},k}^{n}}{\Delta z} + \frac{(E_z)_{l+1,k+\frac{1}{2}}^{n} - (E_z)_{l,k+\frac{1}{2}}^{n}}{\Delta r}$$

$$\tag{2.79}$$

根据式(2.77)~式(2.79)给定的差分方程组,给定初始条件及边界条件即可计算中高层大气闪电激发的电场和磁场。设定下边界为理性反射界面,上边界和周围边界为开放吸收边界时,解得电场的计算模型为

$$(E_z)_{l,k+\frac{1}{2}}^{n+1} = \left[-\Delta t (J_z)_{I-\frac{1}{2}}^{n+\frac{1}{2}} / \varepsilon_0 - \left(\frac{\Delta t \sigma^n}{2\varepsilon_0} + \frac{c\Delta t r_{l+\frac{1}{2}}}{r_l \Delta r} - 1 \right) (E_z)^n \right.$$
$$\left. - (r_{l+\frac{1}{2}} + r_{l-\frac{1}{2}}) \frac{c^2 \Delta t}{r_l \Delta r} B_{I-\frac{1}{2},k+\frac{1}{2}}^{n+\frac{1}{2}} \right] \bigg/ \left(1 + \frac{\Delta t \sigma}{2\varepsilon_0} + \frac{c\Delta t r_{l+\frac{1}{2}}}{r_l \Delta r} \right) \tag{2.80}$$

式中,下标 l、k 分别表示计算坐标系中水平方向和垂直方向上的格点坐标,上标 n 表示往前推进的时间步数;I 表示周围边界上的格点坐标;且

$$r_l = \left(r - \frac{1}{2}\right)\Delta r, \quad r_{l\pm\frac{1}{2}} = \left(r \pm \frac{1}{2} - \frac{1}{2}\right)\Delta r$$

各物理量在计算坐标系中位置如图 2.60 所示。

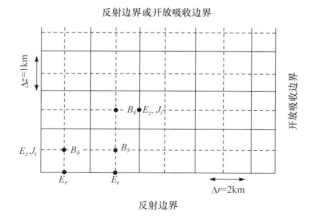

图 2.60　电磁模型中的计算坐标

2. 中高层大气放电电磁场仿真[16]

图 2.61 是根据实例 1 给定的参数计算的 0.2ms、0.4ms、0.6ms 三个不同时刻的电场大小,横坐标为径向距离 r,纵坐标为高度 z,模拟时间的起点为放电开始的

时刻。由图 2.62(a)可以看出,电场主要分布在近场区和远场区,近场区电场是由雷暴云源电荷和大气中的诱导电荷产生的准静电场。远场区电场是闪电放电电流脉冲产生的辐射场,辐射场以光速向外传播。辐射场的电场强度分布与典型的偶极辐射产生的辐射场的电场强度分布相似。在闪电的正上方,靠近对称轴的地方辐射电场最小;在地面附近,辐射电场相对较强。由于低电离层的电子数密度和电导率较高,对辐射场具有较强的反射作用,因此还存在向下传播的反射场。

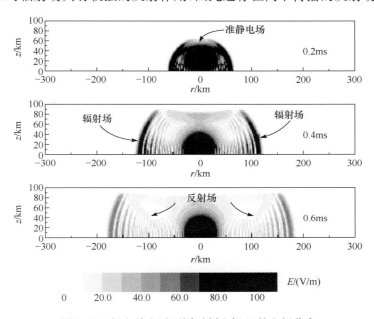

图 2.61　闪电放电后不同时刻电场 E 的空间分布

　　图 2.62 为根据实例 1 计算的闪电放电开始后,氮分子在几个不同时刻第一个正波段的光子辐射率 Φ_k(单位时间单位体积辐射的光子数)的空间分布。由图 2.62(a)可见,光辐射区域主要出现在 80～95km 内。在向外水平扩张的过程中,极低频率辐射的光辐射表现为双环结构。在 0.2ms 时,整个区域的体辐射强度还没有黑粗线,在 1.4ms 时光辐射强度已非常弱,整个极低频率辐射现象的持续时间约为 1ms。图 2.62(b)的左图为模拟的闪电放电的正下方在地面用照相机观测极低频率辐射现象,底片上平均光辐射强度(闪电开始放电后 2ms)。可见,在地面向上观测,极低频率辐射现象为一个光环结构,闪电放电正上方,平均光辐射强度几乎为 0,最大光辐射强度出现在约 $r=90$km 处。图 2.62(b)的右图对应左图表示平均光辐射强度随径向距离的变化。

　　图 2.63(a)和(b)分别给出根据实例 3 和实例 4 两个算例的光子辐射强度的模拟结果,四幅图分别为 0.3ms、0.5ms、0.7ms、0.9ms 四个时刻氮分子第一个正波

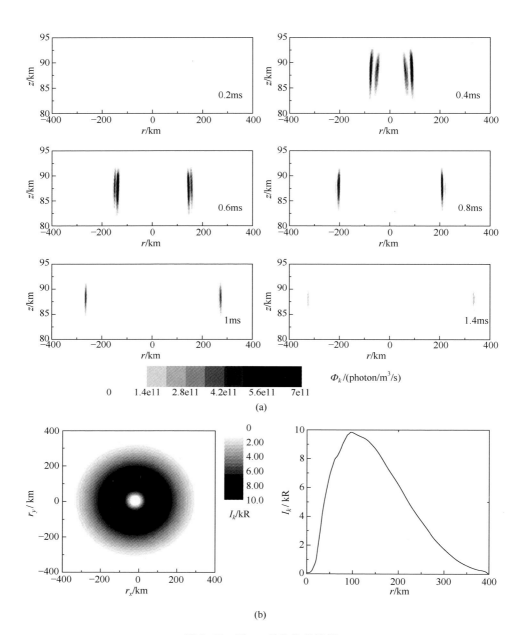

图 2.62　Elves 现象仿真模拟

段辐射的光子辐射率 Φ_k 的空间分布。从图 2.62(a) 中可以看出，光现象以极低频率辐射为主，红色精灵现象几乎不出现，在图 2.63(a) 中两种现象同时出现，但以极低频率辐射现象为主，而在图 2.63(b) 中以红色精灵现象为主。在实际观测中红色精灵现象和极低频率辐射现象有时分别出现，有时同时出现。

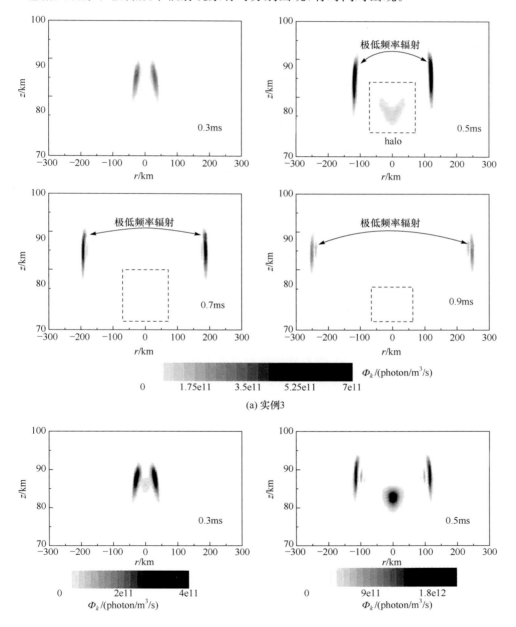

(a) 实例3

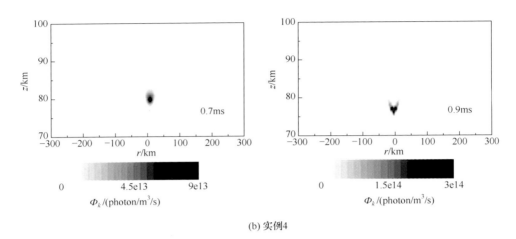

(b) 实例4

图 2.63   实例 3 和实例 4 得到的光辐射的体辐射强度随时间的变化

模拟结果表明,闪电放电产生的电场主要包括辐射场和准静电场,辐射场是产生极低频率辐射的源,准静电场是产生红色精灵的源。如果辐射场产生的光辐射强度远大于静电场产生的光辐射强度,则主要表现为极低频率辐射现象;反之,若辐射场产生的光辐射强度小于静电场产生的光辐射强度,则表现为红色精灵现象;若两者相差不大,则红色精灵现象和极低频率辐射现象同时出现。

图 2.63(a)中极低频率辐射和红色精灵现象几乎同时出现,由于 case3 情况下总的放电电量较小,准静电场较小,且静电场衰减得比辐射场更快,因此红色精灵现象的持续时间比极低频率辐射短。从图中可以看出极低频率辐射和红色精灵现象的运动特征有明显的区别:极低频率辐射现象表现为侧向扩张,红色精灵现象是向四种扩散,以向下扩散为主。

2.4   闪电电磁波传播特性

当雷雨云中的电荷流动形成电流(放电)时,根据麦克斯韦方程组,电流将在空间形成电磁场,交变电流产生交变的电磁场,并以电波的形式传播,雷电监测网正是通过接收闪电辐射的电磁波,以遥感的方式确定闪电放电源的特性。本节将讨论闪电放电过程产生的电磁波在空间中的传播,并主要讨论在地-电离层空间中的传播特性。

2.4.1   闪电电磁波传播的一般原理

闪电辐射电磁波频谱很宽,从几赫兹到 X 射线甚至 γ 射线。闪电辐射的电磁波根据其频率特性,微波波段以下的成分,受电离层反射的影响,在地-电离层空间内传播(图 2.64),微波段以上的成分,不被电离层反射,在视距内传播,所以,在地基雷电监测定位领域主要使用 VLF/LF、VHF 两个频段,在天基卫星探测领域主要使用微波、可见光、紫外波段等。

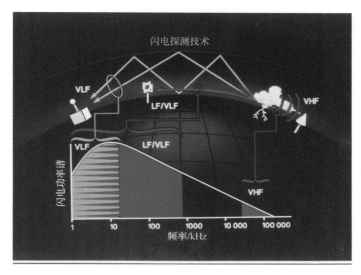

图 2.64　闪电在地-电离层中传播与频谱分布图[46]

不同频段内探测闪电,得到的闪电电磁场波形也不相同:

在 1Hz~1kHz 频段内,闪电辐射出的电场以连续波形式出现(图 2.65),通过电场的跳变,可以清晰地看到先导、回击以及 K 过程、连续电流等。

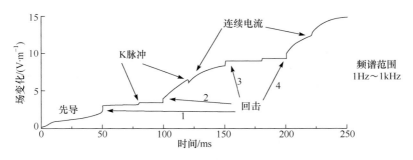

图 2.65　1Hz~1kHz 闪电频段波形特征[47]

在 1~100kHz 频段内,闪电辐射的电磁场主要以脉冲波形式出现(图 2.66),回击脉冲非常明显,K 过程呈较小脉冲、先导呈干扰脉冲。

在 1~100MHz 频段内,闪电呈脉冲波包形式(图 2.67),从波包包络可以看出先导、回击、K 过程,但在每个波包内则是系列杂乱高频脉冲,无法确定对应的放电过程。

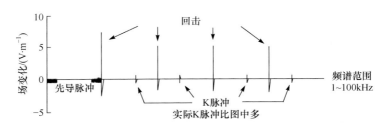

图 2.66　1～100kHz 闪电频段波形特征[47]

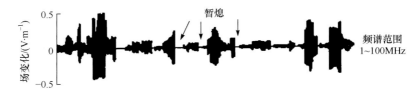

图 2.67　1～100MHz 闪电频段波形特征[47]

　　VLF/LF 频段闪电电磁脉冲在地-电离层区间传播,接收点接收到的场强表示为地波与所有经电离层反射传播(n 次反射称为 n 跳天波)组成的几何光学级数之和,一般采用波跳传播和波导模传播两种理论描述方法分析。有关研究表明:频率范围 500Hz～500kHz,距离在 1000km 以内,一般用波跳理论,并取 1～2 跳天波;当频率低于 60kHz,距离在 2000km 以上时,采用波导模型,波导模型利用留数定理,求解模方程的根,比较复杂,当级数取足够大时,两种理论的结论是一致的。国家级雷电监测网每个探测站的探测范围一般限定 1000km 以内,适用于波跳理论,全球闪电监测网每个探测站的范围可以达到 6000km,应采用波导理论。

　　VHF(20～300MHz)频段的闪电电磁波在地表面近地空间以直线视距传播为主,受地形、地面反射物、低层大气吸收与衰减、折射等影响较大。

2.4.2　VLF/LF 闪电电磁脉冲传播特性

　　云地闪电的回击过程、云闪中闪击过程都辐射很强的 VLF/LF 脉冲(图 2.68),根据闪电电磁场辐射模型与仿真计算,云地闪回击通道垂直于地面,高度在 1km 以内,产生垂直极化波,以地波形式,在地-电离层区域传播。云闪闪击一般发生在离地面 3～10km,通道一般是倾斜的,可以将通道分解为垂直分量和水平分量。垂直分量极化的电磁波在较近区域以球面波射线传输,在较远区域和云地闪回击一样,以地波形式传播;水平分量极化的电磁波,只在闪电发生的区域覆盖的范围内,以水平场的方式从大气中传输到地面及其周围,并可以向地下渗透,有关近距离(假定地面为无穷大的导电平面,不考虑电离层的影响)的 VLF/LF 辐射场的特性在 2.3 节中已经讨论,本节重点讨论在地-电离层大范围区域内传播特性。

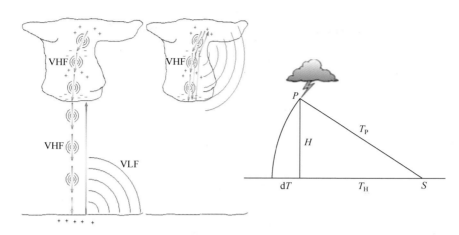

图 2.68　闪电放电过程中的 VHF/VLF 脉冲

1. 半无界空间理想地面云地闪回击、云闪回击地波传播

典型云地闪回击过程的传播如图 2.69(a) 所示。假定地面为平坦、均匀的良导体,闪电发生的空间为半无界空间(不考虑电离层),云地闪回击高度小于 4km (高度远小于观测点距离),电流峰值取 30kA,电流传输模型取传输线模型,通过麦克斯韦方程组,可以计算出在不同距离处的回击辐射的电磁场波形(10～300km)。

从波形图可以看到,闪电回击辐射的电磁场在 10km 以内近距离按 $1/r^3$ 规律衰减;在 30km 以内按 $1/r^2$ 规律衰减;在 50km 以外幅值随距离按 $1/r$ 规律衰减。典型值在 100km 处,波形幅值为 7.6V/m,脉冲宽度为 35μs。

典型云闪回击辐射的电磁场的传播如图 2.69(b) 所示。假定地面为平坦、均匀的良导体,闪电发生的空间为半无界空间(不考虑电离层),云闪回击高度位于 7km(高度相对于观测点距离不能忽略),通道斜度为 30°,通道长度为 5km,电流峰值为 15kA,电流传输模型取传输线模型,通过麦克斯韦方程组,可以计算出在不同距离 d 处的回击辐射的电磁场波形(10～300km)。

2. 地波传播特性

由于地表的导电性,回击辐射的电磁场有很大一部分沿地表传播,称之为地波。由于甚低频段地表的导电性能很好,因此地波可以传输到很远的地方。地波的衰减主要取决于地表的导电性和地表的起伏变化及地球的曲率影响,就各部分的影响介绍如下。

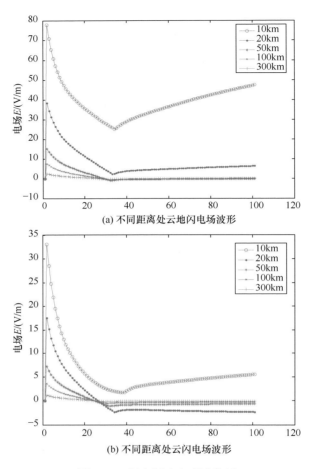

图 2.69　闪电回击电磁波传播

1) 地表的导电性能对地波传播的影响

地球不是理想的导体,在地中场强不等于零,也就是说有一部分能量从大气进入地层,从而使得地波在传播过程中存在损耗,因此地表上每一点的场强低于理想导电平面地面时的值。各类地表的介电常数和导电率如表 2.16 所示,电导率大的土质损耗小,电导率小的土质损耗大。这样的特性使得闪电回击电磁脉冲幅值小于理论值。用 E 表示接收点的场强值,E_0 表示理想导电平面上的场强值,ω 表示衰减因子,则有

$$E = \omega \cdot E_0 \tag{2.81}$$

$$\omega = \omega(r, \varepsilon, \mu, \sigma, \omega)$$

表 2.16 各类地表的介电常数和导电率

地表形式	变化范围		平均值	
	介电常数/(F·m^{-1})	电导率/(Ω^{-1}·cm^{-1})	介电常数/(F·m^{-1})	电导率/(F·m^{-1})
海水	80	1~4.3	80	4
河道等淡水	80	10^{-3}~2.4×10^{-2}	80	10^{-3}
湿土	10~30	3×10^{-3}~3×10^{-2}	10	10^{-2}
干土	3~4	1.1×10^{-5}~2×10^{-3}	4	10^{-3}
森林	—	—	—	10^{-3}
山地	—	—	—	7.5×10^{-4}

衰减因子完全由土壤的电特性决定,应该是距离 r、土壤介电常数 ε、磁导率 μ、电导率 σ、信号频率 ω 的函数,ω 的苏-范曲线如图 2.70 所示。

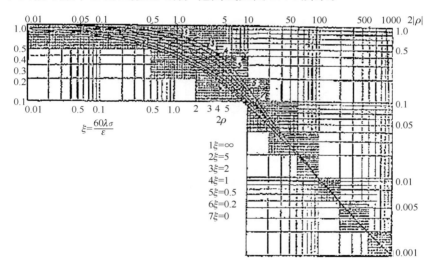

图 2.70 苏-范 ω 曲线

针对闪电回击电磁脉冲的频谱曲线,取湿土模型计算出的传播衰减曲线和实际测量的传播衰减曲线对比图如图 2.71 所示,可见结果比较一致。

用于计算的实际公式如下:

$$\omega = (2+0.3\rho)/(2+\rho+0.6\rho^2) \tag{2.82}$$

2) 地表介质的不均匀性对电波传播的影响

地波的传播与土壤电导率密切相关,土壤电导率大,则接收点场强也增大,可以得出沿海面和沿陆地路径传播时场强值的差别是相当大的。当地波沿不均匀介质路径传播时,其强度衰减因子、幅值变化曲线分别如图 2.72 和图 2.73 所示。

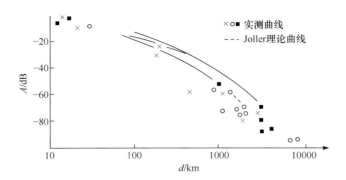

图 2.71　湿土模型计算出的传播衰减曲线和实际测量的传播衰减曲线对比图

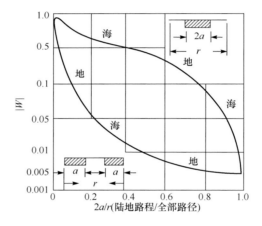

图 2.72　三种不同土质的强度衰减因子示意图

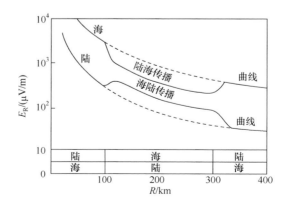

图 2.73　三段不同性质土壤的传播路径时强度变化曲线

从图 2.72 和图 2.73 中可以看出，也可以从理论推导出如下结论：对强度衰减因子的大小起决定作用的区域是闪电回击发生时的位置和探测仪所放位置附近介质的电特性。

3）地表的起伏变化及地球的曲率影响

地表上的起伏高度对电波传播的遮挡如表 2.17 所示。

表 2.17 地表上的起伏高度对电波传播的遮挡

距离/km	障碍高度/m	可以绕射的极限频率	地球平面近视极限距离/km	雷电定位系统响应频带
5	0.49	612MHz	5	全部
10	1.96	153MHz	10	全部
50	49.1	6.1MHz	50	全部
100	196.2	1.5MHz	100	全部
200	785	382.3kHz	300	全部
300	1768	171.3kHz	300	较大部分
500	4906	61.1kHz	400	大部分
800	7561	39.7kHz	400	大部分
1000	19623	15.3kHz	400	较小部分

从表 2.16 中可以看出，在 500km 以内雷电监测定位系统基本上能保证接收到闪电回击电磁脉冲的主频信号。

3. 天波波跳传播特性

把地面、电离层都视为电磁波的反射镜面，电波以射线形式传播，利用射线叠加原理可以求解合成场的解（图 2.74）。总场强为 $E(t)$，分场强为 $E_i(t)$，$i=0$ 对应于地波，$i=n$ 为 n 跳天波，如公式（2.83）所示，式中各跳波的时一间基准点是统一的。由于它们到达时刻依次错后，合成波形中某一部分往往主要是由某一跳波贡献而成，对应波形图如图 2.75 所示。

$$E(t) = \sum_{i=0}^{n} E_i(t) \qquad (2.83)$$

受电离层参数的时空变化，天波的等效反射高度和反射系数有明显的昼夜、季节及纬度的变化，一般规律是：高度变化白天较夜晚低，因此白天的传播时延较夜晚小，夜间信号强度较白天高很多；纬度越低，电离层高度也越低，时延也越小。

假定电离层高度 H 一定时，VLF/LF 脉冲传播速度为光速，D 表示各跳天波的极限距离，可以计算出 1、2、3 跳天波（对应于曲线 C、B、A）相对地波的滞后到达时间，如图 2.76 所示。从图中可以看出，天、地波时延随距离增大而减小[49]。

脉冲的宽度也是一个重要的参数，脉冲信号越宽，天波和地波叠加在一起对应

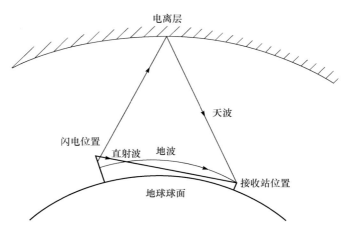

图 2.74　波跳传播路径

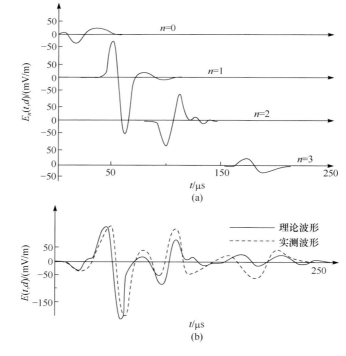

图 2.75　不同波跳的波形与总波形图[48]

传播距离越近，云闪闪击与回击 VLF/LF 电磁脉冲宽度通常在 $20\sim100\mu s$，从图 2.77 中可以看出，保证地波和一跳天波不重叠的最短距离约为 760km。

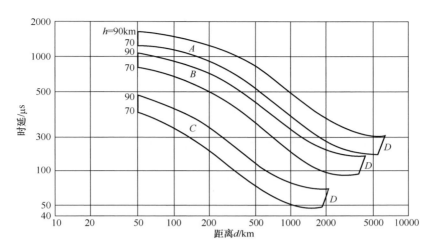

图 2.76　1、2、3 跳天波时延随距离的变化

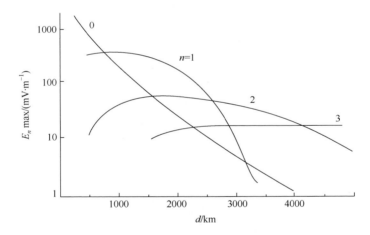

图 2.77　地波、1、2、3 跳天波幅值的衰减图[50]

由于电离层对 VLF/LF 完全反射,因此一跳天波信号强度相对地波而言,衰减率要小得多,信号比地波要强。

4. 闪电回击电磁脉冲的频谱特性

闪电第一回击电磁脉冲的频谱测量统计图如图 2.78 和图 2.79 所示[51]。

从图 2.78 和图 2.79 中可以看出,针对不同的接收带宽,在不同的距离上,得到的能量占总能量的百分比如表 2.18 所示。

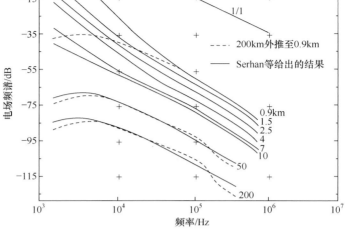

图 2.78　闪电第一回击在不同距离时电磁脉冲的频谱测量统计图

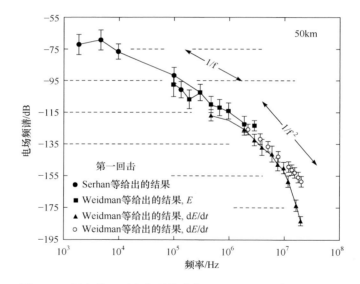

图 2.79　闪电第一回击电磁脉冲在 50km 处的频谱测量统计图

表 2.18　不同距离不同带宽能量占总能量的百分比

距离/km	1～350kHz 以上/%	1～100kHz/%	1～30kHz/%
10	80	60	30
50	90	75	40
200	97	85	50
600	99	90	60

由于一般情况下闪电随后回击比第一回击前沿更陡,因此频谱分布中,高频分占的比例更大一些。从表 2.17 中不难看出:

(1) 随着距离的增加,低频(1~30kHz)成分所占比重越来越大;

(2) 接收机带宽选用 1~350kHz,能测量到回击辐射能量的 90% 以上(50km)。

5. 波形到达特征点的选取理论依据

1) 回击波形特征点的选取

一个典型的云地闪电回击电磁脉冲波形如图 2.80 所示。根据众多科学家的研究,可以用下述特性点来描述一个典型的云地闪电电磁脉冲波形:波形起点、10% 峰值点、90% 峰值点、最陡点、峰点、第一周半周过零点。

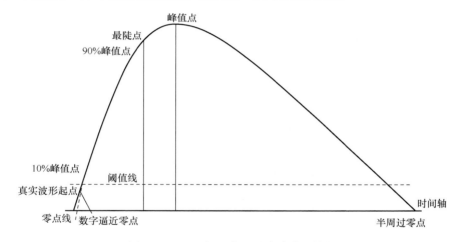

图 2.80　云地闪回击电磁脉冲波形特征

采用时差法对雷电进行定位的先决条件就是要求各个站能准确测量出云地闪回击电磁脉冲波形到达的时间。那么,测量哪一个点的到达时间来代表整个闪电电磁脉冲波形的到达时间? 答案是:选波形的峰值点最好。

因为任何接收地点都有电磁背景噪声,真实的波形起点和第一周半周过零点都无法测量,10%、90% 峰值点均得先测量峰值点后,才能测量出,误差肯定比峰值点测量大,最陡点的测量得先把原波形微分一次后,再测量微分波形峰点,也将导致信噪比降低、测量误差增大。国内外一些成熟的雷电定位产品、研究产品测量的均为雷电电磁脉冲波形的峰值点。尤其在我国布网站点位置均不太理想,一般在 100mV 阈值时工作,有些环境恶劣的地方不得不将阈值进一步提高,显然更不能用非峰值点了。

2）云地闪回击波形特征点的传播漂移计算

以离源 50km 处的一个理想波形作为初始波形（图 2.81），可以计算出此波形经过不同均匀平面介质、不同距离传播后的回击波形各特征点（主要讨论：峰值点、10％峰值点）的漂移曲线如图 2.82 和图 2.83 所示。

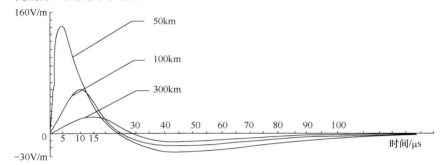

图 2.81　在不同距离上的标准云地闪波形示意图

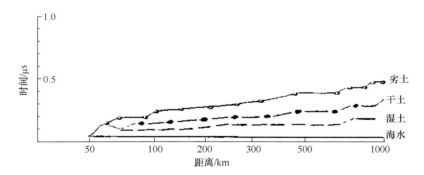

图 2.82　不同介质中峰值点时间随距离增加的漂移曲线

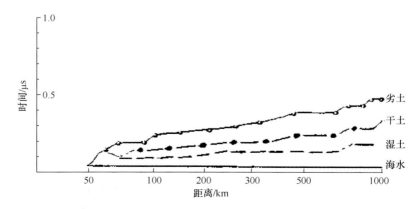

图 2.83　不同介质中 10％峰值点时间随距离增加的漂移曲线

从图 2.82 中可以看出,当路径的电导率较大时,漂移较小。海水是最理想的传播介质,只是幅值按辐射规律衰减,峰值点不移动(由于地面的曲率影响,随着距离的增加,有一部分频率较高的成分无法绕射,从而也导致峰值点的移动)。电导率变小,漂移增大,在最初的 100km 内,这种漂移达到 $2\mu s$ 左右,以后每百公里漂移 $0.3\sim0.7\mu s$ 不等。

从图 2.83 中可以看出,10% 峰值点随距离的增加,时间漂移较小,即使在 500km 以内,海水和劣土两个极端情况,也只不过相差 $0.3\mu s$ 以内。如果选用 10% 峰值点作为时差定位的特征点,其定位精度将明显高于用峰值点作为特征点的定位结果。但是,由于 10% 峰值点一方面必须先测量峰值后再测量 10% 幅值点,另一方面,有时由于背景干扰,10% 幅值点低于阈值,根本无法得到。

造成图 2.82 和图 2.83 两种情况的物理背景是:高频成分在传播中衰减较快,低频衰减较慢,经过一段距离传播后,波形的峰值点就往后移动。

6. 消除干扰及提高测量精度的方法

如前面所言,闪电回击探测仪所接收到的回击电磁脉冲波形很复杂,地波本身受传播路径上地表非完全导电性、非均匀性、地表起伏和球面效应的影响,不同的路径影响是不一样的,在不同的距离上有可能受到天波的影响,使得强度和偏振特性都偏离正常状况。另外,接收站周围还可能存在遮挡物的反射、铁等金属物的次级辐射以及各种可能的电磁干扰。根据前面的讨论,在 $600\sim700km$ 以内,天波的影响可不计,则可用如下公式表示探测仪所接收到的实际波形:

$$V_{实际波}=V_{0理论地波}+\Delta V_{地波干扰}+\Delta V_{其他干扰} \tag{2.84}$$

一般的雷电定位系统测量 $V_{实际波}$ 峰值点幅值以及 $V_{实际波}$ 的峰值点到达时间,以此作为判断闪电回击定位强度、位置的依据,显然,受各种因素的影响在实际环境中肯定会存在定位误差,一般情况下,强度误差约在 30% 以内,定位精度从几百米到 $2\sim4km$,视具体条件而定。

为了进一步提高定位精度,国内外的科研人员提出了很多方法,简介如下:

(1) 软件修正。先进行粗略计算,得到闪电到各探测站的距离,根据距离和波形峰值点漂移的平均关系得到一个近似修正值,代入此修正值再进行精确定位计算,得出较为精确的位置。此办法简单,有一定的修正作用,但由于是平均值,显然不是十分精确。

(2) 波形由于距离、地表电导率不同等传播因素引起的峰值点漂移的物理实质是雷电电磁脉冲的众多频率分量中,高端频率成分衰减要快一些,低端要慢一些,没有不衰减的。为了减少这种漂移,尽量把频带向低端压缩,以尽量减少这种漂移,提高定位精度。此方法只顾及到一方面,而忽视了它的负作用:

① 频带压少了(如到 100kHz 左右),和现在的 350kHz 差不多,提高定位精度不太明显,频带压狠了,雷电探测信号的信噪比明显降低,许多近区小信号和远区雷电信号因达不到信号检测值而测量不到,探测效率将明显地成倍降低;

② 由于地电离层波导对甚低频信号的强大反射作用,能测量到的一些雷电信号将有不少是电离层的反射信号,其偏振特性和波形将和原始雷电波形相差太远,和本地雷暴的地波定位模式相矛盾,定位结果是错误的;

③ 无论怎么压缩,按地波传播路径走,峰值点都会有漂移,不能从根本上解决问题。

(3) 各探测站均进行波形数字采样测量,通过几个站间的波形相关性分析消除干扰波形,找出理论波形,用理论波形的参数进行定位计算,以提高定位精度。

2.4.3　VHF 闪电电磁波的传播特性

1. 基本特征

云地闪先导脉冲、直串先导、云闪初始流光、反冲流光等过程主要辐射一系列快速 VHF 尖脉冲,并以射线方式传播。云闪的放电通道位置比云地闪高,基本不垂直,甚至可能水平。

闪电辐射的 VHF 频谱较广,1969 年 Oetzel 和 Pierce 总结出 100kHz～10GHz 波段闪电辐射频谱如图 2.84 所示[52],基本情况为:低于 1MHz 频段,振幅与频率成反比;1～10MHz 频段,与频率平方成反比;大于 10MHz 频段,与频率平方根成反比。

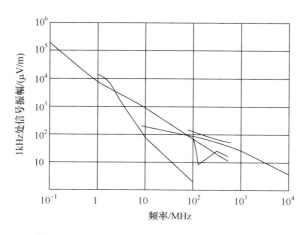

图 2.84　100kHz～10GHz 波段云闪辐射频谱

云闪信号在大于 10MHz 的频段内才能被明显地分辨出来(图 2.85),考虑到其他一些干扰,主要利用 20～80MHz 和 250～300MHz 这两个频段探测云闪。在

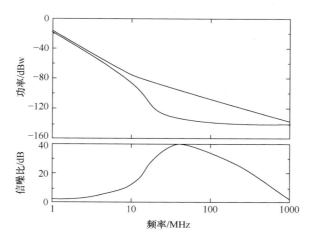

图 2.85　1～1000MHz 云闪信噪比

VHF～UHF 辐射频段,信号表现为单个脉冲或平均为百微秒到几毫微秒短脉冲暴发,辐射最大频率达到 10^4 个/s。更精细的观测表明,这些脉冲是由持续时间为几纳秒,间隔为 1～20ns 的一串脉冲组成(图 2.86)。

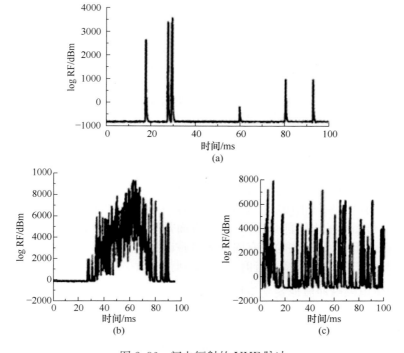

图 2.86　闪电辐射的 VHF 脉冲

2. 视距传播与传播余隙

云闪辐射的 VHF 尖脉冲,只能以射线方式直线传播。受地球曲率的影响,在地球表面其最远传播距离受云闪高度控制。公式如式(2.85)所示,式中,L 为最大传播距离;H 为云闪高度。云闪的高度一般为 $4\sim10\mathrm{km}$,对应最大范围为 $200\sim350\mathrm{km}$。

$$L=113\sqrt{H} \tag{2.85}$$

3. 地面反射的影响

在视距传播中,从发射端到接收端,除直接波外,还有一条经由地面反射的间接波,如图 2.87 所示。直射波与地面反射波存在相位差,使得它们的合成场强有时会同相相加,有时会反相抵消,从而造成了合成波的衰减现象。

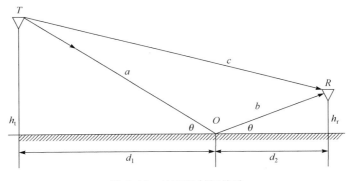

图 2.87　地面反射间接波

4. 大气折射与吸收

由于理论中都是假定大气均匀,VHF 电磁波沿直线传播,而实际中,大气非均匀,因此电磁波在传播的过程中会发生折射,其传播轨道实为曲线。

大气对闪电电磁波的吸收主要有两方面:一是大气中水滴(雾、雨、雪)对电磁波的散射使传播中的电波能量损失;另一方面是气体分子的谐振吸收:任何物体都是由带电粒子组成的,这些粒子有固定的电磁谐振频率,当闪电辐射的 VHF 电磁波的频率与它们的谐振频率接近时,则将受到强吸收。

2.4.4　闪电电磁脉冲波形鉴别与探测技术

1. 云地闪回击波形鉴别

从上述波形图及表 2.18 中可以看出,探测距离的不同所接收到的波形也不同,一般在离源 50km 以后,波形变化缓慢并且比较相似,0.5～15km 波形变化较大。闪电回击强度不同,波形图随距离的变化也不一样。各地的气候条件、地理条件等实际因素不一样,波形也不一样,另外还和接收机的带宽有关。

尽管随距离、源的大小以及当地客观条件等因素的变化,闪电回击波形也会发生变化,但是依然可以找到回击波形特征量。

雷电回击波形一般的特征量如下:

(1) 零到峰值的上升时间(波形前沿时间);

(2) 过零时间(脉冲宽度);

(3) 慢沿持续时间(10%到陡点);

(4) 快变时间(陡点到峰点);

(5) 阈值。

在 100km 处的统计值如表 2.19 所示。

表 2.19　闪电回击波形特性参数的统计值

参数	负闪第一回击	负闪随后回击	正闪第一回击
初始峰值/V·m^{-1}(100km)	6.5	4.7	11.5
过零时间/μs	65	40	100
前沿上升时间/μs	4.5	2.2	11.5
慢沿持续时间/μs	4.0	1.2	9.4
快变时间/ns	440	460	560

探测站接收的众多信号中,根据上述波形特征点的测量值,以及云地闪回击波形的统计值,并留有一定的统计余量,通过逻辑线路很容易鉴别出回击信号。云地闪回击波形鉴别参考判据如下(图 2.88):

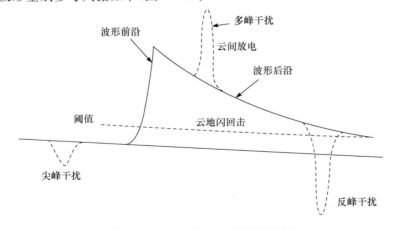

图 2.88　云地闪回击波形鉴别判据

实线:云地闪;虚线:干扰;波形前沿:≤18μs;波形后沿:≥10μs;阈值:10~100mV;
多峰干扰:≤125%主峰;反极干扰:≤115%主峰;尖峰干扰:≤25%主峰

当一个电磁波信号的波形满足以上 6 个判据后,系统就认为这是一个云地闪放电辐射出的信号。通过以上 6 个波形判据,可以滤除 95％ 以上的电磁波干扰信号和 80％ 以上的云间闪信号(图 2.89)。

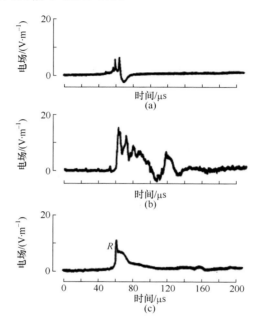

图 2.89　云地闪回击实测电场波形

2. 云闪回击波形鉴别

典型的云内闪如图 2.90 所示。在主峰前出现的先导脉冲与主峰成异向,这个脉冲称为 PTK;在主峰后出现的第二个峰比第一峰稍大,这个脉冲称为 2P＞;后面跟着一个较强的反极性脉冲称为 BPR。

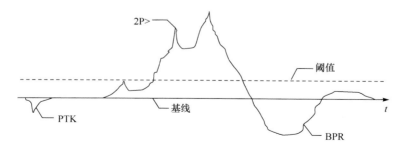

图 2.90　典型云闪波形图

参 考 文 献

[1] Whipple F J W. On the association of the diurnal variation of electric potential gradient in fine weather with the distribution of thunderstorms over the globe [J]. Quarterly Journal of the Royal Meteorological Society,1929,55(229):1～17.

[2] George S S,Scrase F J. The distribution of electricity in thunderclouds [J]. Proc. R. Soc. Lond. A,1937,161(906):309～352.

[3] 伍小成,袁海文,崔勇. 提高旋转式电场仪测量电场特性的方法研究[J]. 计测技术,2011,31(3):24～27.

[4] 唐海,行鸿彦,季鑫源. 大气电场仪中相敏检波器的分析与设计[J]. 现代电子技术,2009,13:8～10.

[5] 宋佳军. DNDY 地面电场仪的研制及电场数据融合闪电数据进行雷电监测预警的研究[D]. 北京:中国科学院空间科学与应用研究中心,2008.

[6] Miles R,Bond T,Meyer G. Report on non-contact DC electric field sensors[R]. Livermore:Lawrence Livermore National Laboratory,2009.

[7] Koshak W J,Solakiewicz J R. Electro-optic lightning detector[J]. Appl. Opt. ,1999,38(21):4623～4634.

[8] 罗福山,庄洪春,何渝晖. 球载双球式电场仪及其应用[J]. 地球物理学报,1999,42(6):772～777.

[9] 肖正华,惠世德,张晓燕,等. 空中电场仪[J]. 中国空间科学技术,1995,4:67～71.

[10] 满峰,刘波,姜秀杰,等. 箭载双臂式电场仪的原理与设计[J]. 光子学报,2010,6(39):982～986.

[11] 程丹丹. 箭载电场仪数据处理及分析[D]. 北京:中国科学院空间科学与应用研究中心,2011.

[12] 满峰,刘波,姜秀杰,等. 星载电场仪的电场测量方法[J]. 科技导报,2008,26(18):982～987.

[13] Uman M A. The Lightning Discharge[M]. New York:Dover Publications Inc. ,2001.

[14] Prentice S A,Mackerras D. The ratio of cloud to cloud-to-ground lightning flashes in thunderstorms[J]. Journal of Applied Meteorology,1997,16(5):545～550.

[15] Wikipedia. Upper-atmospheric_lightning[EB/OL]. [2014-2-8]. http://en. wikipedia. org/wiki/ Upper -atmospheric_lightning.

[16] 吴明亮. 中高层大气闪电现象的模拟研究[D]. 北京:中国科学院空间科学与应用研究中心,2006.

[17] 李韦霖,杨琳,李慧,等. 雷电通道模型研究与应用[J]. 现代电子技术,2010,5:174～178.

[18] Bruce C E R,Golde R H. The lightning discharge[J]. J. Inst. Electrical Engineers—Part II:Power Engineering,1941,88(6):487～520.

[19] Uman M A,McLain D K. Magnetic field of the lightning return stroke[J]. Journal of Geophysical Research,1969,74(28):6899～6910.

[20] Rakov V A,Dulzon A A. A modified transmission line model for lightning return stroke

field calculations[C]. Proc. 9th Int. Zurich Symp. Tech. Exhib. Electromagn. Compat. ，Zurich，1991：229～235.

[21] Nucci C A，Mazzetti C，Rachidi F，et al. On lightning return stroke models for LEMP calculations[C]. Pro. c 19th Int. Conf. Lightning Protection，Graz，1988：901～905.

[22] Heidler F. Traveling current source model for LEMP calculation[C]. Proc. 6th Int. Zurich Symp. Tech. Exhib . Electromagn. Compat. ，Zurich，1985：157～162.

[23] Diendorfer G，Uman M A. An improved return stroke model with specified channel base current[J]. J. Geophys. Res. ，1990，95(D9)：621～644.

[24] Rakov V A，Uman M A. Review and evaluation of lightning return stroke models including some aspects of their application[J]. IEEE Transactions On Electromagnetic Compatibility，1998，40(4)：313～324.

[25] Moini R，Kordi B，Rafi G Z，et al. A new lightning return stroke model based on antenna theory[J]. Journal of Geophysical Research，2000，105(D24)：29693～29702.

[26] 董建. 闪电回击通道周围电磁场分布特性研究[D]. 哈尔滨：哈尔滨工业大学，2009.

[27] Thottappillil R. Distribution of charge along the lightning channel：Relation to remote electric and magnetic fields and to return-stroke models[J]. Journal of Geophysical Research，1997，102(D6)：6987～7006.

[28] Berger K，Anderson R B，Kroninger H. Parameters of lightning flashes[J]. Electra，1975，41：23～37.

[29] 和伟. 雷电对通信电源线的影响及通信局站的过电压保护的研究[D]. 北京：北京邮电大学，2000.

[30] Heidler F，Zischank W，Flisowski Z，et al. Parameters of lightning current given in IEC 62305—Background，experience and outlook[C]. Proc. 29th Int. Conf. Lightning Protection，Uppsala，2008：1～21.

[31] Heidler F，Stanic C J M，Stanic B V. Calculation of lightning current parameters [J]. IEEE Transactions on Power Delivery，1999，2(14)：399～404.

[32] Chen Y Z，Wu S H，Wu X R，et al. A new kind of lightning channel base current function [C]. 3rd International Symposium on Electromagnetic Compatibility，2002：304～307.

[33] 贝宇. 磁带测量雷电流参数的机理及应用研究[D]. 南宁：广西大学，2003.

[34] 林云志，王新新，罗承沐，等. 雷电流自动监测系统[J]. 电工电能新技术，2000，4：59～62.

[35] Uman M A. Lightning return stroke electric and magnetic fields[J]. J. Geophys. Res. ，1985，90(D4)：6121～6130.

[36] Uman M A，Rubinstein M. Methods for calculating the electromagnetic fields from a known source distribution：Application to lightning[J]. IEEE Transactions on Electromagnetic Compatibility，1989，31(2)：183～189.

[37] Krider E P，Noggle R C. Broadband antenna systems for lightning magnetic fields[J]. Journal of Applied Meteorology，1975，14(2)：252～256.

[38] 周璧华，马洪亮，李皖，等. 雷电电磁脉冲三维磁场测量系统研究[J]. 电波科学学报，2013，1

(28):39～43.

[39] Koshak W J,Solakiewicz R J. On the retrieval of lightning radio sources from time-of-arrival data[J]. Journal of Geophysical Research,1996,101(D21):26631～26639.

[40] Rowland H L. Theories and simulations of elves,sprites and blue jets[J]. Journal of Atmospheric and Solar-Terrestrial Physics,1998,60(7-9):831～844.

[41] Boccippio D J,Williams E R,Heckman S J,et al. Sprite,ELF transient and positive ground strokes[J]. Science,1995,269(5227):1088～1091.

[42] Veronis G,Pasko V P,Inan U S. Characteristics of mesospheric optical emissions produced by lightning discharges[J]. Journal of Geophysical Research,1999,104(A6):12645～12656.

[43] Rowland H L,Fernsler R F,Huba J D,et al. Lightning driven Emp in the upper atmosphere [J]. Geophysical Research Letters,1995,22(4):361～363.

[44] Pasko V P,Inan U S,Bell T F,et al. Sprites produced by quasi-electrostatic heating and ionization in the lower ionosphere[J]. Journal of Geophysical Research,1997,102(A3):4529～4561.

[45] Pasko V P,Inan U S,Taranenko Y N,et al. Heating,ionization and upward discharges in the mesosphere due to intense quasi-electrostatic thundercloud fields[J]. Geophysical Research Letters,1995,22(4):365～368.

[46] Cummins K L,Murphy M J,Tuel J V. Lightning detection methods and meteorological applications[C]. IV International Symposium on Military Meteorology,Malbork,2000.

[47] Pierce E T. Atmospherics and radio noise[J]. Lightning,1977,1:351～384.

[48] 刘新中,陈祝东,陈鸿飞,等. 核爆电磁脉冲远区探测概论[M]. 北京:中国展望出版社,1989.

[49] 熊皓. 无线电波传播[M]. 北京:电子工业出版社,2000.

[50] 王东文. 电磁脉冲的波跳传播[J]. 电波科学学报,1986,4(1):50～59.

[51] Preta J,Uman M A,Childers D G. Comment on "The Electric Field Spectra of First and Subsequent Lightning Return Strokes in the 1- to 200-km Range"by Serhan et al[J]. Radio Science,1985,20:143～145.

[52] Proctor D E,Uytenbogardt R,Meredith B M. VHF radio pictures of lightning flashes to ground[J]. Journal of Geophysical Research,1988,93(D10):12683～12727.

第3章　雷电监测定位方法

3.1　总　　论

雷电监测定位理论是指利用闪电发生时的声、光、电磁场效应来遥测闪电放电参数的原理、方法。目前主要的雷电监测定位方法有如下几种。

声学：利用雷电辐射的声波进行雷电监测定位。

光学：通过闪电光的亮度、光谱成分测定，确定回击放电参数，以及卫星探测闪电。

电磁场：通过闪电辐射的电磁波的特性，探测闪电的位置与放电参数。

根据雷电的声学特性进行雷电监测定位主要用在气象台站人工观测雷暴[1]，以及根据人耳研制的仿生自动雷暴监测设备[2]。目前我国气象部门还在使用人工听雷电的观测方式，根据雷电的声音方位、大小记录雷电开始方位与距离、离去方位与距离[3]。这种方法只能在近距离大致分清雷电有无、方向、远近及云地闪(声音清脆)云闪(声音模糊)，无法得到雷电的详细放电参数，定位精度与探测效率和基于电磁场探测的现代雷电监测技术是无法相提并论的。雷电能产生次声，次声不容易衰减，不易被水和空气吸收，波长很长，可以通过衍射绕开大型障碍物传播到很远的地方，次声某些频率和人体器官的振动频率接近，产生共振后对人体有很强的伤害，甚至可以致人死亡，雷电产生的次声致人死亡是可能发生的。通过建立"次声"测量网实现雷电监测定位也有可能，但在技术上要解决：①次声方向性很差，通过测向方式定位困难很大；②从杂乱的次声波形中提取雷电次声波形也很难；③次声波频率很低，用时差法定位，难以确定特征峰点。

根据雷电的光学辐射特性，不仅在地基能探测出闪电的流光、先导、回击等放电过程的发展速度等参数，还可以在卫星平台进行雷电监测定位[4]。1889年，Hoffert通过光学相机得出了闪电的放电轨迹[5]，1925年Boys发明boys相机，正是通过boys相机人们才得到了闪电放电的精细过程以及流光、先导、回击等在通道中的发展速度[6]，使得人们对闪电认识提高了一大步。通过闪电光谱测量还可以得到闪电通道的温度、直径、大气成分及精细化结构等参数。在卫星平台上，通过现代光电探测技术，探测闪电发光位置与亮度，直接给出闪电的时间、位置、类型、数量等参数，是视野最大、技术最先进、探测效率最高的探测方法，尤其是能够探测海面上的雷电，其应用前景最广。

基于雷电辐射的电磁波进行雷电参数的探测是目前最常见的技术，也是得到参数最多的一种探测方法。雷电监测定位系统从布网结构来看，有单站系统和多台设备联网的多站系统;从探测频率来看,有工作在甚低频和极低频 VLF/ELF 的系统和工作在 VHF 频段的系统。从雷电监测网监测的范围来看,还可以将其划分为局部区域雷电监测网,例如,为某个机场、卫星发射场、重点城市、军事目标等建立由几个闪电测站和一个中心站组成的雷电监测网;大区域/国家级的雷电监测网,覆盖一个国家或者几十万平方公里以上区域,由几十个以上闪电探测站和一个或多个数据处理中心、许多个数据应用终端组成的雷电监测网;全球雷电监测网,通过在地电离层波导中接收全球范围内闪电辐射出的 VLF 信号,实现全球闪电定位的监测网。从定位方式来看,有测向法定位系统、干涉法定位系统、时差法定位系统以及混合定位系统,过去主要是基于球面的二维定位网,但最近几年又发展了多种方式的三维定位网。

采用电磁辐射技术可以确定闪电发生的时间、类型、位置、高度与路径、通道速度、极性、强度、波形、电荷、辐射功率等多种参数。本章的重点将介绍基于电磁场探测技术的雷电监测定位系统。表 3.1 是当前雷电监测定位方法的详细分类。

表 3.1　常见的雷电监测定位方法

站网结构	频段	定位方法	对象
雷电单站法定位系统	甚低频段	振幅法 频谱法 混合法	回击脉冲、闪击脉冲
	甚高频段	干涉法	流光脉冲、闪击脉冲
雷电多站法定位系统	甚低频波段	测向系统	回击脉冲、闪击脉冲
		时差系统	回击脉冲、闪击脉冲
		测向时差混合系统	回击脉冲、闪击脉冲
		三维雷电监测定位系统	回击脉冲、闪击脉冲
		全球雷电监测网	回击脉冲、闪击脉冲
	甚高频波段	窄带干涉法闪电监测定位系统	流光脉冲、连续脉冲
		宽带干涉法闪电监测定位系统	流光脉冲、连续脉冲
		短基线时差法闪电监测定位系统	流光脉冲、连续脉冲
		长基线时差法闪电监测定位系统	流光脉冲、连续脉冲
	甚低频＋甚高频	测向＋时差＋干涉混合系统	回击脉冲、流光脉冲
卫星观测雷电	光学	极轨卫星	回击亮光
		静止卫星	回击亮光

注:云地闪产生回击脉冲、云内闪电也产生闪击脉冲,也有人称为反冲流光。

3.2　雷电单站定位系统

单站法雷电定位系统是指仅利用一个探测站探测雷电的放电参量,主要分为甚低频系统和甚高频系统。单站系统结构简单,价格低廉,但探测参数有限,误差也较大,对应应用面较少,基本已经淘汰,但单站雷电定位推动了多站监测系统技术的发展,因此本节只作简单介绍。

3.2.1　基于正交环天线测向法的雷电单站系统

正交环测向法属于振幅法测向,测向原理非常原始,结构非常简单。利用闪电辐射的电磁波的磁场分量在南北、东西磁场线圈中的幅值比,计算出磁场的方向,结合电场天线测出的电场方向,根据电磁波传播规律,进一步得到来波达到天线的方位角(图 3.1),亦即闪电发生的方位角[7]。通常定义正北为 0°,顺时针方向角度增加到 360°为止。

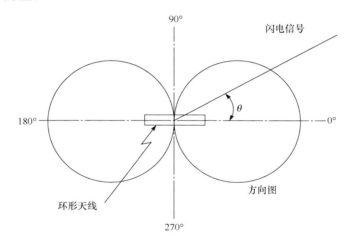

图 3.1　正交环天线侧向法示意图

天线:南北向、东西向正交环线圈组成磁场接收天线,鞭状天线或平板天线构成电场天线。

信道:一般有三个信道,南北磁场、东西磁场、电场各占一个通道。

CPU 智能测量:同时实时测量南北磁场、东西磁场、电场的峰值。

主要误差来源:受正交环天线的机械加工及装配精度,一般能够达到 1°~2°;南北、东西信道不可能做到完全一致,信道的放大倍数、频谱特性以及随温度的变化系数都有不一致的可能;闪电辐射的电磁波在到达天线之前,受地面电导率、磁通密度差异的影响发生折射导致路径方向的偏移。这些误差加在一起,通常为 3°~5°,极端情况下能达到 20°~30°,因此测向误差较大。

3.2.2　VLF/LF 单站定位

电磁场甚低频段的雷电单站定位系统有:振幅法、频散法以及将二者合起来的混合法,它们主要用来探测云地闪以及近距离的少部分云间闪。由于闪电回击辐射的甚低频信号在地电离层波导中能传播很远,因此此类单站系统能探测几公里到几百甚至上千公里的闪电。

距离定位主要靠振幅测量、频散以及将二者合起来的混合法之一测量。振幅定距离法:根据闪电辐射场强度和距离成反比的关系[8],取一标准强度值,由此定出单个闪电的大致距离。相对误差主要由闪电强度的离散度和传播误差决定,一般相对误差为 50% 左右。频散定距离法:由于闪电回击辐射的甚低频信号在地电离层波导中传播时不同频率成分衰减率不一样,据此,选取几个特征频率,比较其衰减率,定出大致距离,由于电离层白天黑夜高度不一样、地表成分的差异等因素直接影响电波的传播特性,采用电离层高度模型校正后,此方法的定位误差也为40% 左右。混合定距离法:结合振幅和频散两种方法的优点,进行综合处理数据。据报道,此方法的定位精度有所提高,一般相对误差能到 30% 左右。该方法适用于频率低于 1MHz 的信号,主要应用在 VLF、LF 频带。

3.2.3　基于干涉仪测向法的甚高频雷电单站探测系统

干涉仪测向法属于相位法测向体制,它利用电磁波到达测向天线阵时,由于空间位置不同导致各天线单元接收信号的相位差而解算来波方向。由于 VLF、LF 波段波长太长,不适合于干涉仪体制测向,通常在 VHF、UHF 等波段采用干涉仪体制测向。最开始将干涉法用来定位闪电发生位置的先驱者和开创者是 Warwick 等[9] 和 Richard 等[10]。干涉法定位闪电的基本原理是:定位设备要有多个天线阵元,不同的天线阵元接收到的闪电信号之间会存在一定的相位差,根据相位差,经过一系列的公式推导,就可以得出闪电信号的方位角和仰角,从而实现对闪电的定位。

目前,干涉仪有窄带干涉仪和宽带干涉仪两种,窄带干涉仪将接收到的闪电电磁信号滤波为频率单一的成分(在中心频率附近保留 2~3MHz 带宽,可以近似为以中心频率点为周期的正弦波信号),采用简单的相位差测量技术。宽带干涉仪接收一定频率范围内的信号,通过傅里叶变化,计算相位差谱,通过相位差谱,计算方位角和仰角。窄带干涉仪对天线阵的形状、尺寸要求很高,探测环境要求也很严,并且定位精度较高;宽带干涉仪对天线阵的形状、尺寸要求较低,对环境的要求也较低,不仅能测量 VHF 脉冲信号,还可以同时测量 VHF 连续信号及多个目标源,定位精度比窄带干涉仪差。事实上,也可以将窄带干涉仪看成宽带干涉仪中某一特定频率分量的特例。

采用干涉法定位的最简单的设备是由两个天线阵元组成的干涉仪,这两个天线阵元相隔一定的距离,其模型如图 3.2 和图 3.3 所示。

图 3.2 中,A 点和 B 点代表干涉仪的两个天线阵元,两者之间相隔一定的距离,在此记为 d,到达阵元 A 点的电磁脉冲信号可以用 $f(t)$ 来表示。相应的,由于 A 点和 B 点接收到的信号存在相位差,即两个阵元接收信号时,存在一定的时间

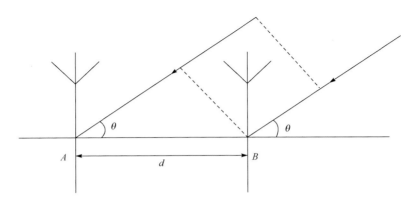

图 3.2　一维双阵元干涉仪模型

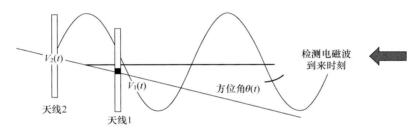

图 3.3　两个天线的干涉仪原理示意图

延迟,故在此把到达 B 点的电磁脉冲信号用 $f(t-\tau)$ 来表示,其中,τ 为电磁脉冲信号的时间延迟,根据上述时域表达式,在这里可以得到电磁脉冲信号的频域表达形式,即

$$f(t) = \int_{-\infty}^{+\infty} F(\omega) e^{j\omega t} \, d\omega \tag{3.1}$$

$$f(t-\tau) = \int_{-\infty}^{+\infty} F(\omega) e^{j\omega(t-\tau)} \, d\omega = \int_{-\infty}^{+\infty} F(\omega) e^{j\omega t} e^{-j\omega\tau} \, d\omega \tag{3.2}$$

式(3.1)和式(3.2)仅有相位因子 $e^{-j\omega\tau}$ 的差别,因此信号到达两个天线的相位差为

$$\Delta\phi = \omega\tau = 2\pi f \tau \tag{3.3}$$

式中,$\tau = d\cos\theta/c$,c 为光速,θ 为电磁脉冲信号的入射角;f 为电磁脉冲信号的辐射频率。方程(3.3)因此可以变换为

$$\Delta\phi = \omega\tau = 2\pi f d\cos\theta/c \tag{3.4}$$

　　另外,对阵元接收到的电磁脉冲信号进行傅里叶变换,两个辐射源信号经过傅里叶变换后,两者之间在频域就存在一定的相位差谱,再根据式(3.4)进行运算变换,可以解出 θ,即可得到电磁脉冲信号到达干涉仪的入射角。

实际中,因为天线间的距离很近,所以虽然云闪是一个点发生的,辐射到天线处时,可以近似认为是平行的电磁波。另外,只有一条基线时,只可以求出一个入射角,并且还受"相位模糊"问题的影响,不能求出方位角和仰角。要想求出方位角和仰角,则至少还需要一条基线,而且要求这两条基线不在同一条直线上。一般而言,两条互相垂直的基线即正交天线阵列应用较为广泛,它既可以得到方位角和仰角,运算也比较简单,正交天线阵列干涉仪的模型如图 3.4 所示。

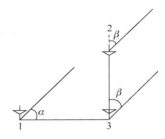

图 3.4　正交天线阵列示意图

由图 3.4 可知,天线 1 和天线 3 之间可以测出一个入射角 α,天线 2 和天线 3 之间也可以测出一个入射角 β,从而在空间坐标中,由立体几何知识,可以求出

$$\phi_x^i = \cos\alpha = \sin(Az)\cos(El) \tag{3.5}$$

$$\phi_v^i = \cos\beta = \cos(Az)\cos(El) \tag{3.6}$$

式中,α 和 β 为辐射电磁波到达时与两基线夹角;Az 和 El 分别是辐射源方向的方位角和仰角。

用 VHF 干涉仪测出闪电 VHF 辐射源的方位角和仰角,可以确定出闪电的空间方位角,通过闪电信号的幅值大小判断距离,实现 VHF 干涉仪单站定位。

干涉法就是通过测量闪电信号到达天线的相位差来进行定位的,它可以很好地测量非脉冲辐射,尤其是处于 VHF 频段的闪电辐射信号,主要是由持续数十微秒或数百微秒甚至更长时间的连续脉冲组成的信号,用干涉法测量此类闪电辐射脉冲时,不会产生难以去除的空间噪声,且定位精度较高。

综上所述,单站法雷电定位系统由于单个闪电定位误差较大、强度无法定出,只能用于探测雷暴的方向、大致位置、频度,一般用于雷暴活动的预警。单站定位系统的优点是设备简单、价格低廉,非常经济实用,可以用于机场、海上舰只等要求不多的场所的雷电预警。

3.3　VLF/LF 频段雷电监测定位系统

为了克服雷电单站定位精度差的缺点,人们自然想到用多个探测仪对雷电进行定位。多站雷电定位系统定位精度高、探测参量多,但设备复杂,需要通信网、中心数据处理站、图形显示终端等。根据接收雷电信号的频段差异,分为甚低频、甚高频以及甚低频+甚高频综合系统。

在 VLF/LF 频段内磁方向定位和时差法定位技术一直并行发展,但由于早期时差系统依靠天文台建立的授时信号进行时间同步,其定位精度比磁方向测向系统差,使用价值低,磁方向定位网是闪电定位系统主流技术。随后,采用 GPS 授时技术使得授时、同步精度提高了近千倍,达到 10^{-7} s 量级,时差定位系统精度明显比测向系统高了很多,时差系统又变成了主流技术。本节重点介绍磁方向闪电定位系统和三维时差定位网的理论,二维的时差定位可以看成三维时差定位网的特例。

3.3.1　磁方向雷电监测定位系统

　　磁方向闪电定位系统历经上十年、几代产品的升级与改进。到目前为止这些技术仍然是实用、成熟,并经受住时间的考验。

　　(1) 理论上采用宽波段(1～350kHz)、高增益信道、长基线测量;

　　(2) 接收天线采用正交环磁场天线、平板电场天线的紧凑结构;

　　(3) 波形鉴别有效地保证云地闪探测效率在 90% 以上。

　　磁方向闪电定位系统的原理来源于古老的无线电测向技术[11],由两个和两个以上的磁方向闪电探测仪组成(测向原理在单站中已介绍过),系统中站点间相隔 80～160km,并按照一定的规律分布,中心位置有一个中心数据处理站。该系统的探测原理是:当闪电回击发生时,它要向周围空间辐射很强的电磁波,分设在各地的磁方向闪电探测站首先对其所接收的信号进行检测,以确定是否为闪电回击波型,当探头肯定它所接受到的信号为闪电回击信号时,实时测出闪电到达各站的时间、方向、极性、强度、回击数等多项闪电参数;采用通信线路实时将各站所测数据发往中心数据处理站进行方向交汇定位处理,实时计算出闪电的位置、强度等参数,并将这些结果实时发给各图形显示终端。布站示意图如图 3.5 所示。

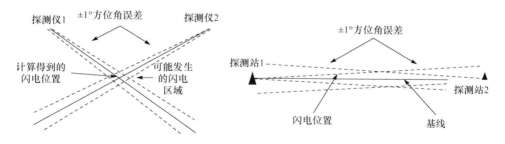

图 3.5　两站磁方向闪电定位交汇点示意图

　　其三站及三站以上定位示意图如图 3.6 所示。

　　在计算闪电位置时,必须要考虑以下因素:①由于布站范围较广,因此,地面不能近似成平面,而应该近似为球面;②由于闪电发生的频数(单位时间内的闪电数)较高,每次闪电持续的时间较短(均在 1s 以内),因此,要求实时显示闪电位置时,计算闪电位置的程序在极短时间能完成(至少应在 1s 以内处理完);③由于各个观

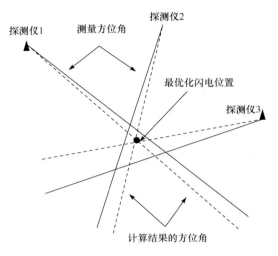

图 3.6　三站及三站以上定位示意图

测站测量的数据均有误差,中心处理站在进行数据处理时,要求所选用的计算方法除了计算速度快以外,还要本身所带来的计算误差较小,并且处理测量数据误差也较快,特别是针对三个或者三个以上的站交汇计算时,算法的选用极为重要。

1) 两站磁方向闪电定位算法模型

设闪电定位系统的两个探测站的球面坐标分别为 $A(\sigma_A, \Omega_A)$、$B(\sigma_B, \Omega_B)$,其探测的闪电发生的方法角分别为 θ_A(与经线夹角)、θ_B(与纬线夹角),如图 3.7 所示。

地球可等效为一球面,将 A 点的球面坐标转化为直角坐标,取球半径为 1,则有

$$x_A = \cos\sigma_A \cos\Omega_A \quad (3.7a)$$
$$y_A = \cos\sigma_A \sin\Omega_A \quad (3.7b)$$
$$z_A = \sin\sigma_A \quad (3.7c)$$

设闪电发生的位置为 P 点,其直角坐标为 (x, y, z),球心为 O 点,过 AOP 的平面方程为

$$x + a_1 y + b_1 z = 0 \quad (3.8)$$

代入 A 点的坐标:

$$x_A + a_1 y_A + b_1 z_A = 0 \quad (3.9)$$

定义 $\boldsymbol{N}$ 沿经线指向正北方,亦即 $\mathrm{d}\sigma$ 方向矢量:

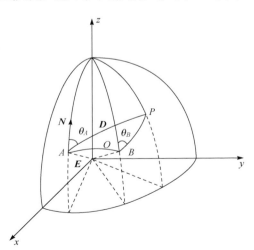

图 3.7　两站磁方向闪电定位交汇点示意图

$$N=(-\sin\sigma_A\cos\Omega_A , -\sin\sigma_A\sin\Omega_A , \cos\sigma_A) \tag{3.10}$$

定义 E 沿纬圈,指向正东方,亦即 $d\Omega$ 的方向矢量,则从 A 点测到的闪电发生的方向矢量为

$$D=N\cos\theta_A+E\sin\theta_A \tag{3.11}$$

$$D^{\perp}=\begin{vmatrix} -\sin\sigma_A\cos\Omega_A\cos\theta_A-\sin\Omega_A\sin\theta_A \\ -\sin\sigma_A\sin\Omega_A\cos\theta_A+\cos\Omega_A\sin\theta_A \\ \cos\sigma_A\cos\theta_A \end{vmatrix} \overset{\text{简记}}{=\!=} \begin{pmatrix} x_{A1} \\ y_{A1} \\ z_{A1} \end{pmatrix}$$

由于在 AOP 平面内,因此满足 AOP 的平面方程:

$$x_{A1}+a_1y_{A1}+b_1z_{A1}=0 \tag{3.12}$$

联立式(3.8)和式(3.9)可以得出

$$a_1=-\frac{\begin{vmatrix} x_A & z_A \\ x_{A1} & z_{A1} \end{vmatrix}}{\begin{vmatrix} y_A & z_A \\ y_{A1} & z_{A1} \end{vmatrix}} \tag{3.13}$$

$$b_1=-\frac{\begin{vmatrix} y_A & x_A \\ y_{A1} & x_{A1} \end{vmatrix}}{\begin{vmatrix} y_A & z_A \\ y_{A1} & z_{A1} \end{vmatrix}} \tag{3.14}$$

对于另一探测站 B,同理可以求出过 BOP 平面的平面方程:

$$x+a_2y+b_2z=0 \tag{3.15}$$

式中

$$a_2=-\frac{\begin{vmatrix} x_B & z_B \\ x_{B1} & z_{B1} \end{vmatrix}}{\begin{vmatrix} y_B & z_B \\ y_{B1} & z_{B1} \end{vmatrix}} \tag{3.16}$$

$$b_2=-\frac{\begin{vmatrix} y_B & x_B \\ y_{B1} & x_{B1} \end{vmatrix}}{\begin{vmatrix} y_B & z_B \\ y_{B1} & z_{B1} \end{vmatrix}} \tag{3.17}$$

联立

$$\begin{cases} x+a_1y+b_1z=0 \\ x+a_2y+b_2z=0 \\ x^2+y^2+z^2=1 \end{cases} \tag{3.18}$$

可以求出闪电位置的直角坐标：

$$x = \frac{a_2 b_1 - a_1 b_2}{a_1 - a_2} \cdot z \tag{3.19a}$$

$$y = \frac{b_2 - b_1}{a_1 - a_2} \cdot z \tag{3.19b}$$

$$z = \frac{|a_1 - a_2|}{\sqrt{(a_1 - a_2)^2 + (b_1 - b_2)^2 + (a_2 b_1 - a_1 b_2)^2}} \tag{3.19c}$$

将它们转化为球面坐标，有（闪电位置的经纬度表示）

$$\sigma = \arcsin z \tag{3.20}$$

$$\Omega = \arcsin(y/x) \tag{3.21}$$

实时报告闪电位置时，习惯上用极坐标，相对于某个特殊的参考点（如气象站、电站总控制室、森林防火指挥部所在地）表示，设这个点的坐标为 $C(\sigma_0, \Omega_0)$，在图 3.8 所示的球面三角形 COP 中，利用球面三角知识，可以得到

$$\cos\delta = \sin\Omega_0 \sin\Omega + \cos\Omega_0 \cos\Omega \cos(\sigma_0 - \sigma) \tag{3.22}$$

则闪电点到 C 点的距离为

$$\rho = \delta R_e \tag{3.23}$$

式中，R_e 为地球半径。另外

$$\sin\alpha = \frac{\cos\Omega \sin(\sigma - \sigma_0)}{\sin\delta} \tag{3.24}$$

$$\cos\alpha = [\cos\Omega_0 \sin\Omega - \sin\Omega_0 \cos\Omega \cos(\sigma_0 - \sigma)]/\sin\delta \tag{3.25}$$

综合 sin 的符号，可以唯一确定闪电相对于正北方夹角（闪电相对于 C 点的方位角）。

由于每个探测站测出的方位角均有一定的误差（理想情况下的标准偏差为 $1°$），因此交汇点也在一定的误差范围内。图 3.9 是 Stanpield 于 1947 年在平面近似情况下所做的两站交汇误差椭圆分布图[12]。

从图 3.9 中可以看到，当闪电所发生的位置位于基线附近时，误差极大，因此在此范围内，不能用此算法进行闪电位置计算，而是采用另外一种定位算法——振幅对比法。

2）振幅对比法

闪电发生在基线附近区域时，可以

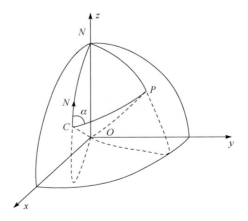

图 3.8　球面三角关系

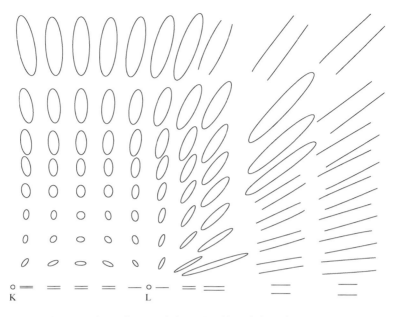

图 3.9　平面近似下两站交汇误差椭圆分布图(标准差为 2°)

根据情况划分成如图 3.10 所示的三部分,其中,Ⅰ、Ⅲ 部分对等。图 3.10 中,α_{I}、α_{II}、α_{III} 为限制角,$\alpha_{\mathrm{I}} = \alpha_{\mathrm{III}}$。在所限制的区域内(图中划阴影的部分)采用振幅对比法计算闪电的位置;在所限制的区域以外,采用上一小节所用的方法计算闪电的位置。所谓振幅对比法,就是根据闪电探测仪探测到闪电所辐射的电场分量与距离成反比的关系,来计算闪电位置,关于 α_{I}、α_{II}、α_{III} 的具体取值是根据误差椭圆分析而求得的,根据资料取 $\alpha_{\mathrm{I}} = \alpha_{\mathrm{III}} = 30°$,$\alpha_{\mathrm{II}} = 10°$。

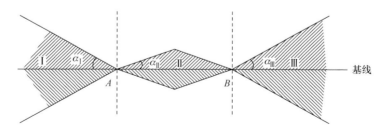

图 3.10　基线附近的区域

(1) 区域 Ⅱ 内的闪电位置计算方法。

由于在此区域内可以用平面近似处理问题,因此选择离闪电较近的观测站所测的数据为可用数据,此外设为 B 站,如图 3.11 所示,观测到的闪电方位角为 θ_B,则 $\alpha_B = \theta_B - 270°$,$D_{AB}$ 已知,并且有 $\alpha_A < \alpha_B \leqslant 10°$,在 $\triangle APB$ 中利用余弦定理有

$$r_A^2 = r_B^2 + D_{AB}^2 - 2r_B D_{AB}\cos\alpha_B \tag{3.26}$$

根据场强与距离成反比的关系：

$$r_A/r_B = E_A/E_B = K \tag{3.27}$$

联立式(3.26)和式(3.27)可以解出

$$r_A = Kr_B \tag{3.28a}$$

$$r_B = \frac{\sqrt{K^2 - \sin^2\alpha_B} - \cos\alpha_B}{K^2 - 1} \cdot D_{AB} \tag{3.28b}$$

$$\alpha_A = \arcsin(\sin\alpha_B/K) \tag{3.28c}$$

（2）区域Ⅰ、Ⅲ的闪电定位方法。

此区域内的定位计算也可以用平面近似处理，如图 3.12 所示，仍假定 B 站离闪电较近。设 B 站观测到的闪电方位角为 θ_B，则 $\alpha_B = 90° - \theta_B$，$AB$ 站之间的距离 D_{AB} 已知。

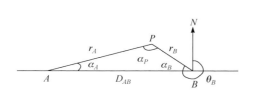

图 3.11　Ⅱ区域定位计算方法

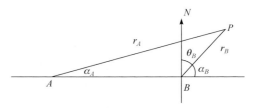

图 3.12　Ⅰ、Ⅲ区域定位计算方法

在 $\triangle APB$ 中，利用余弦定理有

$$
\begin{aligned}
r_A^2 &= r_B^2 + D_{AB}^2 - 2r_B D_{AB}\cos(180° - \alpha_B)\\
&= r_B^2 + D_{AB}^2 + 2r_B D_{AB}\cos\alpha_B
\end{aligned}
\tag{3.29}
$$

同理联立式(3.28)和式(3.29)两式可以求出

$$\alpha_A = \arcsin(\sin\alpha_B/K) \tag{3.30a}$$

$$r_A = Kr_B \tag{3.30b}$$

$$r_B = \frac{\sqrt{K^2 - \sin^2\alpha_B} + \cos\alpha_B}{K^2 - 1} \cdot D_{AB} \tag{3.30c}$$

（3）将平面近似结果转化为球坐标形式。

如图 3.13 所示，在球面 $\triangle NBP$ 中，$\angle NBP = \theta_B$，利用余弦定理可以得到

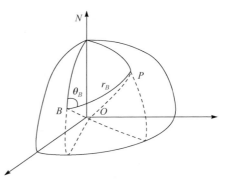

图 3.13　利用 θ_B、r_B 求 P 点坐标

$$\sigma = \arcsin[\sin\sigma_B\cos(r_B/R_e) + \cos\sigma_B\sin(r_\theta/R_e)\cos\theta_B] \tag{3.31}$$

利用正弦定理有

$$\Omega = \arcsin\left[\frac{\sin\theta_B}{\cos\sigma}\sin\left(\frac{r_B}{R_e}\right)\right] + \Omega_B \tag{3.32}$$

总结:在处理两站闪电定位系统的闪电位置计算时,首先根据布站的地理位置,计算出基线附近区域的参数(所对应 θ_A、θ_B、D_{AB} 等值),然后依据这些参数判断闪电所发生的大致区域,在基线附近的区域之间,采用振幅对比法计算闪电位置,在基线附近的区域以外,采用基础两站定位方法计算。但有时,在处理基线附近区域内的闪电时,由于场强误差的影响,两站数据无法交汇。

3）三站和三站以上磁方向闪电定位算法模型

当使用三站或者三站以上的站进行闪电定位时,由于测量误差的影响,交汇结果是一个球面三角形或者球面多边形。理论表明:当探测角 θ_i 的误差分布是随机误差分布时,闪电最有可能发生的点是使得各探头理论探测角 α_i 之差的平方和为最小时,误差三角形或者误差多边形内的点。

设闪电点的坐标为 $P(\sigma,\Omega)$,闪电监测网共有个 N_d 探头,其中第 i 个探头的坐标为 $D_i(\sigma_i,\Omega_i)$,测得的闪电方位角为 θ_i,场强为 E_i,并设理论闪电方位角为 α_i,另外,还假定 θ_i 的误差为随机误差分布(事实上还有系统误差,并且系统误差较随机误差大并不满足高斯分布),设为 e_i,并根据前面的电波传播理论,将权定义为 $W_i = E_i$,则对应第 i 个探头的误差方程为

$$e_i = \alpha_i - \theta_i, \quad i = 1,2,\cdots,N_d \tag{3.33}$$

定义 $IR = \sum_{i=1}^{N_d} E_i(\alpha_i - \theta_i)^2$,由最小二乘法原理,闪电最佳位置该满足下列方程:

$$\partial IR/\partial\sigma = 0, \quad \partial IR/\partial\Omega = 0$$

即:

$$\partial IR/\partial\sigma = 2\sum_{i=1}^{N_d} E_i(\alpha_i - \theta_i)\partial\alpha_i/\partial\sigma = 0 \tag{3.34}$$

$$\partial IR/\partial\Omega = 2\sum_{i=1}^{N_d} E_i(\alpha_i - \theta_i)\partial\alpha_i/\partial\Omega = 0 \tag{3.35}$$

另外,如图 3.14 所示,在球面三角形 NPD 中,分别利用正余弦定理有

$$\sin\alpha_i = \frac{\cos\sigma\sin(\Omega-\Omega_i)}{\sin\delta_i} \tag{3.36}$$

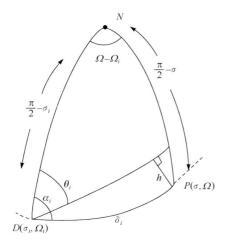

图 3.14　球面三角形 NBP

$$\cos\alpha_i = \frac{\cos\sigma_i \sin\sigma - \sin\sigma_i \cos\sigma \cos(\Omega - \Omega_i)}{\sin\delta_i} \qquad (3.37)$$

第 i 个闪电探头到闪电点 P 的大弧的角距离为

$$\cos\delta_i = \sin\sigma_i \sin\sigma + \cos\sigma_i \cos\sigma \cos(\Omega - \Omega_i) \qquad (3.38)$$

理论上讲,由式(3.36)、式(3.37)、式(3.38)三个式子联立可以计算出 $\partial\alpha_i/\partial\sigma$ 和 $\partial\alpha_i/\partial\Omega$。再将 $\partial\alpha_i/\partial\sigma$、$\partial\alpha_i/\partial\Omega$ 代入式(3.34)和式(3.35)中,此时式(3.34)和式(3.35)是一个非线性方程组,利用反复迭代法可以计算出 σ、Ω 值。但是,这种计算方法非常繁琐,占机时间很长,不适用于实时闪电位置计算以及处理大量闪电位置的计算,我们不采用这种算法,而用下列方法计算。

由于一般情况下 $|\theta_i - \alpha_i| < 10°$,因此,有如下近似关系:

$$\theta_i - \alpha_i = \sin(\theta_i - \alpha_i) \qquad (3.39)$$

从图 3.14 中可以看出

$$\sin(\alpha_i - \theta_i) = \sinh/\sin\delta_i \qquad (3.40)$$

式中,h 为 P 点到 DH 线沿大弧的垂直距离,因此式(3.33)可以写为

$$IR = \sum_{i=1}^{N_d} E_i (\theta_i - \alpha_i)^2 = \sum_{i=1}^{N_d} E_i \sin^2(\alpha_i - \theta_i) = \sum_{i=1}^{N_d} E_i \frac{\sin^2 h}{\sin^2 \delta_i} \qquad (3.41)$$

另外,根据场强与距离的一次方程反比的规律,即 $E_i = E_0/r_i$。由于闪电点 P 到探头 D_i 的距离 $r_i = R_e \delta_i$,一般情况下 r_i 在 600km 以内 $R_e = 6375$km(北京地区),因此,$\delta_i < 0.1$,弧度 $<6°$,所以有 $\sin^2\delta_i = \delta_i^2 = r_i^2/R_e^2 = E_0^2/(E_i^2 R_e^2)$,将 $\sin^2\delta_i$ 代入式(3.41)中,有

$$IR = \frac{R_e^2}{E_0^2} \sum_{i=1}^{N_d} E_i^3 \sin^2 h \qquad (3.42)$$

因此,根据最小二乘法原理要最小化式(3.33),变成最小化式(3.42),下面讨论 $\sinh$ 的计算。由式(3.40),略去角标 i 有

$$\sinh = \sin(\alpha - \theta)\sin\delta = \sin\delta\sin\alpha\cos\theta - \sin\delta\cos\alpha\sin\theta \qquad (3.43)$$

另外,在球面三角形 NPD 中,由正弦定理有

$$\sin\alpha = \sin\Delta\Omega\cos\sigma/\sin\delta \qquad (3.44)$$

$$\sin\beta = \sin\Delta\Omega\cos\sigma_i/\sin\delta, \quad \Delta\Omega = \Omega - \Omega_i \qquad (3.45)$$

由余弦定理有

$$\cos\alpha = -\cos\beta\cos\Delta\Omega + \sin\beta\sin\Delta\Omega\sin\sigma \qquad (3.46)$$

$$\cos\beta = -\cos\Delta\Omega\cos\alpha + \sin\Delta\Omega\sin\alpha\sin\sigma_i \qquad (3.47)$$

将式(3.47)、式(3.45)代入式(3.46)可求出 $\cos\alpha\sin\delta$ 的表达式:

$$\cos\alpha\sin\delta = -\sin\sigma_i\cos\sigma\cos\Delta\Omega + \cos\sigma_0\sin\sigma \qquad (3.48)$$

将式(3.44)、式(3.48)代入式(3.43),可以得到

$$\sinh = -(\cos\sigma_i\sin\sigma\sin\theta - \sin\sigma_i\cos\sigma\cos\Delta\Omega\sin\theta - \cos\sigma\sin\Delta\Omega\cos\theta) \qquad (3.49)$$

现在将式(3.49)代入式(3.42),进行最小化计算仍然比较复杂,必须作进一步的化简。根据式(3.12)已知得到 $\boldsymbol{D}$ 为

$$\boldsymbol{D} = (-\sin\sigma_i\cos\Omega_i\cos\theta - \sin\Omega_i\sin\theta,\ -\sin\sigma_i\sin\Omega_i\cos\theta + \cos\Omega_i\sin\theta,\ \cos\sigma_i\cos\theta)$$

$$(3.50)$$

再定义 $\boldsymbol{U}$ 矢量:在 D 点沿 r 的方向矢量为

$$\boldsymbol{U} = (\cos\sigma_i\cos\Omega_i,\ \cos\sigma_i\sin\Omega_i,\ \sin\sigma_i) \tag{3.51}$$

将 $\boldsymbol{D}$ 绕 $\boldsymbol{U}$ 矢量逆时针旋转 $\pi/2$,得到 $\boldsymbol{D}^{\perp}$,并记为 $\boldsymbol{D}^{\perp}(x_1,y_1,z_1)$:

$$\boldsymbol{D}^{\perp} = \boldsymbol{U} \times \boldsymbol{D} = \begin{bmatrix} -\sin\sigma_i\cos\Omega_i\sin\theta + \sin\Omega_i\cos\theta \\ -\sin\sigma_i\sin\Omega_i\sin\theta - \cos\Omega_i\cos\theta \\ \cos\sigma_i\sin\theta \end{bmatrix} = \begin{bmatrix} x_1 \\ y_1 \\ z_1 \end{bmatrix} \tag{3.52}$$

另外,如图 3.15 所示,利用球面直角三角形的知识可以得到

$$\sin h = \sin\theta\cos\sigma_i \tag{3.53a}$$

比较矢量 $\boldsymbol{D}^{\perp}$ 的 z 分量与式(3.52),可以看出,$z = \sin h$。由此可以得到某种启示:利用在单位球面上的旋转变换关系,可以将闪电点平 $P(\sigma,\Omega)$ 旋转到 N 点,设对应的 $\boldsymbol{D}^{\perp}$ 旋转为 $\boldsymbol{D}_3^{\perp}$,则 $\boldsymbol{D}_3^{\perp}$ 的 z 分量应该等于 $\sin h$。

因此,将 $\boldsymbol{D}^{\perp}$ 绕 z 轴旋转 $\pi/2 - \Omega$,再绕 x 轴旋转 $\pi/2 - \Omega$,并记此时的 $\boldsymbol{D}^{\perp}$ 为 $\boldsymbol{D}_3^{\perp}$,如图 3.16 所示,其旋转矩阵为

$$\hat{R}_z(\pi/2-\Omega) = \begin{bmatrix} \sin\Omega & -\cos\Omega & 0 \\ \cos\Omega & \sin\Omega & 0 \\ 0 & 0 & 1 \end{bmatrix} \tag{3.53b}$$

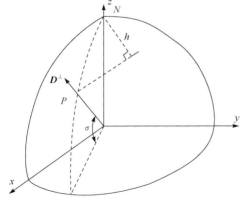

图 3.15 球面直角三角形

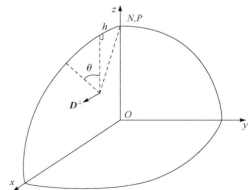

图 3.16 旋转关系

$$\hat{R}_x(\pi/2-\sigma) = \begin{bmatrix} 1 & 0 & 0 \\ 0 & \sin\sigma & -\cos\sigma \\ 0 & \cos\sigma & \sin\sigma \end{bmatrix} \tag{3.54}$$

定义

$$\hat{R} = \hat{R}_z(\pi/2 - \Omega)\hat{R}_x(\pi/2 - \sigma) \tag{3.55}$$

得到

$$\boldsymbol{D}_3^\perp = \hat{R}_x(\pi/2 - \sigma)\hat{R}_z(\pi/2 - \Omega)\boldsymbol{D}^\perp \tag{3.56}$$

$$\begin{bmatrix} x_3 \\ y_3 \\ z_3 \end{bmatrix} = \begin{pmatrix} -\sin\sigma_i\sin\Delta\Omega\sin\theta + \cos\theta\cos\Delta\Omega \\ -\sin\sigma\sin\sigma_i\sin\theta\cos\Delta\Omega - \sin\sigma_i\sin\Delta\Omega\cos\theta - \cos\sigma\cos\sigma_i\sin\theta \\ -\cos\sigma_i\sin\theta\sin\sigma - \sin\sigma_i\cos\sigma\cos\Delta\Omega\sin\theta - \cos\sigma\sin\Delta\Omega\cos\theta \end{pmatrix} \begin{matrix} (3.57\text{a}) \\ (3.57\text{b}) \\ (3.57\text{c}) \end{matrix}$$

从式 (3.57) 中可以看到 $\sinh = z_3$，因此式 (3.42) 可以写成 $IR = \dfrac{R_e^2}{E_0^2}\sum\limits_{i=1}^{N_d} E_i^3 (z_3)_i^2$。由

最小二乘原理，IR 取极小值的条件为

$$\frac{\partial IR}{\partial \Omega} = \frac{2R_e^2}{E_0^2}\sum_{i=1}^{N_d} E_i^3 (z_3)_i \left(\frac{\partial z_3}{\partial \Omega}\right)_i = 0 \tag{3.58}$$

$$\frac{\partial IR}{\partial \sigma} = \frac{2R_e^2}{E_0^2}\sum_{i=1}^{N_d} E_i^3 (z_3)_i \left(\frac{\partial z_3}{\partial \sigma}\right)_i = 0 \tag{3.59}$$

将式 (3.57c) 分别对 σ、Ω 求导，可以得到

$$\partial z_3/\partial \sigma = -y_3, \quad \partial z_3/\partial \Omega = -x_3\cos\sigma \tag{3.60}$$

因此，式 (3.58) 和式 (3.59) 可表示为

$$\sum_{i=1}^{N_d} E_i^3 (y_3)_i (z_3)_i = 0 \tag{3.61}$$

$$\sum_{i=1}^{N_d} E_i^3 (z_3)_i (x_3)_i = 0 \tag{3.62}$$

对于闪电监测网的 N_d 个探头，利用各个探头的 $\boldsymbol{D}_i^\perp$ 可以构成如下矩阵：

$$\hat{X}_1 = \begin{bmatrix} E_1^{3/2}(x_1)_1 & E_2^{3/2}(x_1)_2 & \cdots & E_N^{3/2}(x_1)_N \\ E_1^{3/2}(y_1)_1 & E_2^{3/2}(y_1)_2 & \cdots & E_N^{3/2}(y_1)_N \\ E_1^{3/2}(z_1)_1 & E_2^{3/2}(z_1)_2 & \cdots & E_N^{3/2}(z_1)_N \end{bmatrix} \tag{3.63}$$

定义 $\hat{A}_1 = \hat{X}_1\hat{X}_1^{\mathrm{T}}$，则

$$\hat{A}_1 = \begin{bmatrix} \sum E_i^3 (x_1)_i^2 & \sum E_i^3 (x_1)_i (y_1)_i & \sum E_i^3 (x_1)_i (z_1)_i \\ \sum E_i^3 (y_1)_i (x_1)_i & \sum E_i^3 (y_1)_i^2 & \sum E_i^3 (y_1)_i (z_1)_i \\ \sum E_i^3 (z_1)_i (x_1)_i & \sum E_i^3 (z_1)_i (y_1)_i & \sum E_i^3 (z_1)_i^2 \end{bmatrix} \tag{3.64}$$

同理定义 $\hat{X}_3$：

$$\hat{\boldsymbol{X}}_3 = \begin{bmatrix} E_1^{3/2}(x_3)_1 & E_2^{3/2}(x_3)_2 & \cdots & E_N^{3/2}(x_3)_N \\ E_1^{3/2}(y_3)_1 & E_2^{3/2}(y_3)_2 & \cdots & E_N^{3/2}(y_3)_N \\ E_1^{3/2}(z_3)_1 & E_2^{3/2}(z_3)_2 & \cdots & E_N^{3/2}(z_3)_N \end{bmatrix} \tag{3.65}$$

则 $\hat{\boldsymbol{A}}_3 = \hat{\boldsymbol{X}}_3 \hat{\boldsymbol{X}}_3^{\mathrm{T}}$，即

$$\hat{\boldsymbol{A}}_3 = \begin{bmatrix} \sum E_i^3(x_3)_i^2 & \sum E_i^3(x_3)_i(y_3)_i & \sum E_i^3(x_3)_i(z_3)_i \\ \sum E_i^3(y_3)_i(x_3)_i & \sum E_i^3(y_3)_i^2 & \sum E_i^3(y_3)_i(z_3)_i \\ \sum E_i^3(z_3)_i(x_3)_i & \sum E_i^3(z_3)_i(y_3)_i & \sum E_i^3(z_3)_i^2 \end{bmatrix} \tag{3.66}$$

将式(3.61)、式(3.62)代入式(3.66)中,得到应该具有如下形式:

$$\hat{\boldsymbol{A}}_3 = \begin{bmatrix} w & v & 0 \\ v & u & 0 \\ 0 & 0 & r \end{bmatrix}, \quad r = \sum E_i^3(z_3)_i^2$$

另外,由前面的旋转变化,可以得到 $\hat{\boldsymbol{A}}_3 = \hat{\boldsymbol{R}}\hat{\boldsymbol{A}}_1\hat{\boldsymbol{R}}^{\mathrm{T}}$,利用 $\hat{\boldsymbol{R}}^{\mathrm{T}}\hat{\boldsymbol{R}} = \boldsymbol{I}$,则有 $\hat{\boldsymbol{R}}^{-1}\hat{\boldsymbol{R}} = \boldsymbol{I}$,得出 $\hat{\boldsymbol{R}}^{\mathrm{T}} = \hat{\boldsymbol{R}}^{-1}$,即 $\hat{\boldsymbol{R}}\hat{\boldsymbol{A}}_1 = \hat{\boldsymbol{A}}_3\hat{\boldsymbol{R}}$,设矢量 $\hat{\boldsymbol{R}}$ 用一个 3×3 的分量表示:

$$\hat{\boldsymbol{R}} = \begin{bmatrix} v_{11} & v_{12} & v_{13} \\ v_{21} & v_{22} & v_{23} \\ v_{31} & v_{32} & v_{33} \end{bmatrix} = \begin{bmatrix} \boldsymbol{v}_1 \\ \boldsymbol{v}_2 \\ \boldsymbol{v}_3 \end{bmatrix}, \quad \boldsymbol{v}_i = (v_{i1}, v_{i2}, v_{i3})$$

则 $\hat{\boldsymbol{R}}\hat{\boldsymbol{A}}_1 = \hat{\boldsymbol{A}}_3\hat{\boldsymbol{R}}$ 为

$$\begin{bmatrix} \boldsymbol{v}_1 \\ \boldsymbol{v}_2 \\ \boldsymbol{v}_3 \end{bmatrix} \hat{\boldsymbol{A}}_1 = \begin{bmatrix} w & v & 0 \\ v & u & 0 \\ 0 & 0 & r \end{bmatrix} \begin{bmatrix} \boldsymbol{v}_1 \\ \boldsymbol{v}_2 \\ \boldsymbol{v}_3 \end{bmatrix} \tag{3.67}$$

因此可以得出

$$\boldsymbol{v}_3\hat{\boldsymbol{A}}_1 = r\boldsymbol{v}_3$$

即

$$|\hat{\boldsymbol{A}}_1 - \lambda\boldsymbol{I}|\boldsymbol{v}_3 = 0 \tag{3.68}$$

$\boldsymbol{v}_3$ 一方面为 $|\hat{\boldsymbol{A}}_1 - \lambda\boldsymbol{I}| = 0$ 的特征矢量,另一方面根据 $\hat{\boldsymbol{R}}$ 的表达式,可以算出

$$\boldsymbol{v}_3^{\mathrm{T}} = \begin{bmatrix} \cos\sigma & \cos\Omega \\ \cos\sigma & \sin\Omega \\ \sin\sigma & 0 \end{bmatrix} \tag{3.69}$$

如果将式(3.64)中各元素作如下简写:

$$x^2 = \sum (E_i)^3(x_1)_i^2, \quad y^2 = \sum (E_i)^3(y_1)_i^2, \quad z^2 = \sum (E_i)^3(z_1)_i^2$$
$$xy = \sum (E_i)^3(x_1)_i(y_1)_i, \quad xz = \sum (E_i)^3(x_1)_i(z_1)_i, \quad yz = \sum (E_i)^3(y_1)_i(z_1)_i$$

则 $|\hat{A}_1 - \lambda I| = 0$，可以展开成如下形式：

$$-\lambda^3 + (x^2 + y^2 + z^2)\lambda^2 - [x^2 y^2 + x^2 z^2 + y^2 z^2 - (xy)^2 - (xz)^2 - (yz)^2]\lambda$$
$$+ [x^2 y^2 z^2 + 2(xy)(xz)(yz) - x^2(yz)^2 - y^2(xz)^2 - z^2(xy)^2] = 0$$

简记为

$$\lambda^3 + a\lambda^2 + b\lambda + c = 0$$

根据三次方程求根理论，得到解为

$$\lambda_i = 2d\cos\left[\phi/3 + \frac{2(i-1)}{3}\pi\right] - a/3 \tag{3.70}$$

式中

$$p = b - a^2/3, \quad q = 2(a/3)^3 - ab/3 + c$$
$$d = (-p/3)^{1/2}, \quad \cos\phi = -q/(2d^3)$$

理论证明 λ_i 的最小根为

$$\lambda = 2d\cos(\phi/3 + 2\pi/3) - a/3 \tag{3.71}$$

将 λ 代入式（3.68），可以求出其对应的特征矢量：

$$(v_{31}, v_{32}, v_{33}) = ((xy)(yz) - (y^2 - \lambda)(xz), -[(x^2 - \lambda)yz - (xy)(xz)],$$
$$[(x^2 - \lambda)(y^2 - \lambda) - (xy)^2])$$

化为单位矢量：

$$(e_x, e_y, e_z) = \left(\frac{v_{31}^2}{\sqrt{v_{31}^2 + v_{32}^2 + v_{33}^2}}, \frac{v_{32}^2}{\sqrt{v_{31}^2 + v_{32}^2 + v_{33}^2}}, \frac{v_{33}^2}{\sqrt{v_{31}^2 + v_{32}^2 + v_{33}^2}}\right) \tag{3.72}$$

将式（3.72）和式（3.69）相比较有：

$$(e_x, e_y, e_z) = (\cos\sigma\cos\Omega, \cos\sigma\sin\Omega, \sin\sigma) \tag{3.73}$$

从式（3.73）中，可以解出

$$\sigma = \arcsin e_z, \quad \Omega = \arctan(e_y/e_x)$$

即为闪电的坐标。根据计算出的闪电球坐标，可以得出闪电极坐标位置，以及闪电相对于各探头的理论值 α_i。

为简化计算，式（3.42）、式（3.58）、式（3.59）中的 E_i 近似为一个常数，可以提到求和号之外。这样 $\hat{X}_1$、$\hat{X}_3$ 可以写成

$$\hat{X}_1 = \begin{bmatrix} (x_1)_1 & (x_1)_2 & \cdots & (x_1)_N \\ (y_1)_1 & (y_1)_2 & \cdots & (y_1)_N \\ (z_1)_1 & (z_1)_2 & \cdots & (z_1)_N \end{bmatrix}, \quad \hat{X}_3 = \begin{bmatrix} (x_3)_1 & (x_3)_2 & \cdots & (x_3)_N \\ (y_3)_1 & (y_3)_2 & \cdots & (y_3)_N \\ (z_3)_1 & (z_3)_2 & \cdots & (z_3)_N \end{bmatrix}$$

对应 $\hat{A}_1$、$\hat{A}_3$ 为

$$\hat{A}_1 = \begin{bmatrix} \sum (x_1)_i^2 & \sum (x_1)_i(y_1)_i & \sum (x_1)_i(z_1)_i \\ \sum (y_1)_i(x_1)_i & \sum (y_1)_i^2 & \sum (y_1)_i(z_1)_i \\ \sum (z_1)_i(x_1)_i & \sum (z_1)_i(y_1)_i & \sum (z_1)_i^2 \end{bmatrix}$$

$$\hat{A}_3 = \begin{bmatrix} \sum (x_3)_i^2 & \sum (x_3)_i (y_3)_i & \sum (x_3)_i (z_3)_i \\ \sum (y_3)_i (x_3)_i & \sum (y_3)_i^2 & \sum (y_3)_i (z_3)_i \\ \sum (z_3)_i (x_3)_i & \sum (z_3)_i (y_3)_i & \sum (z_3)_i^2 \end{bmatrix}$$

计算 σ、Ω 时采用上述表达式。

4）系统误差分析及处理

系统误差又称为场地误差，它对 DF 闪电定位仪的定位影响，往往要比随机误差的影响大得多，因此，在计算闪电位置时，要设法从探测数据中剔除系统误差。分析、处理场地误差大体上有两种基本方法：第一种方法是直接测量法[13]，它的基本出发点是利用一个车载全方位电视摄像机准确实时测定在其周围较近区域内发生的闪电的方位角，然后，与闪电监测网同时探测到的相同的闪电的方位角进行比较，求出闪电探测仪的场地误差，这种方法处理场地误差原理比较简洁，但是仪器设备庞大，很花费财力；第二种方法是分析由三个或者三个以上的探头组成的闪电定位网所获得的闪电数据，从中找出系统误差[14]，这种方法在理论上比较严谨，但是处理的数据量很大，因此很费机时。比较两种方法的利弊及我们现有的经济条件，在分析、处理场地误差时，采用第二种方法，并在计算机上完成。

设闪电监测网共有 N_d 个探头，某段时间内探测到的闪电总数目为 N_f，第 i 个探头所在的球面坐标为 $(\sigma_{0i}, \Omega_{0i})$，第 k 个闪的位置在球面坐标上为 (σ_k, Ω_k)，并设第 i 个探头探测到的第 k 个闪的方位角的探测值为 θ_{ik}，它对应的理论值为 α_{ik}，随机误差值为 e_{ik}，系统误差为 $\beta_i(\alpha_{ik})$，则有如下关系式：

$$\theta_{ik} = \alpha_{ik} + \beta_i(\alpha_{ik}) + e_{ik}, \quad i = 1, 2, \cdots, N_d, \quad k = 1, 2, \cdots, N_f \quad (3.74)$$

式中，$\beta_i(\alpha_{ik})$ 表示第 k 个闪（发生在 α_{ik} 方向上）相对于第 i 个探头的场地误差值。

由直接观测法的结果可知，系统误差可以表示成如下函数：

$$\beta_i(\alpha_{ik}) = a_{i0} + \sum_{j=1}^{N_h} \left[a_{ij} \sin(2j\alpha_{ik}) + b_{ij} \cos(2j\alpha_{ik}) \right] \quad (3.75)$$

式中，N_h 是谐波数目，由具体的场地环境所决定，根据扇形散射体模型[15]及直接观测法的结论只需取 $N_h = 2$ 即可。根据闪电位置最佳化的原理，对于所有探头及所有闪电，如下求和式应取极小值：

$$IR = \sum_{i=1}^{N_d} \sum_{k=1}^{N_f} \left[\theta_{ik} - \alpha_{ik} - \beta_i(\alpha_{ik}) \right]^2 \quad (3.76)$$

定义 $\boldsymbol{\Phi}_i$、$\boldsymbol{Z}_i$、$\boldsymbol{a}_i$ 矩阵：

$$\boldsymbol{\Phi}_i = \begin{bmatrix} 1 & \sin 2\alpha_{i1} & \cos 2\alpha_{i1} & \sin 4\alpha_{i1} & \cos 4\alpha_{i1} \\ 1 & \sin 2\alpha_{i2} & \cos 2\alpha_{i2} & \sin 4\alpha_{i2} & \cos 4\alpha_{i2} \\ \vdots & \vdots & \vdots & \vdots & \vdots \\ 1 & \sin 2\alpha_{iN_f} & \cos 2\alpha_{iN_f} & \sin 4\alpha_{iN_f} & \cos 4\alpha_{iN_f} \end{bmatrix}$$

$$Z_i = \begin{pmatrix} \theta_{i1} - d_{i1} \\ \theta_{i2} - d_{i3} \\ \vdots \\ \theta_{iN_f} - d_{iN_f} \end{pmatrix}$$

$$a_i = (a_{i0}, a_{i1}, b_{i1}, a_{i2}, b_{i2})^T$$

则式(3.76)为

$$IR = \sum_{i=1}^{N_d} \| Z_i - \Phi_i a_i \|^2 \tag{3.77}$$

根据多元函数的极值理论,式(3.76)取极小值对应如下条件:

$$\partial IR/\partial \sigma_k = 0, \quad k = 1, 2, \cdots, N_f \tag{3.78}$$

$$\partial IR/\partial \Omega_k = 0, \quad k = 1, 2, \cdots, N_f \tag{3.79}$$

$$\partial IR/\partial \alpha_i = 0, \quad i = 1, 2, \cdots, N_d \tag{3.80}$$

对所有探头,依次对每一个闪电进行式(3.78)和式(3.79)的运算,可以得到闪电位置满足的方程:

$$2\sum_{i=1}^{N_d} \left[\theta_{ik} - \alpha_{ik} - \beta_i(\alpha_{ik}) \right] \left[1 + \frac{\partial \beta_i(\alpha_{ik})}{\partial \alpha_{i\alpha_{ik}}} \right] \frac{\partial \alpha_{ik}}{\partial \sigma_k} = 0 \tag{3.81}$$

$$2\sum_{i=1}^{N_d} \left[\theta_{ik} - \alpha_{ik} - \beta_i(\alpha_{ik}) \right] \left[1 + \frac{\partial \beta_i(\alpha_{ik})}{\partial \alpha_{i\alpha_{ik}}} \right] \frac{\partial \alpha_{ik}}{\partial \Omega_k} = 0, \quad k = 1, 2, \cdots, N_f \tag{3.82}$$

若场地误差 $\beta_i(\alpha_{ik})$ 已知,解此两方程可以求出每个闪电的球面坐标(σ_k, Ω_k),$k = 1, 2, \cdots, N_f$。式(3.80)可以写成

$$\partial IR/\partial \alpha_i = 2\Phi_i^T(Z_i - \Phi_i a_i) = 0, \quad i = 1, 2, \cdots, N_d \tag{3.83a}$$

化简后为

$$\Phi_i^T \Phi_i a_i = \Phi_i^T Z_i$$

从中可以解出 a_i:

$$a_i = [\Phi_i^T \Phi_i]^{-1} \Phi_i^T Z_i \tag{3.83b}$$

式中,Φ_i^T 为 Φ_i 的转置矩阵,$[\Phi_i^T \Phi_i]^{-1}$ 为 $[\Phi_i^T \Phi_i]$ 矩阵的逆矩阵。求解式(3.84)时假定 α_{ik} 为已知量,亦即闪电所发生的位置为已知量。

在求解方程(3.81)和(3.82)时,要求视场地误差 $\beta_i(\alpha_{ik})$ 为已知量。另外,求解场地误差方程(3.83a)时要求闪电发生的位置已知,因此,场地误差的计算和闪电位置的计算是一个互相依赖关联的问题,解决此问题,可采用逐步迭代的方法。

(1)首先,假定场地误差为零[即 $\beta_i^0(\alpha_{ik}) = 0$],则式(3.81)和式(3.82)两式可以写成

$$2\sum_{i=1}^{N_d} (\theta_{ik} - \alpha_{ik}) \frac{\partial \alpha_{ik}}{\partial \sigma_k} = 0 \tag{3.84a}$$

$$2\sum_{i=1}^{N_d} (\theta_{ik} - \alpha_{ik}) \frac{\partial \alpha_{ik}}{\partial \Omega_k} = 0, \quad k = 1, 2, \cdots, N_f \tag{3.84b}$$

它们和式(3.34)、式(3.35)形式上是相同的[式(3.34)、式(3.35)含有权 E_i],因此,重复三站定位计算方法,可以求解出闪电的位置(σ_k,Ω_k)及闪电相对于各探头的理论方位角值 α_{ik},这样得到的(σ_k,Ω_k)、α_{ik} 称为零阶近似值($\sigma_k^{(0)}$,$\Omega_k^{(0)}$)、$\alpha_{ik}^{(0)}$,$k=1,2,\cdots,N_{\mathrm{f}}$。

(2) 将 $\alpha_{ik}^{(0)}$ 代入式(3.84a)中,可以求出场地误差函数的系数矢量 $\boldsymbol{a}_i^{(0)}$,$i=1,2,\cdots,N_{\mathrm{d}}$。代入式(3.72),可以求出对应于各个探头的一阶场地误差函数 $\beta_i^{(1)}(\alpha_{ik}^{(0)})$,$i=1,2,\cdots,N_{\mathrm{d}}$。

(3) 将 $\beta_i^{(1)}(\alpha_{ik}^{(0)})$ 代入式(3.81)和式(3.82),并注意到 $\partial\beta_i^{(1)}(\alpha_{ik}^{(0)})/\partial\alpha_{ik}^{(1)}=0$,有

$$2\sum_{i=1}^{N_{\mathrm{d}}}[\theta_{ik}-\alpha_{ik}^{(1)}-\beta_i^{(1)}(\alpha_{ik}^{(0)})]\frac{\partial\alpha_{ik}^{(1)}}{\partial\sigma_k^{(1)}}=0 \tag{3.85}$$

$$2\sum_{i=1}^{N_{\mathrm{d}}}[\theta_{ik}-\alpha_{ik}^{(1)}-\beta_i^{(1)}(\alpha_{ik}^{(0)})]\frac{\partial\alpha_{ik}^{(1)}}{\partial\Omega_k^{(1)}}=0 \tag{3.86}$$

重复第(1)步的计算,同理可以得到闪电位置逼近的一阶近似值($\sigma_k^{(1)}$,$\Omega_k^{(1)}$)、$\alpha_{ik}^{(1)}$。

(4) 重复第(2)步,计算出场地误差的二阶逼近函数表达式[$\beta_i^{(2)}(\alpha_{ik}^{(1)})$]。根据上述迭代方法,可以得到第 n 次闪电位置逼近值和 n 次场地误差近似函数的循环体公式:

$$2\sum_{i=1}^{N_{\mathrm{d}}}[\theta_{ik}-\alpha_{ik}^{(n)}-\beta_i^{(n)}(\alpha_{ik}^{(n-1)})]\frac{\partial\alpha_{ik}^{(n)}}{\partial\sigma_k^{(n)}}=0 \tag{3.87}$$

$$2\sum_{i=1}^{N_{\mathrm{d}}}[\theta_{ik}-\alpha_{ik}^{(n)}-\beta_i^{(n)}(\alpha_{ik}^{(n-1)})]\frac{\partial\alpha_{ik}^{(n)}}{\partial\Omega_k^{(n)}}=0 \tag{3.88}$$

$$\beta_i^{(n)}=\boldsymbol{\Phi}^{(n-1)}\boldsymbol{a}_i^{(n-1)} \tag{3.89}$$

重复上述运算 N 次,直到达到所要求的精度为止。

5) 闪电定位精度判断

由于处理场地误差时是利用大量的闪电数据进行的,因此,不能以某几个闪的定位精度变化作为衡量整体闪电数据精度的标准,为此,必须取统计量。在引言中曾指出:闪电探测仪的每个探头均有<±1°的测量误差。因此,可以取所有闪中,如有 N(给具体值)个闪的每个探头的 $|\theta_i-\alpha_i|<1°$,则可以认为精度已达到。

6) 场地误差的剔去方法

经过两站定位算法中的误差计算,可以得到闪电定位网中各个站的场地误差,亦即定位系统的系统误差 $\beta_i(\alpha_{ik})$,$i=1,2,\cdots,N_{\mathrm{d}}$。场地误差对于固定的环境是一个固定的函数,对于任意的闪电方位角 α_{ik},相对于第 i 个探头,其场地误差 β_i 为

$$\beta_i(\alpha_{ik})=a_{i0}+a_{i1}\sin\alpha_i+b_{i1}\cos\alpha_i+a_{i2}\sin2\alpha_i+b_{i2}\cos2\alpha_i \tag{3.90}$$

这里的 α_i 为闪电相对于第 i 个探头的方位角的理论值。在实时闪电位置计算中,要设法扣除场地误差,亦即要利用式(3.81)和式(3.82)来计算闪电位置。观察式(3.81)和式(3.82)两式可知,这是一个非线性超越常微分方程,求解此两方程相

当困难,因此要设法避开此问题。

根据 β_i 函数的连续性,以及一般情况下 $|\theta_{ik} - \alpha_{ik}| < 10°$,亦即第 i 个探头探测到的第 k 个闪的观察值与理论值之差小于 $10°$,所以在式(3.90)中,可以认为 $\beta_i(\alpha_{ik}) = \beta_i(\theta_{ik})$,将此式代入式(3.81)和式(3.82)可以得到

$$\sum_{i=1}^{N_d} [\theta_{ik} - \beta_i(\theta_{ik}) - \alpha_{ik}] \frac{\partial \alpha_{ik}}{\partial \sigma_k} = 0 \qquad (3.91)$$

$$\sum_{i=1}^{N_d} [\theta_{ik} - \beta_i(\theta_{ik}) - \alpha_{ik}] \frac{\partial \alpha_{ik}}{\partial \Omega_k} = 0 \qquad (3.92)$$

因此,在实时计算闪电位置时剔除场地误差的方法是:利用第 i 个探头探测到的闪电方位角 θ_i,将 θ_i 代入 β_i 计算出对应的场地误差值 $\beta_i(\theta_i)$,用 $\theta_i - \beta_i(\theta_i)$ 代替式(3.34)和式(3.35)中的 θ_i 值,采用三站定位中的计算方法,可以得出剔除场地误差后的实时闪电位置。

7) 网结构与精度评估

磁方向闪电定位系统获得的数据剔除场地误差后,仍存在着随机误差(一般情况下随机误差范围在 $\pm 1°$ 以内),由于随机误差无法消除,最终闪电定位系统仍有一定的定位系统误差。各个探测站所测数据的随机误差满足高斯分布,因此,多站交汇产生的闪电位置的误差也应该是高斯分布的,为此引入误差椭圆的概念来描述。为了突出问题的重点,另外考虑到误差椭圆区域在球面上所占范围较小,因此,按下列方法处理问题:椭圆中心点对探头的集合关系用球面坐标关系描述,闪电位置的最似然值的计算用球坐标系计算。如果取各个站所测数据的随机误差的标准差为 $1°$ 计算其对应的交汇误差椭圆,称为理论误差椭圆,其结果和 Stanfied 在平面情况下计算的结果相似,其误差椭圆的示意图如图 3.17～图 3.19 所示。

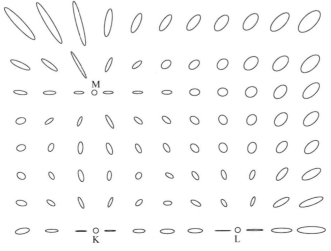

图 3.17　成直角三角形组网的三站定位系统的误差椭圆分布图(50%概率)

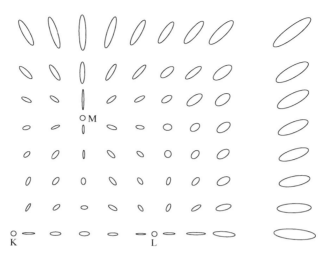

图 3.18　成等边三角形组网的三站定位系统的误差椭圆分布图（50％概率）

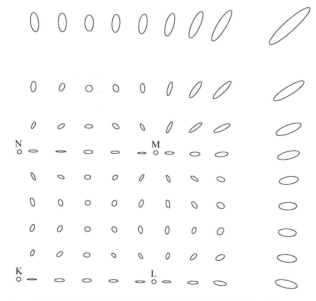

图 3.19　成正方形组网的四站定位系统的误差椭圆分布图（50％概率）

　　在实际布网应用中，由于磁方向闪电探测仪的南北方向、东西方向的天线不可能做到严格垂直（一般能保证在 1°以内的机械误差），以及受探测仪周围的场地误差和传播路径上电波的折射等因素的影响，测向误差往往达到十几度，有时甚至能达到二十几度，使得雷电定位系统的实际定位误差比较大，一般能达到十几公里，有时能达到几十公里，甚至得不到结果。虽然，研究了不少场地误差处理方法，对提高定位精度有一定的帮助,但不能从本质上解决问题。正因为如此,单纯的磁方向闪电定位系统在最近几年被彻底淘汰。

3.3.2　时差法雷电监测定位系统

时差法闪电定位系统的探测原理是,每个闪电探测站主要探测每次闪电回击辐射的电磁波到达各探测站的绝对时间,因此,两站之间得到一个时间差,构成一条双曲线,在双曲线上的任何一点都是可能的闪电回击位置,三站中另外两站之间也有一个时间差,也可以构成另外一条双曲线,二条双曲线的交点,即为闪电回击位置[16],如图 3.20～图 3.22 所示。

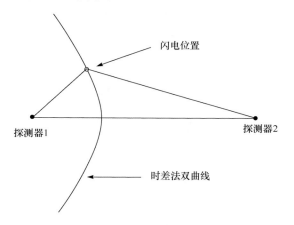

图 3.20　两站之间的时差双曲线

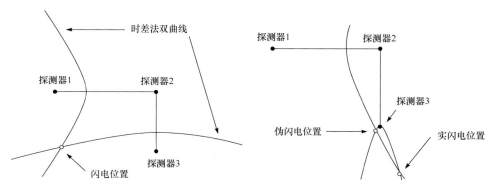

图 3.21　两条时差双曲线一个交点　　图 3.22　三站之间两条时差双曲线的两个交点

四站以上的时差定位算法:先用三站定位出双解,再通过第四个站剔除假解,得到准真解,以准真解为初值,通过最小二乘法得到最佳定位结果。

由于时间同步、授时、守时等精度的限制,时差双曲线实际上为有一定误差宽度的双曲线簇。在基线延长线上,测距误差 $\Delta d = \Delta tc$,c 为真空中的光速,并随着距离、离基线远近,定位误差呈放射性增加。图 3.23 是一个三站时差网定位误差分布图。

图 3.23　三站时差定位网平面误差分布图

时差法雷电定位系统的特点是:

(1) 两站只能定一条双曲线,不能定位(图 3.20);三站在非双解区域可以得到唯一的定位结果(图 3.21);在双解区域有两个定位结果,不可区分(图 3.21)。因此,一个雷电定位网最好有四个和四个以上的探测站探测数据,才可以保证探测结果是唯一的。

(2) 理论探测精度主要依赖于各个探测站的时间测量、守时和同步精度。目前,广泛采用全球卫星导航定位系统(GPS)进行时间同步,能保证时间同步精度为 10^{-7} s,时间测量精度能保证在 10^{-7} s 以内,守时精度采用高稳定性恒温晶振,也能保证时间稳定度在 10^{-7} s 以内,因此从理论上讲,时差系统定位精度可以很高。

(3) 一般情况下,实际探测误差为几百米到 2~4km。这时由于各个探测站探测闪电回击波形的特征点是峰点到达的时间,而回击波形峰点随传播路径和距离的不同要发生漂移和畸变,或者受环境的干扰,从而导致时间测量误差。这是时差法闪电定位系统的定位误差的主要来源,也是提高定位精度要解决的主要问题。

3.3.3　混合法雷电监测定位系统

鉴于磁方向闪电定位系统定位误差较大,时差系统又必须至少有三个探测站才能定位的事实,很容易想到:把两者联合起来,形成时差测向混合闪电定位系统

（IMPACT）[17,18]。

　　采用这种综合探测技术的闪电定位系统的每个探测站既能探测回击发生的方位角，又能测定回击电磁脉冲到达的精确时间。中心站将根据每个闪电探测子站测到的闪电的方位和到达时间差数据进行不同组合的联合定位。具有这两种定位方法的闪电定位系统在不增减探测子站数目的前提下，保证了较高的定位精度，是目前比较实用的闪电定位技术。

　　它的定位原理是：每个探测站既探测回击发生的方位角，又探测回击辐射的电磁脉冲波形峰点到达的精确时间。当有两个探测站接收到数据时，采用一条时差双曲线和两个测向量的混合算法计算位置（图 3.24）；当有三个探测站接收到数据时，在非双解区域，采用时差算法，在双解区域，先采用时差算法得出双解，后利用测向数据剔除双解中的假解（图 3.25）；当有四个及四个以上探测站接收到数据时，采用时差最小二乘算法定位计算。四站定位误差如图 3.26 所示。

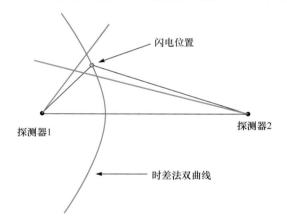

图 3.24　两站 IMPACT 系统的定位示意图

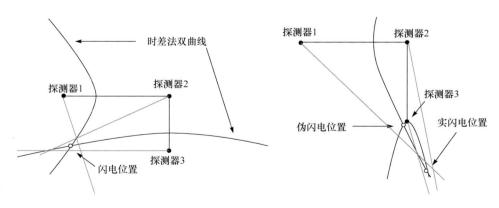

图 3.25　三站 IMPACT 系统的双解区域定位示意图

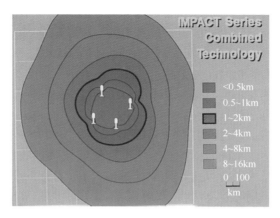

图 3.26　四站时差定位网定位误差分布图

时差测向混合闪电定位系统的特点：

（1）当两个探测站接收数据时，也能进行较高精度的定位，定位误差一般能保证在几公里以内。

（2）当三个探测站接收数据时，采用测向数据剔除时差法的假解，定位精度和时差系统一样。

（3）四站及四站以上的多站网，主要用时差探测数据定位，测向数据的意义在于，可以用时差定位结果，校正测向数据的系统误差，以便提高两站和三站的定位精度。

（4）时差测向混合闪电定位系统既可以和测向系统，又可以和时差系统进行联网，有很好的兼容性。

总之，时差测向混合闪电定位系统既能保证较少数目监测网有定位结果，又能保证较高的定位精度，是一种比较实用的雷电监测定位系统，据国内外资料表明其定位精度一般在几百米到 2～3km。

3.3.4　VLF/LF 三维雷电监测定位系统

云地闪的回击过程辐射 VLF/LF 脉冲，云闪中正负电荷中和（如强度较大的反冲流光），也有人称为云闪闪击，也能辐射 VLF/LF 脉冲，云地闪回击过程辐射的 VLF/LF 脉冲以地波传播，云闪辐射的 VLF/LF 以空间球面波传播（图 3.27）。

接收闪电辐射 VLF/LF 脉冲到达的时间，采用三维时差定位算法，可以对云地闪回击、云闪闪击定位，不仅能够得到经、纬度，还可以实现闪电的高度定位，形成三维雷电监测定位系统。VLF/LF 三维雷电监测定位系统能够同时探测云地闪、云闪，实现全闪定位，对云闪还能探测强放电的高度，实现了三维定位，是目前最实用的地基闪电监测定位网。VLF/LF 三维雷电监测定位系统确定的云闪高

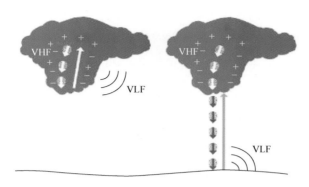

图 3.27　云闪闪击和云地闪回击 VLF/LF 波辐射示意图

度是云闪闪击最强放电位置点离地面的距离,大约对应下行初始流光和反冲流光连接时的连接点位置。

1. VLF/LF 三维雷电监测定位算法

如图 3.28 所示,在三维空间中,假设在三维闪电定位系统中,各观测站的空间位置为 (x_i, y_i, z_i),$i=0,1,2,3$,其中,$i=0$ 表示主站,$i=1,2,3$ 表示副站。闪电辐射源的位置设为 (x,y,z),该辐射源到主站 (x_0, y_0, z_0) 与副站 (x_i, y_i, z_i) 的距离设为 R_i,距离差设为 ΔR_i,$i=1,2,3$,那么 TOA 定位方程[19] 为

$$\begin{cases} R_0^2=(x-x_0)^2+(y-y_0)^2+(z-z_0)^2 \\ R_i^2=(x-x_i)^2+(y-y_i)^2+(z-z_i)^2, \quad i=1,2,3 \\ \Delta R_i=R_i-R_0=c(t_i-t_0) \end{cases} \tag{3.93}$$

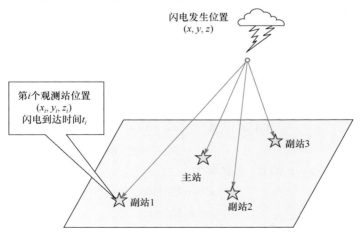

图 3.28　四站时差定位系统布站示意图

将式(3.93)中的前两式代入第三式,通过移项、平方、整理化简得

$$(x_0-x_i)x+(y_0-y_i)y+(z_0-z_i)z=k_i+R_0\Delta R_i \tag{3.94}$$

式中,$k_i=\dfrac{1}{2}\big[\Delta R_i^2+(x_0^2+y_0^2+z_0^2)-(x_i^2+y_i^2+z_i^2)\big]$,$i=1,2,3$。

式(3.94)是一个关于(x,y,z)的非线性方程组,其中,R_0是(x,y,z)的非线性函数,因此要解出x,y,z的表达式是困难的。将式(3.94)写成矩阵形式:

$$AX=B \tag{3.95}$$

式中

$$A=\begin{bmatrix}x_0-x_1 & y_0-y_1 & z_0-z_1\\ x_0-x_2 & y_0-y_2 & z_0-z_2\\ x_0-x_3 & y_0-y_3 & z_0-z_3\end{bmatrix},\quad X=\begin{bmatrix}x\\ y\\ z\end{bmatrix},\quad B=\begin{bmatrix}k_1+R_0\Delta R_1\\ k_2+R_0\Delta R_2\\ k_3+R_0\Delta R_3\end{bmatrix}$$

式(3.95)可以看成带参数R_0的x,y,z的线性方程组,此线性方程组求解时可以选择迭代法。但使用迭代法时,有一定的限制条件,首先需要设定一个初值,代入方程组进行迭代运算,最终得到方程的解,这样就导致其运算量增大。在此不使用迭代法求解,使用间接法来求解,首先把本来是未知量的R_0看成一个已知量,根据R_0,就可以解出x,y,z,当然此时的x,y,z是含有R_0的表达式,而且是线性表达式,然后把x,y,z代入式(3.93),式(3.93)有R_0的表达式,解这个关于R_0的方程,即可求出R_0,进而解出x,y,z。

利用矩阵理论,式(3.95)有多种求解方法,但其前提条件是矩阵A的秩$\mathrm{rank}(A)=3$。$\mathrm{rank}(A)=2$时,对应的四个探测站点存在于同一平面上,仅仅能进行闪电的二维定位,而且定位解不唯一、很模糊;$\mathrm{rank}(A)=1$时,对应的四个探测站点皆存在于一条直线上,根本无法进行闪电的定位;$\mathrm{rank}(A)=3$时,对应的四个探测站点不在一个平面上,也不在一条直线上,可以进行闪电定位,用伪逆法[17,20-22](也即最小二乘法)计算得

$$X=(A^{\mathrm{T}}A)^{-1}A^{\mathrm{T}}B \tag{3.96}$$

令

$$(A^{\mathrm{T}}A)^{-1}A^{\mathrm{T}}=\begin{bmatrix}a_{11} & a_{12} & a_{13}\\ a_{21} & a_{22} & a_{23}\\ a_{31} & a_{32} & a_{33}\end{bmatrix}$$

由式(3.96)可得x,y,z的R_0参数解为

$$\begin{cases}x=n_1R_0+m_1\\ y=n_2R_0+m_2\\ z=n_3R_0+m_3\end{cases} \tag{3.97}$$

式中

$$\begin{cases} m_i = \sum_{j=1}^{3} a_{ij} k_j \\ n_i = \sum_{j=1}^{3} a_{ij} \Delta R_j \end{cases}$$

将式(3.97)代入式(3.93)的第一式,得

$$R_0^2 = (n_1 R_0 + m_1 - x_0)^2 + (n_2 R_0 + m_2 - y_0)^2 + (n_3 R_0 + m_3 - z_0)^2$$

化简得

$$aR_0^2 + bR_0 + c = 0 \tag{3.98}$$

式中

$$a = n_1^2 + n_2^2 + n_3^2 - 1$$

$$b = 2n_1(m_1 - x_0) + 2n_2(m_2 - y_0) + 2n_3(m_3 - z_0)$$

$$c = (m_1 - x_0)^2 + (m_2 - y_0)^2 + (m_3 - z_0)^2$$

分析式(3.98)可得:

当 $\Delta = b^2 - 4ac = 0$ 时,方程有唯一的解,即双曲面只有一个交点,不存在定位模糊;

当 $\Delta = b^2 - 4ac > 0$ 时,方程有两个解,记为 R_{01}、R_{02},即双曲面有两个交点,则存在定位模糊,如果 $R_{01} R_{02} < 0$,即存在一正一负两个解,则取正值作为 R_0,如果 $R_{01} R_{02} > 0$,此时两个值皆为正,需借助其他信息来消除定位模糊的点,比如结合布站情况增加测向信息来解模糊,或者增加探测站来解模糊;

当 $\Delta = b^2 - 4ac < 0$ 时,方程无解,即双曲面没有交点,定位不可实现。

对于方程无解的问题,即定位失败[17],可以采用另外一种方法,先依据一定的规则标准,找到一个次优解,将其作为定位点。闪电的四个观测站可以确定三个双曲面,假设空间的一个闪电辐射源 T,其坐标为 (x, y, z),假设此辐射源到这三个双曲面的距离分别为 $d_1(x, y, z)$、$d_2(x, y, z)$、$d_3(x, y, z)$,令

$$F(x, y, z) = d_1^2(x, y, z) + d_2^2(x, y, z) + d_3^2(x, y, z) \tag{3.99}$$

对 $F(x, y, z)$ 求偏导,并设其等于零,即

$$\frac{\partial F(x, y, z)}{\partial x} = 0$$

$$\frac{\partial F(x, y, z)}{\partial y} = 0 \tag{3.100}$$

$$\frac{\partial F(x, y, z)}{\partial z} = 0$$

当式(3.100)成立时,闪电辐射源到达三个双曲面的距离和最小,此时可以把解出的点 (x, y, z) 作为闪电发生的位置[23]。

2. 算法精度分析

设闪电位置 (x, y, z) 定位误差为 $\mathrm{d}x, \mathrm{d}y, \mathrm{d}z$,每个探测站 (x_i, y_i, z_i) 的位置也

存在一定的误差,如果这些误差之间不相关,而且 $\mathrm{d}x_i,\mathrm{d}y_i,\mathrm{d}z_i$ 这些对应的位置误差之间也不相关,那么根据误差传递原理[24],对式(3.93)中的第三式 $\Delta R_i = R_i - R_0 (i=1,2,3)$ 进行求微分,化简之后得

$$d(\Delta R_i) = (c_{ix} - c_{0x})\mathrm{d}x + (c_{iy} - c_{0y})\mathrm{d}y + (c_{iz} - c_{0z})\mathrm{d}z + (k_0 - k_i), \quad i=1,2,3$$

$$(3.101)$$

式中

$$c_{jx} = \frac{x - x_j}{r_j}, \quad c_{jy} = \frac{y - y_j}{r_j}, \quad c_{jz} = \frac{z - z_j}{r_j}, \quad k_j = c_{jx}\mathrm{d}x_j + c_{jy}\mathrm{d}y_j + c_{jz}\mathrm{d}z_j, \quad j=0,1,2,3$$

式(3.101)写成矢量矩阵方程:

$$\mathrm{d}\Delta\boldsymbol{R} = \boldsymbol{C}\mathrm{d}\boldsymbol{X} + \mathrm{d}\boldsymbol{X}_s \tag{3.102}$$

式中

$$\mathrm{d}\Delta\boldsymbol{R} = \begin{bmatrix} d(\Delta R_1) \\ d(\Delta R_2) \\ d(\Delta R_3) \end{bmatrix}, \quad \mathrm{d}\boldsymbol{X} = \begin{bmatrix} \mathrm{d}x \\ \mathrm{d}y \\ \mathrm{d}z \end{bmatrix}, \quad \mathrm{d}\boldsymbol{X}_s = \begin{bmatrix} k_0 - k_1 \\ k_0 - k_2 \\ k_0 - k_3 \end{bmatrix}, \quad \boldsymbol{C} = \begin{bmatrix} c_{1x} - c_{0x} & c_{1y} - c_{0y} & c_{1z} - c_{0z} \\ c_{2x} - c_{0x} & c_{2y} - c_{0y} & c_{2z} - c_{0z} \\ c_{3x} - c_{0x} & c_{3y} - c_{0y} & c_{3z} - c_{0z} \end{bmatrix}$$

用伪逆法解方程(3.102)得闪电位置定位误差估计值为

$$\mathrm{d}\boldsymbol{X} = (\boldsymbol{C}^\mathrm{T}\boldsymbol{C})^{-1}\boldsymbol{C}^\mathrm{T}[\mathrm{d}\Delta\boldsymbol{R} - \mathrm{d}\boldsymbol{X}_s] \tag{3.103}$$

式中,$\boldsymbol{C}$ 表明目标与各观测站的相对位置有关系,即与布站的形式有关;$\mathrm{d}\Delta\boldsymbol{R} = [d(\Delta R_1), d(\Delta R_2), d(\Delta R_3)]^\mathrm{T}$ 表明目标定位与各观测站的到达时间有关;$\mathrm{d}\boldsymbol{X}_s$ 表明目标定位与各观测站位置有关系。在这里假设各观测站的位置测量误差在每次测量时都是一样的,而且彼此之间互不相关,那么定位误差协方差[25]为

$$P_{\mathrm{d}X} = E[\mathrm{d}\boldsymbol{X}\mathrm{d}\boldsymbol{X}^\mathrm{T}] = \boldsymbol{B}\{E[\mathrm{d}\Delta\boldsymbol{R}\mathrm{d}\Delta\boldsymbol{R}^\mathrm{T}] + E[\mathrm{d}\boldsymbol{X}_s\mathrm{d}\boldsymbol{X}_s^\mathrm{T}]\}\boldsymbol{B}^\mathrm{T} \tag{3.104}$$

定位精度用 GDOP(定位精度几何稀释)表示:

$$\mathrm{GDOP} = \sqrt{\sigma_x^2 + \sigma_y^2 + \sigma_z^2} = \sqrt{\mathrm{trace}(P_{\mathrm{d}X})} \tag{3.105}$$

式中,$\sigma_x^2, \sigma_y^2, \sigma_z^2$ 分别为定位误差在 x,y,z 方向上的方差。

水平定位精度为:

$$\sigma_{xy} = \sqrt{\sigma_x^2 + \sigma_y^2} \tag{3.106}$$

高度定位精度为:

$$\sigma_z = \sqrt{\sigma_z^2} \tag{3.107}$$

3. 站网结构研究与仿真

由上面的探测精度分析可知,四站三维定位精度与站网结构及闪电位置有关。根据四个站的空间布局情况,大致可以分为星形(Y 形)、平行四边形、倒三角形(T 形)和正方形等站网结构。设定闪电发生高度为 5km,取基线长度为 150km,时间使用的 GPS 时钟精确到 10^{-7}s,根据式(3.97),对不同的站网结构进行定位误差仿真,如图 3.29 所示。站网结构的主副站坐标如表 3.2 所示。

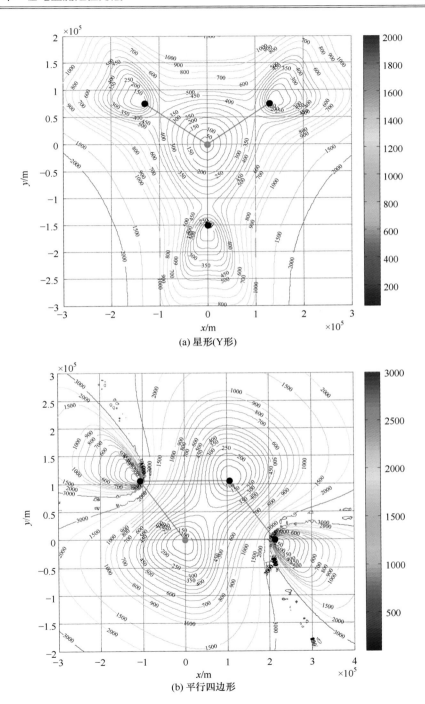

(a) 星形(Y形)

(b) 平行四边形

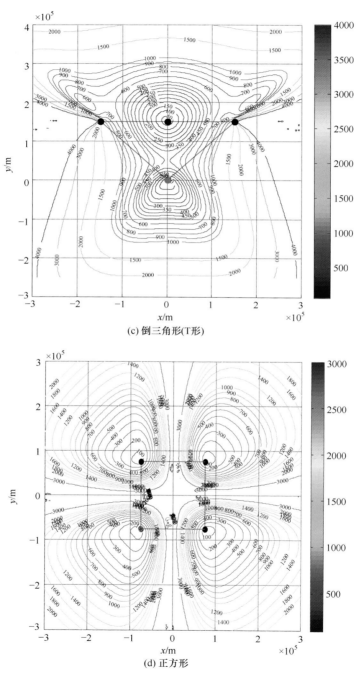

图 3.29　基线距离 150km、闪电高度 5km 时,不同站网结构定位误差等值线(单位:m)

表 3.2 站网结构的主副站坐标(基线距离 150km)

站网结构	主站/km	副站 1/km	副站 2/km	副站 3/km
星形(Y 形)	(0,0,0)	(130,75,−0.1)	(129.9,75,−0.2)	(0,−150,−0.3)
平行四边形	(0,0,0)	(−106,106,−0.3)	(106,106,−0.2)	(212,0,−0.1)
倒三角形(T 形)	(0,0,0)	(−150,150,−0.3)	(0,150,−0.1)	(150,150,−0.3)
正方形	(−75,−75,0)	(−75,75,−0.2)	(75,75,−0.1)	(75,−75,−0.2)

图 3.29 中,实心红点代表主站,实心黑点代表副站,1 个主站和 3 个副站共同对闪电进行定位。从图 3.29 可以看出,对于长基线距离系统,星形站网的定位精度近似呈以主站为中心的等值圆分布,在四站网内区域定位误差小于 300m;平行四边形和倒三角形站网在主站附近区域定位误差小于 500m,但在其中两个副站附近区域定位误差接近 2000m;正方形站网在四站网内区域定位误差大于 2000m,探测盲区出现在正方形对称轴及其附近区域。由此可见,不同的站网结构对应不同的误差分布,选择合适的站网结构非常重要。星形站网结构不仅定位精度呈规则分布,而且定位精度高,故在布站时优先选择星形站网。当然,具体如何布站,也要结合具体的地形地貌情况进行分析。

探测站的空间布局结构固然重要,站网的基线距离大小、闪电高度、主站位置等因素也对闪电监测网的定位误差有很大影响。在此取基线距离为 150km 和 20km(详见表 3.2 和表 3.3)、闪电高度为 5km 和 15km 来进行对比,各站网结构的仿真图如图 3.30～图 3.33 所示。

表 3.3 站网结构的主副站坐标(基线距离 20km)

站网结构	主站/km	副站 1/km	副站 2/km	副站 3/km
星形(Y 形)	(0,0,0)	(−17.32,10,−0.17)	(17.32,10,−0.1)	(0,−20,−0.2)
平行四边形	(0,0,0)	(−14.1,14.1,−0.3)	(14.1,14.1,−0.2)	(28.3,0,−0.1)
倒三角形(T 形)	(0,0,0)	(−20,20,−0.3)	(0,20,−0.1)	(20,20,−0.3)
正方形	(−10,−10,0)	(−10,10,−0.2)	(10,10,−0.1)	(10,−10,−0.2)

分析图 3.30～图 3.33 的仿真结果,对比每图的(a)与(b)、(c)与(d),可以看出在同样的基线距离下,15km 高度的闪电比 5km 高度的闪电的定位精度高,表明闪电高度越高,定位误差越低,定位精度越高。还可以看出,闪电高度变化时,对星形站网的定位误差分布图影响较大,详见图 3.30 中的(c)与(d)。而闪电高度对另外三种站网结构而言,即平行四边形、倒三角形、正方形,其定位误差分布图基本保持不变,影响非常小,即随着闪电高度增加,定位误差分布图的基本形状不变,只是定位精度提高了。

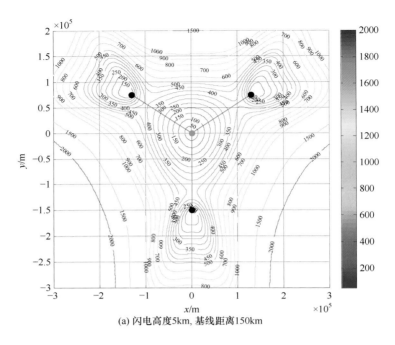

(a) 闪电高度5km, 基线距离150km

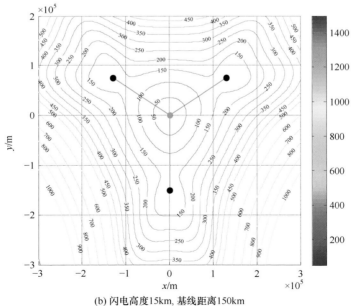

(b) 闪电高度15km, 基线距离150km

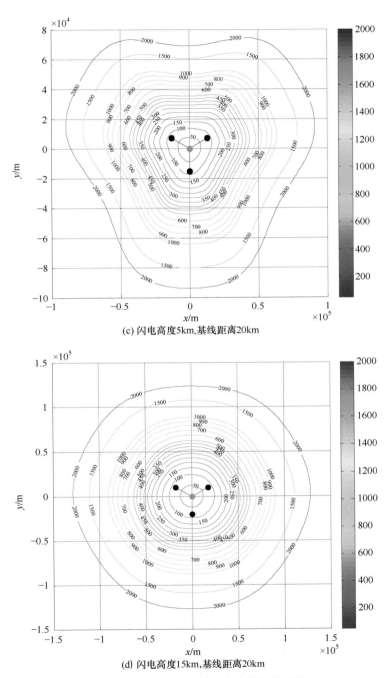

(c) 闪电高度5km,基线距离20km

(d) 闪电高度15km,基线距离20km

图 3.30　星形(Y形)站网定位误差分布图

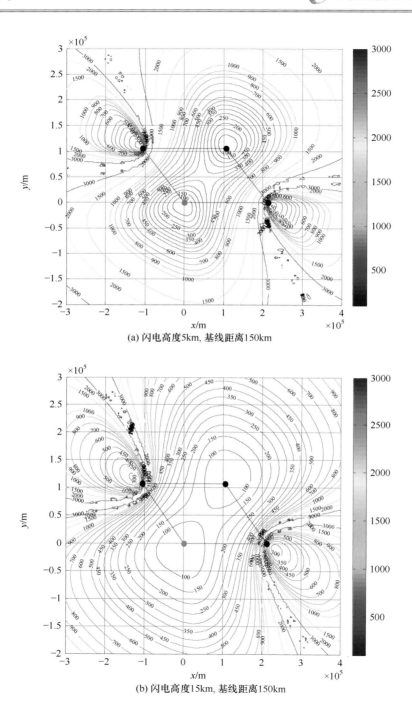

(a) 闪电高度5km, 基线距离150km

(b) 闪电高度15km, 基线距离150km

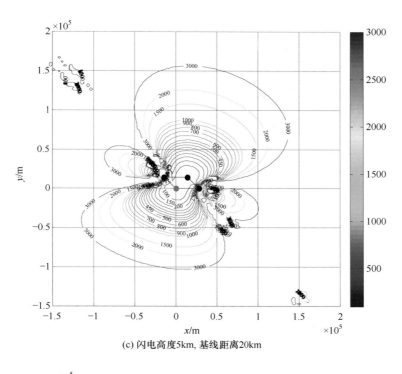

(c) 闪电高度5km, 基线距离20km

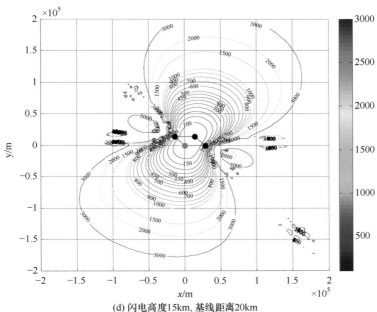

(d) 闪电高度15km, 基线距离20km

图 3.31　平行四边形站网定位误差分布图

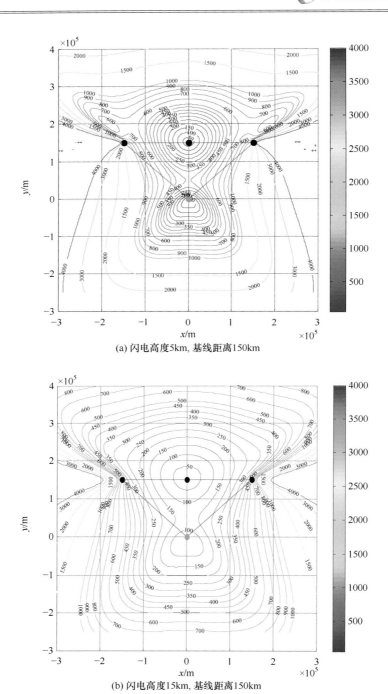

(a) 闪电高度5km, 基线距离150km

(b) 闪电高度15km, 基线距离150km

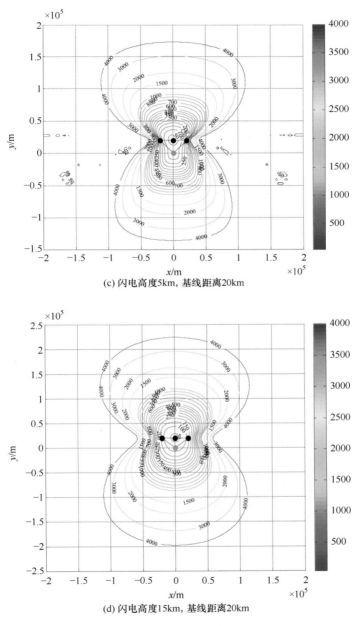

(c) 闪电高度5km, 基线距离20km

(d) 闪电高度15km, 基线距离20km

图 3.32　倒三角形(T 形)站网定位误差分布图

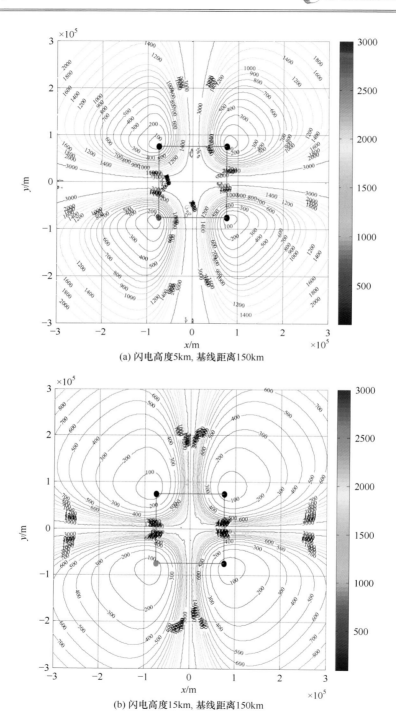

(a) 闪电高度5km，基线距离150km

(b) 闪电高度15km，基线距离150km

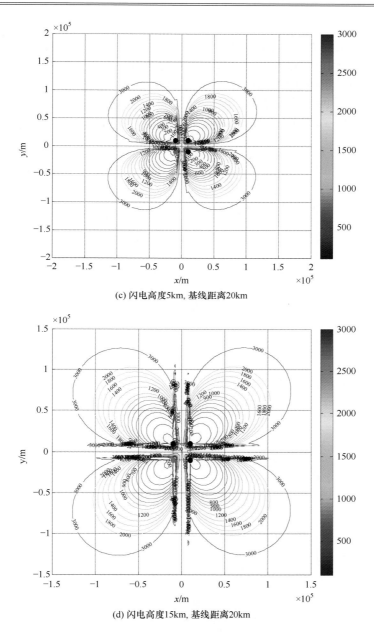

(c) 闪电高度5km, 基线距离20km

(d) 闪电高度15km, 基线距离20km

图 3.33　正方形站网定位误差分布图

　　分别对比图 3.30～图 3.33 中的(a)与(c)、(b)与(d)，可以看出在同样的闪电高度下，基线距离为 150km 比基线距离为 20km 的定位误差小，表明基线距离越长，闪电定位精度越高、误差越小。

在上述的图 3.29～图 3.33 中,实心红点代表主站,实心黑点代表副站,1 个主站和 3 个副站共同对闪电进行定位。对于每一种站网结构,主站在其几何形状中所处的位置,对闪电定位精度也有影响。在此通过仿真来说明主站对闪电定位误差的影响。仿真条件:闪电高度为 8km,站网基线距离为 150km,各站网主副站坐标见表 3.2,将站网中的主站换为副站,分别将副站 1、副站 2、副站 3 作为主站,进行仿真分析。以星形网络为例,仿真结果如图 3.34 所示。

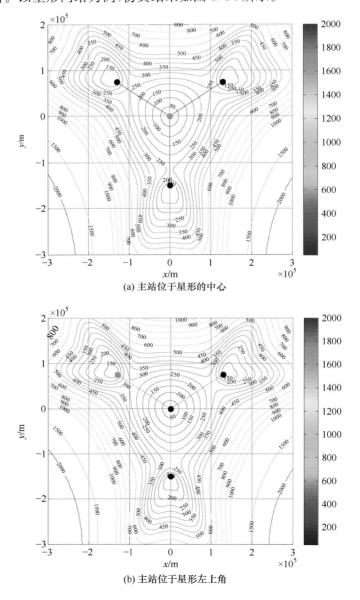

(a) 主站位于星形的中心

(b) 主站位于星形左上角

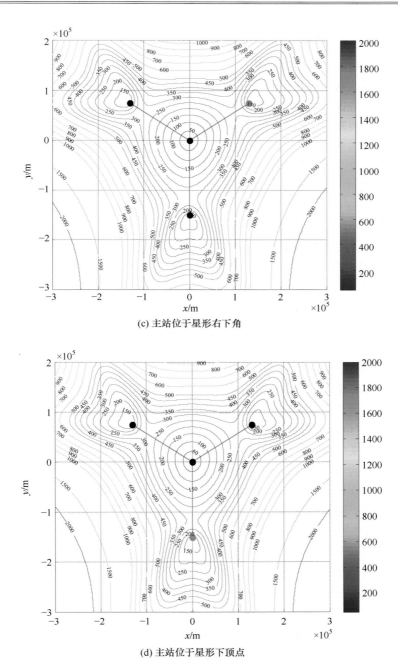

(c) 主站位于星形右下角

(d) 主站位于星形下顶点

图 3.34　主站位置对星形站网结构的定位误差影响

分析图 3.34 可知,图(a)是当星形站网的主站位于星形的中心的定位误差分布图;图(b)将主站改为星形站网的左顶点,中心、右顶点和下顶点作为副站的定位误差分布图;图(c)将主站改为星形站网的右顶点,其余三个点作为副站的定位误差分布图;图(d)是将主站改为星形站网的最下面的顶点,其余点作为副站的定位误差分布图。对比分析图(a)~(d),四幅定位误差分布图相差很小,可见主站位置对站网的定位误差较小,不像监测网的基线距离和闪电高度对定位误差的影响大。由于篇幅的限制,仅仅给出了星形站网结构的仿真结果,其他三种站网结构的仿真结果类似星形站网。但是在布设探测站时,一般采用对称性布设,星形站网的主站位于 Y 形中心时,定位误差相对较小,定位精度较高;倒三角形站网的主站位于 T 形中心时,定位误差较小,精度相对较高。

4. 总结

目前,国际上雷电探测正朝着高精度、多种类、三维闪电监测和定位等技术方向发展,本节介绍了一种三维闪电定位网的 3D-TOA(时差测量定位技术)算法模型,重点研究了最佳布站的影响因素,闪电高度、监测网基线距离、主站位置、四种不同站网结构等对定位精度的影响。通过对 3D-TOA 算法模型的分析与各种特殊几何站网结构的仿真,可以看出星形站网结构误差最小,误差分布图较规则,近似呈以主站为中心的等值圆,有利于探测闪电位置;而正方形站网结构会出现一个探测盲区,大概位于正方形对称轴及其附近区域。

3D-TOA 算法进行定位时,各个参数对算法定位精度也有很大关系。闪电高度对站网定位误差的影响较大,在基线距离一定的情况下,闪电高度越高,闪电定位误差越小,定位精度越高;监测网基线距离对监测网定位精度的影响也较大,在同样的闪电高度情况下,基线距离越大,误差越小,定位精度越高;而主站位置对监测网定位误差的影响很小,但是一般而言,监测网布设站点时,按照对称性布站,平行四边形和正方形站网倒是影响不大,而星形站网一般将 Y 形中心点作为主站,倒三角形站网一般将 T 形中心点作为主站。

3D-TOA 算法是通过测量闪电信号到达定位仪的时间差来进行定位的,对 GPS 精度要求较高,不适合探测连续的闪电脉冲,适合于探测孤立脉冲,若用其测定连续闪电会产生难以去除的空间噪声。连续闪电的辐射能量主要是由持续数十或者数百微秒甚至更长时间的连续脉冲组成的,所以该方法不适合于探测连续闪电。理论上,TOA 法既可以定位 VHF 闪电,也可以定位 VLF/LF 闪电,但是 VHF 闪电频率高、变化速度快,故需要高速采样芯片以及精确的 GPS 技术,故一般用 3D－TOA 算法来定位 VLF/LF 闪电。

3.3.5　地基全球闪电监测网介绍

地基全球闪电监测网(WWLLN)[26,27]是唯一一个可以对全球闪电实时监控并定位的系统,该系统目前仍处于建设中,其最终目标为探测效率可达到 50%,探测精度<10km。全球闪电监测系统不仅可以提供闪电发生的位置、时间、强度等,其探测数据对闪电与电离层的交互作用,对全球范围雷暴的分析以及全球电路系统的研究也有非常重大的意义,并且美国航空航天局(NASA)的费米伽马射线望远镜检测到 17 条到达地球的伽马射线和 WWLLN 捕捉到的闪电是一一匹配的,即至少一条闪电中确信无疑地含有正电子,从而推动了对反物质研究工作的进展。

　　WWLLN 主要使用闪电辐射的甚低频(VLF:3~30kHz)电磁波信号工作。闪电辐射的电磁波频谱范围很宽,但大部分能量集中在 VLF 波段,VLF 信号在地-电离层之间主要以波导的形式传播,衰减较小,能够被数千公里以外的仪器探测到,从而使远距离的雷电监测成为可能。

　　WWLLN 自 2002 年开始建设,截至 2012 年在全球范围已建设完成 60 个站点,如图 3.35 所示并计划于 2014 年增至为 70 个站点,其中我国已建设的站点有三个,分布在北京、兰州和南京。以 1000km 为间隔,定位全球闪电需要设置 500 个站点,若将间隔增至为 3000km 则只需要 50~60 个站点。

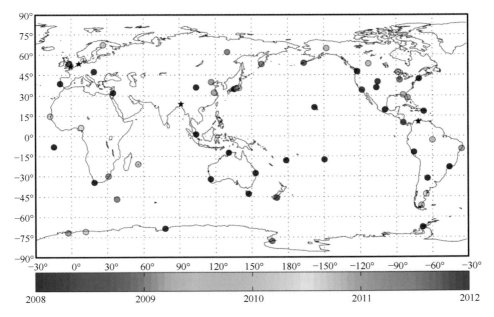

图 3.35　全球闪电监测网站点分布

　　WWLLN 可以连续不间断地监测全球范围内发生的闪电,并提供 40min 内全球闪电分布图,并每 10min 更新一次,如图 3.36 所示。图中,蓝色圆点代表近 10min 内闪电的分布,绿色代表前 10~20min 内全球闪电分布,黄色代表前 20~30min 全球闪电分布,红色代表前 30~40min 全球闪电的分布,图中的分界线为晨昏线。

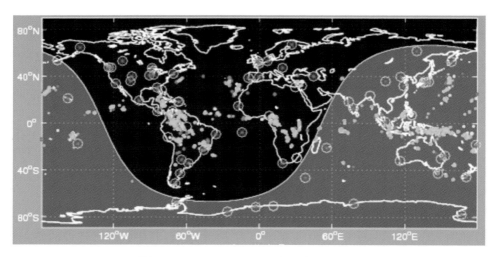

图 3.36　WWLLN 40min 内全球闪电分布

1. WWLLN 站点构成

WWLLN 由多个站点构成,单站不能对闪电进行定位,每个站点将探测到的数据送至中央处理站,需要至少 5 个站点的数据才能对闪电进行定位。一个站点的硬件组成包括一个 VLF 信号接收天线、一个 GPS 接收器、一个带声卡的联网电脑。天线接收到闪电辐射的 VLF 波段的电磁波信号,信号经放大器和音频变压器存储到声卡中并进行分析,再通过网络传送至中央数据处理中心进行处理。GPS接收器用来获得闪电到达探测站点的精确时间(时间精度可达到 10^{-7}s)以及站点的精确位置。通常需要至少 5 个站点检测到同一闪电产生的电磁辐射信号后才会认为这次闪电是真正发生的,以避免干扰。WWLLN 探测系统由于其独特的定位方法,几乎可以探测所有类型的闪电。有部分研究指出,WWLLN 可以探测到云地闪、云闪甚至高层放电现象。只要闪电的电流强度达到一定程度,都可以被WWLLN 系统成功地捕捉到。

不同频率的波在介质中传播时有不同的相速度,闪电辐射的不是单一频率信号,因此,VLF 信号在地-电离层的传播过程中会受到干涉和色散效应的影响。图 3.37 为 Dowden 进行的一次模拟,用频率范围为 2~24kHz 的 100 个电磁脉冲模拟闪电信号作为发射信号,并观测不同距离处接收的信号波形,从波形可以看出,距离越远,波形失真越严重。WWLLN 站点间隔为几千公里,必须考虑 VLF波在地-电离层传播的色散效应,因此,如果采用之前所介绍的时间差法来确定出发时间就会产生很大的误差。为此,Dowden 提出了一种改进的时间差定位法,即组到达时间(time of group arrival,TOGA)差法[28]。

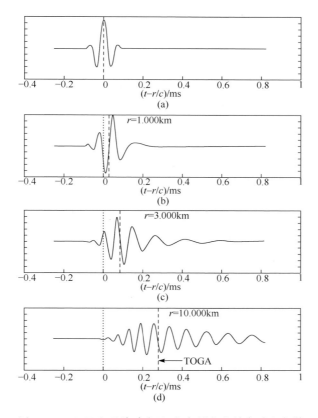

图 3.37　VLF 电磁脉冲在地-电离层发生的衰减和色散

TOGA 是 TOA 算法的修正,其主要内容如下所述。

在回击发生 t 时间后,距回击点距离为 r 处的电场可以表示为傅里叶分量的总和:

$$E(r,t,\omega) = \sum A(\omega)\cos[\varphi(\omega)] \qquad (3.108)$$

式中,$\varphi(\omega) = \omega t - k(\omega)r + \varphi_0$,其微分形式为

$$\frac{\mathrm{d}\varphi}{\mathrm{d}\omega} = t - r\frac{\mathrm{d}k}{\mathrm{d}\omega} = t - \frac{r}{v_g(\omega)} \qquad (3.109)$$

$v_g(\omega) = \mathrm{d}\omega/\mathrm{d}k$ 表示群速度,其中,$k(\omega)$ 是与频率有关的量,VLF 信号主要来源于低于 2km 的回击通道,这段通道的长度相对甚低频波段的波长(10~100km)要小很多,所以可将产生甚低频信号的辐射源视为一个点电流源。因此,可以假设电流源的所有傅里叶分量初始相位都是一致的,于是辐射电场中的所有傅里叶成分初始相位也都相同,设为 φ_0。由式(3.109)可知,闪电辐射源到达站点的传输时间是距离 r 与群速度的比值 $t_g = r/v_g$,此时 $\mathrm{d}\varphi/\mathrm{d}\omega = 0$。若闪电发生的初始时刻为 t_s,则

组到达时间定义为

$$TOGA = t_s + \overline{t_g(\omega)}$$

每个站点计算出闪电辐射信号到达该站的 TOGA，上传至中央处理站，从而对闪电进行定位。

2. WWLLN 探测效率和定位精度

通过 WWLLN 探测数据与澳大利亚当地闪电探测系统的探测数据对比，Rodger 指出，WWLLN 对澳大利亚发生的云地闪的探测效率为 26%，对云闪的探测效率为 10%，探测精度为 4.2±2.7km；通过与 LASA 探测数据对比，Jacobson 等发现 WWLLN 对该地区所有类型闪电的探测效率仅为 4%，探测精度为 15km；根据 Rodger 等通过 WWLLN 与 NZLDN 探测数据的对比发现，对于峰值为 40kA 强度的闪电，WWLLN 的探测效率基本稳定，约为 30%。随着探测站点的增加，WWLLN 对全球闪电的探测效率也在逐年增加[29]，以全球平均每秒产生雷电 44±5 次为标准，2003~2007 年 WWLLN 探测效率如表 3.4 所示。

表 3.4　WWLLN 逐年探测效率[30]

年份/年	WWLLN 站点数	探测闪击数/百万次	全球探测效率/%
2003(3~12 月)	11	10.6	—
2004	19	19.7	1.4
2005	23	18.1	1.3
2006	28	24.4	1.8
2007	30	28.1	2.0
2007(新算法)	30	45.7	3.0

大多数研究表明，WWLLN 对回击电流强度高的闪电探测性较好，甚至可以探测到中高层放电现象。以 NZLDN 探测的电流值作为标准，WWLLN 的探测效率与电流值的关系可以用图 3.38 表示[31]。

WWLLN 对全球闪电定位的精度如图 3.39 所示。

为研究 WWLLN 对我国境内闪电的探测效率，杨宁等通过使用江苏省闪电定位系统(ADTD)对 WWLLN 进行了评估(表 3.5)。对于 WWLLN 系统探测到处于研究区域内的任一闪电，都与其发生时间临近一秒内的江苏省闪电定位网资料进行对比分析。如果 LLN 系统与 ADTD 系统数据中某次闪电发生的时间差异少于 1s，且两者之间的空间距离小于 50km，那么将两套定位系统中对于这次闪电的数据进行匹配，判断其是否为同一次闪电。

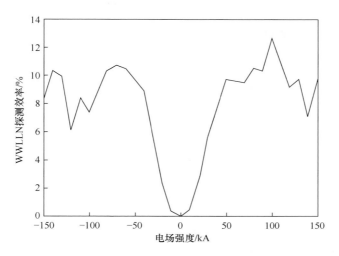

图 3.38　WWLLN 探测效率与闪电电流峰值关系

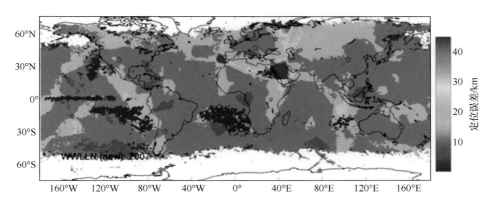

图 3.39　2007 年 WWLLN 全球探测精度

表 3.5　WWLLN 与 ADTD 系统各月探测闪电数量统计及探测效率

月份	6	7	8	共计
WWLLN 全部/次	26598	40568	41967	109133
ADTD 全部/次	193206	196323	302833	692362
WWLLN-ADTD/次	19449	27661	29633	76743
地闪探测效率/%	10.11	14.13	9.80	11.12
云闪探测效率/%	0.914	1.633	1.014	1.162
总闪探测效率/%	2.753	4.133	2.772	3.152

WWLLN 对我国闪电的探测效率不高,可能是由于两套闪电定位系统间存在

着众多不同,对于识别出匹配的闪电也存在着不确定性。ADTD 记录的是闪电首次回击时的峰值电流强度,而 WWLLN 对闪电的探测效率很大程度上取决于闪电电流强度,对电流强度较大的闪电有着良好的探测效果。通常来说,识别出的同一次闪电也代表着同一次闪击过程,但是对于如果在后续回击过程中存在着更大电流的闪电,该方法可能会对 WWLLN 产生一定的影响。

3.4　VHF 频段雷电监测定位系统

与甚低频雷电监测定位系统并行发展的是甚高频雷电定位系统,甚低频雷电监测定位系统(频率低于 1MHz)主要测量云地闪电回击、云闪闪击过程辐射的电磁场,对强放电点(回击、闪击)过程进行定位。而甚高频雷电定位系统(30～300MHz)则测量闪电每一个放电过程所辐射的甚高频电磁场,无论是云闪还是云地闪,这些甚高频电磁场来自闪电通道的各个部分,主要是由闪电通道等离子体由低向高导电率快变化所产生的,所以甚高频雷电定位系统不仅能对闪电位置(云闪和地闪)进行精确的定位,而且能对整个闪电放电通道进行精确三维定位。

云闪流光、云地闪的初始击穿、先导等放电过程辐射出大量的 VHF 频段的脉冲,利用 VHF 定位技术连续探测云闪源的位置,可以得到云闪、云地闪初始流光、先导的放电轨迹。比较著名的有:ONERA(法国航空航天研究院)提出的 SAFIR 干涉系统[32]和新墨西哥研究团队设计的 TOA 闪电制图阵列 LMA[33]。VHF 系统 LDAR[34](闪电定位与测距系统,在佛罗里达肯尼迪空间中心运行)也可以提供大量的云闪数据。这类系统成功地显示了闪电的细节,特别是基于高精度的 TOA 技术,可以探测云闪辐射源,空间分辨率可以达到 100m 以下。由于采集了大量的定位点,可以追踪到云闪的分支和地闪预击穿过程的先导通道,为雷电放电过程、精细化结构研究服务。

目前,VHF 技术可以探测那些放电时间快、放电长度短的云闪。在初始击穿和梯级先导过程中产生相关的过程。一方面,任何闪电都将产生源,VHF 可以对其进行定位;另一方面,长放电通道的电荷中和,首先产生 VLF/LF 辐射,因此,实际的闪击不是 VHF 系统的主要目标。例如,云内和下行先导的放电活动可以很好地定位地闪,但无法定位后续回击。

VLF/LF 网络可以记录云内电磁场活动。早期的闪电放电电磁场记录表明,VLF/LF 不仅可以通过电场的梯级变化(慢变化)和突出的脉冲(快变化)来确定地闪闪击,而且可以确定明显的云闪。事实上,所有的 VLF/LF 网络主要用于地闪和一部分云闪信号的记录,并进行初步区分。LINET 是第一个将产生地闪和云闪信号的闪电放电环境系统化、定量化的 VLF/LF 网络。VLF/LF 在不区分地闪和云闪的情况下,可以得到总闪的特性。由于云闪辐射发生在离地面很高的地方,而地闪的辐射源主要在地面附近,可以利用这些特点区分地闪和云闪。TOA 技术可以将云闪从地闪中分离出来。这项技术实现了 VLF/LF 网络定位并区分云闪和地闪的功能。Shao 等采用 VLF/LF 阵列对云内闪击进行了判断。

从上述特点不难看出,甚高频雷电定位系统不便在大范围内监测雷电活动(比如覆盖上千公里半径区域),最适合于气象部门进行区域雷电放电机理研究以及和云间闪探测有关的观测,也可以供导弹、卫星火箭基地的空间雷电预警。时差技术对孤立脉冲波形辐射定位效果较好,但对持续时间较长的连续脉冲定位比较困难,且受地形地势影响较大。窄带干涉仪技术对孤立脉冲和连续脉冲均能很好定位,但在多个辐射源同时发生时,不能很好定位;宽带干涉仪系统在多个辐射源同时发生时,能够对部分辐射源进行定位,但该系统测量精度相对其他技术要低。

3.4.1　甚高频干涉法雷电定位系统

1. 干涉法甚高频雷电定位系统简介

所谓干涉法是指:测量 VHF 平面波在一对电场天线(彼此相隔大约 1m)上的相位差,被测的相位差是信号达到方向的函数,一组分放在 x、y、z 三个互相垂直的方向上三个天线即可以得到两个平面方位角和一个仰角。甚高频雷电定位网一般由基线距离彼此为 $20\sim100\mathrm{km}$ 的三个探测站和一个中心数据处理站组成,每个探测站有三个电场鞭状天线,以便用干涉法测量放电源空间方位角,中心站根据三个空间角即可唯一定出源的空间位置。

甚高频雷电定位系统的主要特点:

(1) 既可以定位云闪也可以定位云地闪,而且能测量每次闪电的放电通道等细致过程。

(2) 由于地球的球面效应,系统的探测范围不大。一般以网心为圆点,半径约为 150km。

(3) 系统的空间分辨率为:在网内 500m,在覆盖区边沿为 5km。

(4) 布网基线距离一般为 $20\sim100\mathrm{km}$,不宜太大。

VHF 干涉技术包括窄带和宽带两类,窄带干涉仪使用的是比较经典、简单的波长倍数干涉仪,它在较窄的带宽内探测入射电磁波直接到达相距较近的两个接收天线上的相位差来确定闪电放电辐射源的位置。窄带系统要求基线(站间距离)和波长的关系比较精确。

Hayenga 和 Warwick[9,35] 最早设计的利用闪电放电产生的 VHF 电磁辐射脉冲对闪电辐射源进行定位的窄带干涉仪系统实际上是一个单站定位系统,要提高探测精度、实现三维定位,必须采用两个或两个以上的多个 VHF 窄带干涉仪联合定位。随后,Richard 和 Auffrey[10] 对干涉仪技术进行了详细阐述;Rhodes 和 Shao[36] 等进行了不断改进和完善。

但不同的研究者采用的方法有所不同。Rhodes 和 Shao 等发展的干涉仪系统由 5 个天线组成一个正交的长、短基线,其中一个天线位于长短基线的交点。Rbodes 等使用的基线长度为 4λ 和 $\lambda/2$,因此在测量方向角时消除了 180 环确定性;Shao 等使用的基线长度为 4.5λ 和 1λ,通过增加短基线长度来降低天线间产生的系统误差。他们的干涉仪系统中心频率为 274MHz;带宽为 6MHz;估计的高仰角随机误差是 $1°$,在低仰角时误差以 $1/\sin\theta$(θ 是仰角)递增。系统误差产生的主要原因是短基线上天线间的相互干扰以及大地的导电性。观测时闪电的电场变化也被同时记录,且可以通过电场变化资料与从干涉仪获得的二维 VHF 辐射源定位结果在一定程度上得到闪电的三维结构信息。图 3.40 为 Shao 等利用窄带干涉仪观测到的闪电放电过程,图中箭头表示闪电发展方向,圆圈位置表示闪电发生的起始位置。通过对窄带干涉仪观测资料的分析发现,初始先导的辐射由缓慢移动的间歇脉冲簇构成,直窜先导通常沿确定的路径迅速到地,回击引起的正击穿有时超过先导通道的源区,通常在地闪中也能观测到企图先导,这种先导除不到地外,与直窜先导相似。这些结果不仅进一步证实了前人的结果,也丰富了人们对闪电特性的认识。

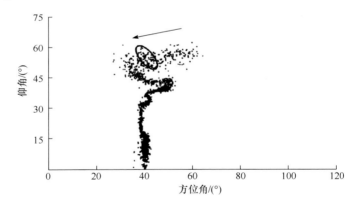

图 3.40   Shao 等利用窄带干涉仪观测到的地闪放电过

目前,比较完善的系统为法国的 Dimensions 公司于 20 世纪 80 年代推出的 SAFIR 系统。该系统能够自动、连续、实时监测云闪和地闪的发展过程,并具有长达 200km 的基线探测能力。SAFIR 可提供闪电的空间(二维和三维)分布、频数分布、密度图和闪电过程发展的趋势图等,具有较高的分辨率,能够探测跟踪雷暴发展的过程,对灾害性天气有预报和预警功能。

在窄带干涉仪的基础上,1996 年 Shao 等首先提出了利用宽带信号定位闪电辐射源的设想,利用一套有两个天线构成的宽带干涉仪系统对一个地闪先导过程进行了研究。这种新型的设备硬件集成相对简单,天线采用圆板接收天线,直径为 30cm,南北东西方向垂直放置,构成一个等腰直角三角形,3 个天线分别放置在直角三角形的顶点,南北和东西两条边称为基线,基线长度一般采用 10m。董万胜等[37]分别集成了一套用于闪电研究的宽带干涉仪系统。Kawasaki 等还利用双站宽带干涉仪系统进行了三维闪电定位观测,得出的结果和前人得到的结果有很好的一致性,但该技术还有些不足的地方,如两站之间的时间同步、数据传输速度等方面还需要改进。董万胜等的宽带干涉仪系统实现了闪电辐射源定位、辐射频谱、电场变化等多参量的同步观测记录。图 3.41 为董万胜等利用宽带干涉仪观测到的地闪放电过程,图中,S 表示闪电的起始位置,箭头表示闪电通道发展方向。宽带干涉仪对基线精度要求较低,这也是宽带干涉仪系统的一个优点。窄带干涉仪由于基线长度对相位接收信号影响较大,需要精确测量。宽带干涉仪系统以很高的采样率记录来自天线的宽带辐射信号,对这些信号进行快速傅里叶变换后可得到一系列不同频率的窄带信号,相当于具有多个不同长度基线的窄带干涉仪系统。该系统在工作频段较窄的情况下,可以实现较精确的辐射源定位,可探测到闪电通道的分叉现象,即能观测到同时到达的不同方位的辐射源,这是宽带干涉仪的一个明显优势。

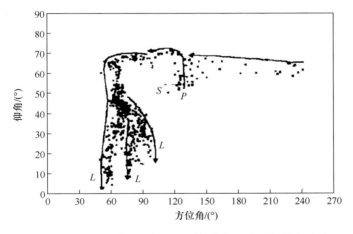

图 3.41　利用宽带干涉仪观测到的广东一次地闪放电过程

宽带干涉仪频段很宽,对仅有 8bit 分辨率的系统来说,很难保证在整个频段内都做到有效定位。另外,在这个较宽的工作频段内,各种干扰源的存在也是宽带干涉系统不能得到较好定位结果的一个重要原因。因此,工作频段宽既是它的优势,也是它的劣势。

在干涉法闪电定位中,两天线阵列的干涉仪不能同时测量方位角和仰角,三天线阵列的干涉仪虽然能实现闪电定位,但是由于基线数目少,定位精度低。为了解决不规则天线阵的计算繁琐问题,通常选用五天线阵列,即五元均匀圆阵,其结构对称、运算简单、精度较高,一般用于测量闪电辐射的 VHF 电磁脉冲,即甚高频段的云闪信号。

2. 五元均匀圆阵的测向算法

干涉法测定方向的实质,就是根据不同天线阵元接收到的电磁波的相位差,来确定辐射源信号的方向。五元均匀圆阵就是一种典型的干涉仪,它的天线阵拥有五个阵元,当辐射源的电磁波信号辐射到天线阵上面时,每个阵元接收到的电磁波信号的相位是不同的,则各天线阵元之间会存在一个相位差,五元均匀圆阵干涉仪就是利用这些电磁波信号的相位差来进行定位的,最终得到辐射源的方位角和仰角,如图 3.42 所示。

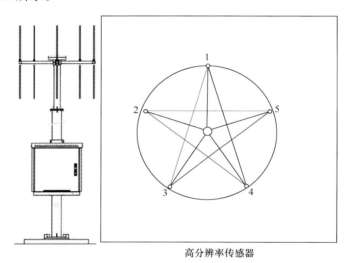

高分辨率传感器

图 3.42　五天线阵元干涉系统

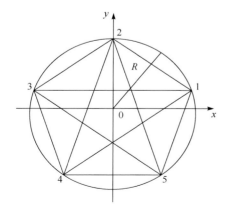

图 3.43　五元均匀圆阵模型图

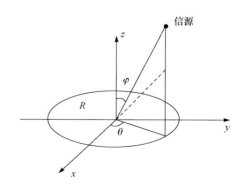

图 3.44　方位角 θ 和仰角 φ 标示图

基于五元均匀圆阵的干涉仪[38]是比较经典的一种干涉仪,它的天线阵半径(记为 R)比较大,天线阵元有五个,而且分布均匀,相隔距离相同,详见图 3.43 中的 1~5,每两个阵元之间都会确定一条基线,所以存在多条基线,便于测向。

1) 五元均匀圆阵测向算法理论推导

在图 3.44 中,采用球坐标系来进行相关的算法推导,五元均匀圆阵的圆心记为球坐标系的原点 O,信号辐射源与坐标系原点的连线会投影到 x-y 平面上,这条线的投影与 x 轴会存在一个夹角(逆时针方向),这个夹角就是信号辐射源的方位角,记为 $\theta \in [0, 2\pi]$;而信号辐射源的俯仰角就是辐射源与坐标系原点 O 的连线与 z 轴正方向的夹角,记为 $\varphi \in [0, 2\pi/2]$。

两个天线阵元相距 R 时,其接收到的电磁脉冲之间存在的相位差为

$$\varphi = \omega t = 2\pi f t = 2\pi \frac{c}{\lambda}\frac{d}{c} = \frac{2\pi}{\lambda}R\cos\alpha \tag{3.110}$$

式中,α 为信号辐射源方向与基线的夹角。以天线阵的中心 O 为基准点,由几何关系可得

$$\cos\alpha = \cos(\theta - 18°)\sin\varphi \tag{3.111}$$

式中,φ 为信号辐射源的仰角;θ 为信号辐射源的方位角。

设基准点 O 的相位为零,则天线阵元 1 接收到的信号的相位为

$$\frac{2\pi}{\lambda}R\cos\alpha = \frac{2\pi}{\lambda}R\cos(\theta - 18°)\sin\varphi \tag{3.112}$$

同理,天线 2 接收到的信号的相位为

$$\frac{2\pi}{\lambda}R\cos\beta = \frac{2\pi}{\lambda}R\cos(\theta - 90°)\sin\varphi \tag{3.113}$$

即天线 i 接收到的信号的相位为

$$\phi_i = \frac{2\pi}{\lambda}R\cos(\theta + 54° - 72°i)\sin\varphi, \quad i = 1, 2, \cdots, 5 \tag{3.114}$$

则五边形的均匀分布在半径为 R 的圆上的五个阵元的接收信号[39]为

$$x_i(t) = G_i s(t)\exp\left[ja + j2\pi\frac{R}{\lambda}\sin\varphi\cos(\theta + 54° - 72°i)\right] + n_i, \quad i = 1, 2, \cdots, 5 \tag{3.115}$$

式中,$x_i(t)$ 是第 i 个阵元接收到的辐射源信号;$s(t)$ 为辐射源信号到达天线阵的信号;$G_i(i = 1, 2, \cdots, 5)$ 为各个天线的接收增益,天线与接收信道幅相特性一致时,G_i 取 1;$n_i(i = 1, 2, \cdots, 5)$ 对应接收天线所接收到的噪声,设噪声间统计相互独立,进行相关运算后,噪声得到抑制。在此选择序号为 1 的天线阵元作为基准点,其接收信号 $s(t)$ 的初相为 a,则其他天线阵元所接收到的信号如式(3.115)所示。

在实际的测向算法中,测向基线的选择有两种方式,即五边形的五条边线或五

边形的五条对角线。基线的选择不同,测向误差不同,那么测向精度就不同。

(1) 以边线为基线的测向法。

两个阵元接收信号之间的互相关为

$$r_{i,i+1} = E\{x_i(t)x_{i+1}(t)^*\}$$

$$= G_i G_{i+1} P_s \exp\left\{j2\pi \frac{R}{\lambda}\sin\varphi[\cos(\theta+54°-72°i)-\cos(\theta-18°-72°i)]\right\}$$

$$= G_i G_{i+1} P_s \exp\left[-j4\pi \frac{R}{\lambda}\sin\varphi\sin(\theta+18°-72°i)\sin36°\right]$$

$$= G_i G_{i+1} P_s \exp\left[j4\pi \frac{R}{\lambda}\cos54°\sin\varphi\cos(\theta+108°-72°i)\right] \tag{3.116}$$

式中,$i=1,2,\cdots,5$。令 $r_{56}=r_{51}$。

$r_{i,i+1}$ 的幅角为

$$\alpha_{i,i+1} = \arg(r_{i,i+1})+2k_2\pi = 4\pi \frac{R}{\lambda}\cos54°\sin\varphi\cos(\theta+108°-72°i) \tag{3.117}$$

$r_{i+3,i+4}$ 的幅角为

$$\alpha_{i+3,i+4} = \arg(r_{i+3,i+4})+2k_1\pi = 4\pi \frac{R}{\lambda}\cos54°\sin\varphi\cos(\theta+108°-72°i) \tag{3.118}$$

则

$$\alpha_{i+3,i+4}-\alpha_{i,i+1} = \arg(r_{i+3,i+4})-\arg(r_{i,i+1})+2(k_1-k_2)\pi$$

$$= 4\pi \frac{R}{\lambda}\cos54°\sin\varphi[\cos(\theta-108°-72°i)-\cos(\theta+108°-72°i)]$$

$$= 8\pi \frac{R}{\lambda}\cos54°\sin\varphi\sin(\theta-72°i)\sin108° \tag{3.119}$$

$$\alpha_{i+3,i+4}+\alpha_{i,i+1} = \arg(r_{i+3,i+4})+\arg(r_{i,i+1})+2(k_1+k_2)\pi$$

$$= 4\pi \frac{R}{\lambda}\cos54°\sin\varphi[\cos(\theta-108°-72°i)+\cos(\theta+108°-72°i)]$$

$$= 8\pi \frac{R}{\lambda}\cos54°\sin\varphi\cos(\theta-72°i)\cos108° \tag{3.120}$$

$$\theta = a\tan2[(\alpha_{i+3,i+4}-\alpha_{i,i+1})\csc108°,(\alpha_{i+3,i+4}+\alpha_{i,i+1})\sec108°]+72°i \tag{3.121}$$

$$\varphi = \arcsin\left\{\frac{\lambda\sec54°}{8\pi R}\sqrt{[\cos108°(\alpha_{i+3,i+4}-\alpha_{i,i+1})]^2+[\sec108°(\alpha_{i+3,i+4}+\alpha_{i,i+1})]^2}\right\} \tag{3.122}$$

式中,$i=1,2,\cdots,5$。令 $r_{56}=r_{51}$,$r_{67}=r_{12}$,$r_{78}=r_{23}$,$r_{89}=r_{34}$;k_1、k_2 为整数,$r_{i,i+1}$ 的幅角在 $[-\pi,\pi]$ 上时,k_1、k_2 才取唯一值 0。

（2）以边线为基线的干涉效果评估。

单基线干涉仪（即一维双阵元的干涉模型）对辐射到达时与基线夹角求导，得

$$|\Delta\theta| = \frac{\lambda}{2\pi d\,|\sin\theta|}\,|\Delta\arg(r_{21})|$$

（3.123）

由式（3.123）可得到如下的推论：$|\sin\theta|$ 的值增加时，干涉仪法线与方位角的夹角会减小，那么算法的定位精度就会增加，反之亦然。当 $\theta=0°$ 或 $180°$ 时，此时信号从水平方向传输到干涉仪，到达天线阵元的电磁波信号作互相关运算后，$\arg(r_{21})$ 不能反映出相应的入射方向变化，就会出现无解的情况，即测向无效的情况。

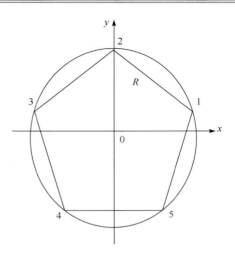

图 3.45　五元圆形天线阵边线

以五元均匀圆形无线阵的五条边线（图 3.45）作为基线，其对应的法线可以表示为如图 3.46 所示。

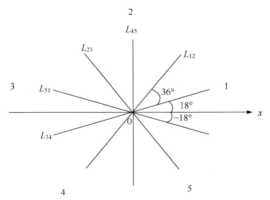

图 3.46　五元圆形天线阵边线的法线示意图

由前面讨论的结果式（3.123）可得，要想使算法定位精度增加、误差减小，则尽量要使辐射源方位角与测向基线法线之间的夹角减小，此时应该选择合适的基线。当两条基线的法线相隔很近时，即相邻时，会使其与辐射源方位角的夹角变小，所以一般选择法线相邻的两条基线。分析图 3.46，可以得到表 3.6。

表 3.6　基线组合及其对应的测向精度最高的方位角范围

基线组合	(34,51)	(12,34)	(45,12)	(23,45)	(51,23)
方位角范围/(°)	[−18,18]或 [162,198]	[18,54]或 [−162,−126]	[54,90]或 [−126,−90]	[90,126]或 [−90,−54]	[126,162]或 [−54,−18]

从表 3.6 中可以看出，当方位角在 $[-18°,18°]$ 或 $[162°,198°]$ 范围内取值时，采用基线组合 $(34,51)$ 测向，干涉法的精度最高；当方位角在 $[18°,54°]$ 或 $[-162°,-126°]$ 范围内取值时，采用基线组合 $(12,34)$ 测向，干涉法的精度最高；当方位角在 $[54°,90°]$ 或 $[-126°,-90°]$ 范围内取值时，采用基线组合 $(45,12)$ 测向，干涉法的精度最高；当方位角在 $[90°,126°]$ 或 $[-90°,-54°]$ 范围内取值时，采用基线组合 $(23,45)$ 测向，干涉法的精度最高；当方位角在 $[126°,162°]$ 或 $[-54°,-18°]$ 范围内取值时，采用基线组合 $(51,23)$ 测向，干涉法的精度最高。可见，不同的基线组合，要想使测向误差最小，其对应的方位角范围不同。

（3）以对角线为基线的测向法。

两个阵元接收信号之间的互相关为

$$
\begin{aligned}
r_{i,i+2} &= E\{x_i(t)x_{i+2}(t)^*\} \\
&= G_iG_{i+2}P_s\exp\left\{j2\pi\frac{R}{\lambda}\sin\varphi[\cos(\theta+54°-72°i)-\cos(\theta-90°-72°i)]\right\} \\
&= G_iG_{i+2}P_s\exp\left[-j4\pi\frac{R}{\lambda}\sin\varphi\sin(\theta-18°-72°i)\sin72°\right] \\
&= G_iG_{i+2}P_s\exp\left[j4\pi\frac{R}{\lambda}\cos18°\sin\varphi\cos(\theta+72°-72°i)\right]
\end{aligned}
\tag{3.124}
$$

式中，$i=1,2,\cdots,5$；令 $r_{57}=r_{52}$，$r_{46}=r_{41}$。

$r_{i,i+2}$ 的幅角为

$$
\alpha_{i,i+2}=\arg(r_{i,i+2})+2k_4\pi=4\pi\frac{R}{\lambda}\cos18°\sin\varphi\cos(\theta+72°-72°i) \tag{3.125}
$$

$r_{i+3,i+5}$ 的幅角为

$$
\alpha_{i+3,i+5}=\arg(r_{i+3,i+5})+2k_3\pi=4\pi\frac{R}{\lambda}\cos18°\sin\varphi\cos(\theta-144°-72°i) \tag{3.126}
$$

则

$$
\begin{aligned}
\alpha_{i+3,i+5}-\alpha_{i,i+2} &= \arg(r_{i+3,i+5})-\arg(r_{i,i+2})+2(k_3-k_4)\pi \\
&= 4\pi\frac{R}{\lambda}\cos18°\sin\varphi[\cos(\theta-144°-72°i)-\cos(\theta+72°-72°i)] \\
&= 8\pi\frac{R}{\lambda}\cos18°\sin\varphi\sin(\theta-72°i-36°)\sin108°
\end{aligned}
\tag{3.127}
$$

$$
\begin{aligned}
\alpha_{i+3,i+5}+\alpha_{i,i+2} &= \arg(r_{i+3,i+5})+\arg(r_{i,i+2})+2(k_3+k_4)\pi \\
&= 4\pi\frac{R}{\lambda}\cos18°\sin\varphi[\cos(\theta-144°-72°i)+\cos(\theta+72°-72°i)] \\
&= 8\pi\frac{R}{\lambda}\cos18°\sin\varphi\cos(\theta-72°i-36°)\cos108°
\end{aligned}
\tag{3.128}
$$

$$\theta = a\tan2\left[\left(\alpha_{i+3,i+5} - \alpha_{i,i+2}\right)\csc108^\circ, \left(\alpha_{i+3,i+5} + \alpha_{i,i+2}\right)\sec108^\circ\right] + 72^\circ i + 36^\circ$$

$$(3.129)$$

$$\varphi = \arcsin\left\{\frac{\lambda\sec18^\circ}{8\pi R}\sqrt{\left[\cos108^\circ\left(\alpha_{i+3,i+5} - \alpha_{i,i+2}\right)\right]^2 + \left[\sec108^\circ\left(\alpha_{i+3,i+5} + \alpha_{i,i+2}\right)\right]^2}\right\}$$

$$(3.130)$$

式中，$i=1,2,\cdots,5$。令 $r_{46}=r_{41}$，$r_{57}=r_{52}$，$r_{68}=r_{13}$，$r_{79}=r_{24}$，$r_{8,10}=r_{35}$；k_3、k_4 为整数，$r_{i,i+2}$ 的幅角在 $[-\pi,\pi]$ 上时，k_3、k_4 才取唯一值 0。

（4）以对角线为基线的干涉效果评估。

五元均匀圆形无线阵的五条对角线（图 3.47）作为基线，其对应的法线可以表示为图 3.48 所示的形式。

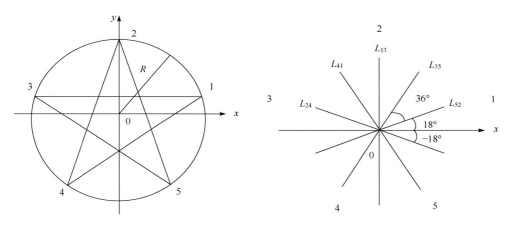

图 3.47　五元圆形天线阵对角线　　　　图 3.48　五元圆形天线阵对角线的法线示意图

与前面讨论的以五边形的五条边线为基线的情况类似，由图 3.48 可列出基线的五种组合方式，以及使每组基线组合的测向误差最小的方位角范围，如表 3.7 所示。

表 3.7　基线组合对应测向精度最高的方位角范围

基线组合	(52,24)	(35,52)	(13,35)	(41,13)	(24,41)
方位角范围/(°)	$[-18,18]$或 $[162,198]$	$[18,54]$或 $[-162,-126]$	$[54,90]$或 $[-126,-90]$	$[90,126]$或 $[-90,-54]$	$[126,162]$或 $[-54,-18]$

从表 3.7 中可以看出，当方位角在 $[-18^\circ,18^\circ]$ 或 $[162^\circ,198^\circ]$ 范围内取值时，采用基线组合（52,24）测向，干涉法的精度最高；当方位角在 $[18^\circ,54^\circ]$ 或 $[-162^\circ,-126^\circ]$ 范围内取值时，采用基线组合（35,52）测向，干涉法的精度最高；当方位角

在$[54°,90°]$或$[-126°,-90°]$范围内取值时,采用基线组合$(13,35)$测向,干涉法的精度最高;当方位角在$[90°,126°]$或$[-90°,-54°]$范围内取值时,采用基线组合$(41,13)$测向,干涉法的精度最高;当方位角在$[126°,162°]$或$[-54°,-18°]$范围内取值时,采用基线组合$(24,41)$测向,干涉法的精度最高。

2）消除测向模糊

当有电磁波信号入射到天线阵时,根据方位角和仰角的计算公式,每组基线对都可以得到一组测量值。首先考虑五边线的五条对角线为基线的情况,则可以得到

$$(41,13)：(\theta_{11},\varphi_{11}),(\theta_{12},\varphi_{12}),(\theta_{13},\varphi_{13})$$
$$(52,24)：(\theta_{21},\varphi_{21}),(\theta_{22},\varphi_{22}),(\theta_{23},\varphi_{23})$$
$$(13,35)：(\theta_{31},\varphi_{31}),(\theta_{32},\varphi_{32}),(\theta_{33},\varphi_{33})$$
$$(24,41)：(\theta_{41},\varphi_{41}),(\theta_{42},\varphi_{42}),(\theta_{43},\varphi_{43})$$
$$(35,52)：(\theta_{51},\varphi_{51}),(\theta_{52},\varphi_{52}),(\theta_{53},\varphi_{53})$$

在上面得到的五组结果中,如果某一对角度值每次都出现,那么它很可能就是真实方向;由于算法肯定存在一定的误差,所以五组值中不可能存在完全相同的一对方位角和仰角值,此时可以选取角度值相差最小的、最相邻的,作为真实方向,这样就可以消除算法的模糊测向。

3）测向算法仿真

（1）仿真工具介绍。

为了验证五元圆形天线阵干涉算法的正确性,对该算法进行仿真试验,使用的仿真工具是美国 MathWorks 公司出品的专业软件——MATLAB。MATLAB 已经超越了早期单纯的"矩阵实验室",它可以进行概念设计,还可以进行算法开发的工作,也可以实现模型仿真的功能,而且图形可以实时显示、随时更新,MATLAB 的功能多样化,方便用户使用。

在数学类科技应用的软件中,MATLAB 软件在数值计算方面名列前茅。MATLAB 的语言具有解释性,立即执行,不需要编译;其变量属性灵活,既可以表示一个数,也可以表示一个矩阵,既可以表示一个实数,也可以表示一个复数;而且其所有的运算符号不只对实数有效,也对矩阵和复数有效;其语言规则与笔算式相似,被誉为"自然语言";具有强大的作图功能,可以绘制二维、三维、黑白、彩色等图,还可以自定义图像属性;涵盖各方向的专业工具包,是良好的第三方接口,功能丰富、扩展性强。

由于五元圆形天线阵的算法比较复杂和繁复,算法输入变量多、运算量大,而MATLAB 采用矩阵运算的方式,使运算效率大大提高,故在此选用 MATLAB 进

行仿真与分析(图 3.49)。

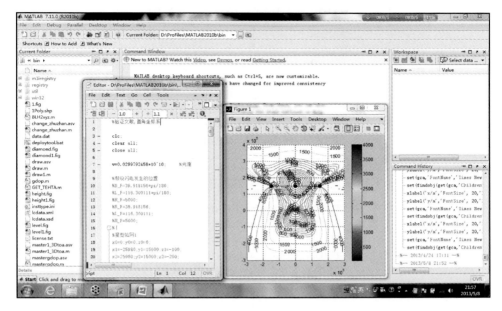

图 3.49 MATLAB 开发工作界面

(2)测向系统仿真条件。

测向设备:采用的五元均匀圆阵,具有天线阵半径大、基线多的特点,其五个顶点 1、2、3、4、5 上布设五个天线阵元。天线阵平面位于 x-y 平面上,与地面平行。

由于干涉法一般用于测量处于 VHF 频段的云闪信号,选取两个比较干净的、噪声信号较少的频段来进行仿真。即工作频率范围 1:60~70MHz;工作频率范围 2:110~120MHz。

测向定位空域:方位角范围为$-180°$~$180°$,方位角为在 x-y 平面上沿 x 轴逆时针旋转所得的角度;仰角范围为 $0°$~$90°$,信号辐射源和圆心有一条连线,这条线与 z 轴(z 轴垂直于 x-y 平面)的夹角,就是仰角。

基线选择:由于天线阵的半径增大时,算法误差减小,干涉仪定位的精度会提高,五边形的五条对角线较五条边线长度大,故采用五边形的五条对角线作为测向基线。一条基线无法对辐射源进行定位,所以必须使用至少两条基线组成的基线对,这样才能较准确地测向。五边形的五条对角线构成五种基线对:(41,13);(52,24);(13,35);(24,41);(35,52)。

(3)仿真流程图(图 3.50)。

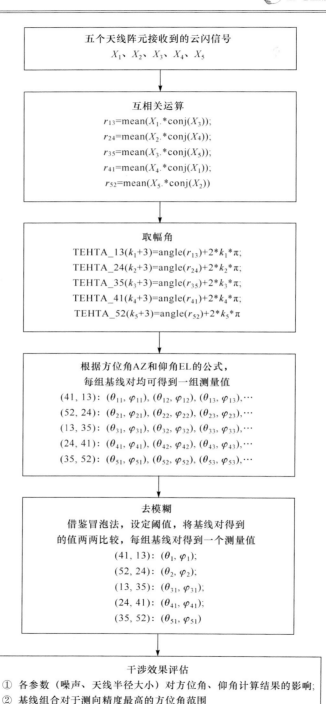

图 3.50　五元天线阵干涉算法的 MATLAB 仿真流程图

（4）数据来源。

天线接收的五个信号为

$$x_i(t) = G_i s(t) \exp\left[ja + j2\pi\frac{R}{\lambda}\sin\varphi\cos(\theta + 54° - 72°i)\right] + n_i, \quad i = 1, 2, \cdots, 5$$

（3.131）

根据前面所述的五元圆形天线阵的算法原理，只要得到信号的相位差就可以验证模型。由于任何信号都可以分解为各种频率的正弦信号的叠加，因此用具有一定相位差的正弦信号来模拟天线接收到的信号。

把辐射源信号到达天线阵的信号 $s(t)$ 设为用 1GHz 的采样率采集的正弦信号，其初相位 a 设为 0，其频率 F_s 在云闪信号的频率范围内变化，本书研究的云闪信号的频率范围为 60～70MHz 和 110～120MHz。而且在此把接收信号的波长 λ（即 length）设为 5m。

前面分析了云闪信号频段的主要噪声信号，其噪声信号是随机的，故用随机分布的高斯白噪声来模拟天线接收到的噪声信号。高斯白噪声用 WGN 来产生，一般的表示形式如下：

$Y = \text{WGN}(M, N, P)$ 用来产生矩阵大小为 $M \times N$ 的高斯白噪声，P 特指输出噪声的功率大小。

$Y = \text{WGN}(\cdots, \text{OUTPUTTYPE})$；特别用来定义输出类型，OUTPUTTYPE 可以是 ′real′ 或者 ′complex′。如果输出类型是 complex，则 P 的大小是噪声的实部和虚部的平均值。

由此可得五元圆形天线阵各阵元接收到的信号在 MATLAB 中可以分别表示为

$X_1 = G_1 * S * \exp(a * j + (2 * \text{pi} * (R/\text{length}) * \sin(\text{EL}) * \cos(\text{AZ} + ((54 * \text{pi})/180) - (72 * \text{pi})/180)) * j) + G\_\text{noise}\_1;$

$X_2 = G_2 * S * \exp(a * j + (2 * \text{pi} * (R/\text{length}) * \sin(\text{EL}) * \cos(\text{AZ} + ((54 * \text{pi})/180) - (72 * 2 * \text{pi})/180)) * j) + G\_\text{noise}\_2;$

$X_3 = G_3 * S * \exp(a * j + (2 * \text{pi} * (R/\text{length}) * \sin(\text{EL}) * \cos(\text{AZ} + ((54 * \text{pi})/180) - (72 * 3 * \text{pi})/180)) * j) + G\_\text{noise}\_3;$

$X_4 = G_4 * S * \exp(a * j + (2 * \text{pi} * (R/\text{length}) * \sin(\text{EL}) * \cos(\text{AZ} + ((54 * \text{pi})/180) - (72 * 4 * \text{pi})/180)) * j) + G\_\text{noise}\_4;$

$X_5 = G_5 * S * \exp(a * j + (2 * \text{pi} * (R/\text{length}) * \sin(\text{EL}) * \cos(\text{AZ} + ((54 * \text{pi})/180) - (72 * 5 * \text{pi})/180)) * j) + G\_\text{noise}\_5;$

其中

G_noise_1＝g1 * wgn(1,63,0,'complex');

G_noise_2＝g2 * wgn(1,63,0,'complex');

G_noise_3＝g3 * wgn(1,63,0,'complex');

G_noise_4＝g4 * wgn(1,63,0,'complex');

G_noise_5＝g5 * wgn(1,63,0,'complex');

$t＝0：1/1000000000：2 * pi/100000000$；

$f_s＝6 * 10^7$；

$S＝\sin(2 * pi * f_s * t)$；

这里,天线阵元接收的云闪信号的强弱程度由增益 G_i 来调节,同样的,噪声信号的强弱程度由 g_i 来调节,通过调节 G_i 与 g_i 的大小来模拟实际应用中噪声对云闪信号的影响程度。

为了验证此算法,假设天线阵元已经把云闪信号接收下来,即此算法中的五个输入信号 X_1、X_2、X_3、X_4、X_5 要求是已知的。在仿真过程中,先定义一组方位角 AZ 和仰角 EL,通过此算法来验证得出的方位角和仰角是否正确。因为此算法本身不依赖于方位角 AZ 和仰角 EL 的值,事先定义一组方位角 AZ 和仰角 EL,目的是为了使输入信号 X_1、X_2、X_3、X_4、X_5 成为已知信号。

（5）仿真结果。

在仿真过程中,消除模糊[40,41]的算法尤其重要,在仿真过程中采用设阈值的方法来实现,先把第一组基线测得的值与第二组基线测得的值相减,找出在阈值范围内的两组基线对应的角度值,阈值的大小可以随意设定,阈值越小,则比较的范围越小,但是阈值要大于两组角度值的最小差值。第一组和第二组基线在阈值范围内的角度值,分别与第三、四、五组基线对应的每个角度值相减,利用冒泡法,找到绝对值最小的,得出对应的每组基线的角度值,此时每组基线应该只对应一个角度值,而且此角度值即是云闪信号发生源的真实方向。

天线阵元接收的云闪信号的强弱程度由增益 G_i 来调节,噪声信号的强弱程度由 g_i 来调节,通过调节 G_i 与 g_i 的大小来模拟实际应用中噪声对云闪信号的影响程度,也就是信噪比的大小。对此算法进行仿真分析,主要是云闪信号频率 f_s、信噪比（G_i 与 g_i）、天线阵的半径（R）这三个参数对方位角、仰角计算结果的影响。

① 云闪信号频率 f_s 分析。

信噪比（G_i 与 g_i）、天线阵的半径（R）一定时,改变云闪信号频率 f_s 的大小,输入不同的方位角（AZ）、仰角（EL）,得到的输出结果（AZ1～AZ5、EL1～EL5）如表 3.8 和表 3.9 所示。

表 3.8　f_s 改变时,对应输出的方位角

$R/\text{length}=1$	$G_i=1$	$g_i=1/10$				
f_s/MHz	AZ	AZ1	AZ2	AZ3	AZ4	AZ5
	$2\pi/3$	119.992	119.8459	120.0889	120.0041	119.8471
	$\pi/20$	8.918	9.1693	9.0562	9.1756	9.2159
60	$2\pi/5$	71.9768	72.2648	72.0225	72.1208	72.0787
	$-\pi/5$	-35.8305	-35.7729	-36.0164	-35.8413	-35.9247
	$\pi/5$	36.0538	35.9827	36.0384	36.0146	36.006
70	$2\pi/3$	119.9997	120.0851	119.9779	119.9911	120.036
110	$2\pi/3$	119.7517	119.8502	119.8209	119.7007	120.1008
	$2\pi/3$	119.956	119.9848	119.963	119.9315	120.2131
	$\pi/20$	8.2813	9.4265	9.5935	8.3368	16.7628
	$2\pi/5$	72.2315	71.9564	72.1475	72.3075	72.0712
120	$-\pi/5$	-35.8508	-35.6683	-36.2357	-35.8227	-35.8276
	$-\pi/5$	144.3136	144.1974	144.2916	144.2408	144.1019
	$\pi/5$	36.1188	36.1082	36.271	35.8744	36.1449

表 3.9　f_s 改变时,对应输出的仰角

$R/\text{length}=1$	$G_i=1$	$g_i=1/10$				
f_s/MHz	EL	EL1	EL2	EL3	EL4	EL5
	$\pi/4$	45.1235	45.0633	44.9556	37.0359	45.0635
	$\pi/3$	59.9972	59.7926	60.0351	59.7714	49.2892
60	$\pi/3$	61.5422	60.8255	61.0221	60.1547	35.8294
	$\pi/6$	29.8981	30.0397	29.9757	29.917	29.9757
	$\pi/2$	20.1635	20.3781	20.3122	20.0976	18.219
70	$\pi/4$	45.0928	45.1155	45.1309	36.8777	45.1049
110	$\pi/4$	45.2208	44.9211	45.0992	37.1177	0.9801
	$\pi/4$	45.1804	45.008	45.1683	36.9263	45.0569
	$\pi/20$	8.9605	8.7433	8.791	8.9127	9.0067
	$2\pi/5$	56.7721	57.1035	56.8513	72.3442	20.6639
120	$\pi/5$	31.1083	31.0409	31.1286	14.1539	37.7878
	$-\pi/5$	35.7589	35.8202	35.7703	14.2006	35.7698
	$\pi/5$	31.2446	31.1062	31.1215	37.9007	35.7562

从表 3.8 和表 3.9 中可以看出,当输入的方位角、仰角相同时,改变 f_s 对输出

方位角、仰角的数值影响不大,此算法在云闪信号频段范围内是适用的。

从表 3.8 中可以分析得出,输入的方位角 AZ 不同时,采用不同的基线测向,其测向精度不同,大体可以看出,每个基线组合对应的测向精度最高的方位角范围与前面所分析的表 3.7 是相吻合的,进一步证明了此算法的正确性。

从表 3.9 中可以看出,输入的仰角 EL 不在范围$[0,\pi/2]$时,其输出的仰角不正确,可见此算法对仰角有一定的范围限制。

当频率 f_s 固定时,对输入的方位角进行扫描分析,即 $AZ=-2\pi:\pi/10:2\pi$,观察输出方位角与基线组合的对应情况,但有时会出现如图 3.51 所示的错误。

```
??? Attempted to access AZ_3(50); index out of bounds because numel(AZ_3)=25.
                        tiao at 215
Error in ==>  ─────────────────────
                      AZ3=AZ_3(m)
```

(a)

```
??? Attempted to access AZ_5(100); index out of bounds because numel(AZ_5)=25.
                        tiao at 261
Error in ==>  ─────────────────────
                      AZ5=AZ_5(m)
```

(b)

图 3.51　仿真错误

从上面的仿真出错信息中可以看出,每组基线对测量的方位角范围有一定的限制,也就是说,基线的选择对方位角的测量有很大的影响,基线选择不同,测量的精度不同,但是总是可以找到使每组基线测量精度最高的方位角范围,具体可以见表 3.7。

② 信噪比分析。

此时其余的输入参数如下:

云闪信号的频率 $f_s=60\text{MHz}$;

天线阵的半径 R 设为 5m,与信号的波长 λ 相等;

输入信号的方位角和仰角:$AZ=2\pi/3$;$EL=\pi/4$。

当噪声信号很小时,令 $G_i=100$,$g_i=1/10000$,云闪信号强度数量级约为 10^2,而噪声信号强度数量级约为 10^{-4},云闪信号、噪声信号、接收信号的图像如图 3.52(a) 所示。

从图 3.52(a)中可以看出,此时噪声信号相对于云闪信号很弱,阵元接收的信号强度几乎由云闪信号本身所决定,噪声信号几乎没影响。

此时五组基线分别对应的五个方位角和仰角的值(AZ1,EL1),(AZ2,EL2),

（AZ3,EL3）,（AZ4,EL4）,（AZ5,EL5）如图 3.52(b)所示。

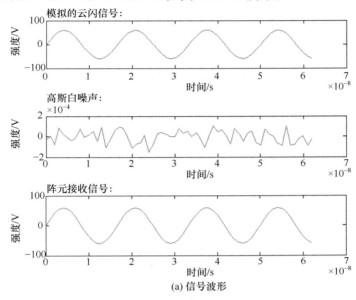

(a) 信号波形

(b) 仿真输出结果

图 3.52　$G_i = 100$、$g_i = 1/10000$ 时的信号波形和仿真输出结果

从图 3.52(b)可知,此时系统几乎没受噪声影响,干涉效果很好,测量精度很高。

噪声信号较大时,令 $G_i=1$、$g_i=1/10$,噪声信号强度约为云闪信号强度的十分之一,云闪信号、噪声信号、接收信号的图像如图 3.53(a)所示。

此时阵元接收到的信号有稍微的失真,五组基线分别对应的五个方位角和仰角的值(AZ1,EL1),(AZ2,EL2),(AZ3,EL3),(AZ4,EL4),(AZ5,EL5)如图 3.53(b)所示。

从图 3.53(b)可以看出,此时方位角 AZ1 最接近输入的 AZ,即基线组合(41,13)在方位角为 120°时的测向精度最高。总体看来,方位角的测量精度还比较高,但是仰角的效果明显降低,测量精度较低,可见噪声对其影响较大。

当 G_i 取 1、g_i 也取 1 时,即云闪信号和噪声信号在同一个数量级时,如图 3.54(a)所示。

此时阵元接收到的信号严重失真,五组基线分别对应的五个方位角和仰角值(AZ1,EL1),(AZ2,EL2),(AZ3,EL3),(AZ4,EL4),(AZ5,EL5)如图 3.54(b)所示。

从图 3.54(b)可以看出,此时只有方位角 AZ1 最接近输入的 AZ,即基线组合(41,13)在方位角为 120°时的测向精度最高。还可以看出,此时噪声信号对云闪信号的影响很大,干涉效果不好,测量精度低,尤其是仰角的误差很大。

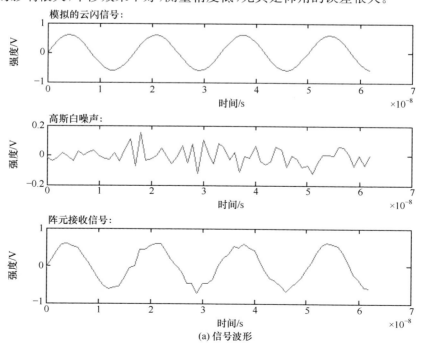

(a) 信号波形

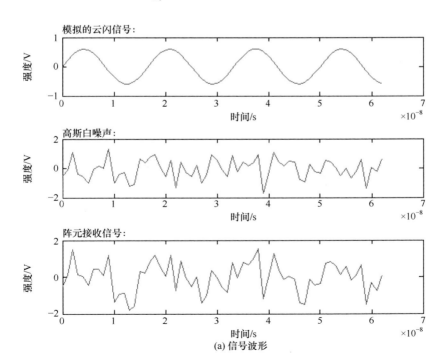

(b) 仿真输出结果

图 3.53　$G_i = 1$、$g_i = 1/10$ 时对应的信号波形和仿真输出结果

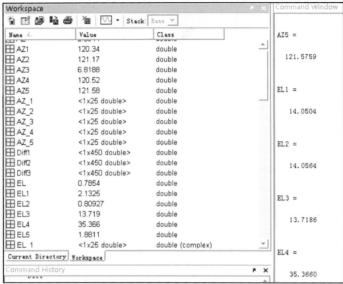

(b) 仿真输出结果

图 3.54 $G_i = 1$、$g_i = 1$ 时对应的信号波形和仿真输出结果

当 G_i 取 1、g_i 取 10 时,噪声非常大时,如图 3.55(a)所示。

此时阵元接收到的信号严重失真,五组基线分别对应的五个方位角和仰角值 $(AZ1, EL1)$, $(AZ2, EL2)$, $(AZ3, EL3)$, $(AZ4, EL4)$, $(AZ5, EL5)$ 如图 3.55(b) 所示。

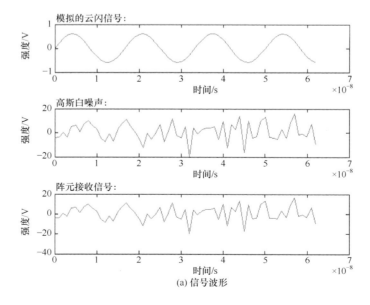

(a) 信号波形

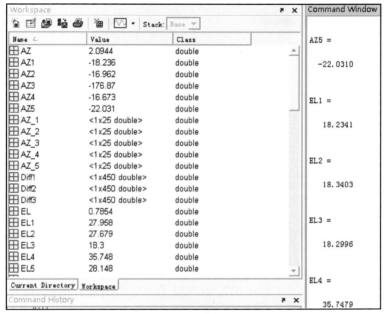

(b) 仿真输出结果

图 3.55　$G_i=1$、$g_i=10$ 时对应的信号波形和仿真输出结果

由图 3.55(b)可以看出,此时算法得到的方位角和仰角均偏离输入的 AZ 和 EL,而且偏离很多,干涉效果很差,测量精度很低,这都是由噪声太大而引起的。这种情况下,应用数字带通滤波器进行滤波,由于有效信号的频率较高,采用椭圆滤波器。

③ 天线阵的半径大小分析。

其余的输入参数如下:

云闪信号的频率 $f_s=60\mathrm{MHz}$;

信号的波长 $\lambda=\mathrm{length}=5\mathrm{m}$;

输入信号的方位角和仰角:$\mathrm{AZ}=2\pi/3$;$\mathrm{EL}=\pi/4$;

云闪信号增益 $G_i=1$;

高斯白噪声增益 $g_i=1/10$。

此时的噪声对云闪信号的影响比较接近实际情况,在此情形下分析天线阵半径对方位角和仰角计算的影响比较合适。

从上面的分析讨论中可以得出,当输入的方位角 $\mathrm{AZ}=2\pi/3$ 时,其对应的测向基线组合(41,13)的测向精度最高,即对应的输出方位角 AZ1 的测向精度最高,故在改变天线阵的半径 R 时,主要对比 AZ1 与 AZ 的值即可。对此算法进行仿真,结果如图 3.56 所示。

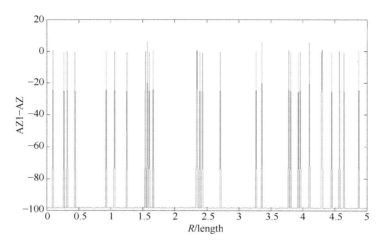

图 3.56　$G_i=1$、$g_i=1/10$ 时 R/λ 与 AZ1－AZ 的对应关系

　　图 3.56 是 $R/\text{length}=0.01:0.01:5$ 的情况下得到的仿真图,此时 $\lambda=5\text{m}$,即天线阵元的半径 R 在 0～25m 的范围内取了 500 个值进行仿真,仿真间隔只有 0.05m,精度较高。

　　由图 3.56 可以看出,R/λ 取某些特定值时,即 $R=0.5\lambda$、1λ、1.5λ、2λ、2.5λ、3λ、3.5λ、4λ、4.5λ、5λ 时,计算出的 AZ1 偏离输入值 AZ 很多,大概相差 $100°$ 左右,所以要想提高测向精度,天线半径的选择也是很重要的。

　　可以缩短仿真间隔 $R/\text{length}=0.1:0.1:5$,得到仿真图如图 3.57 所示。

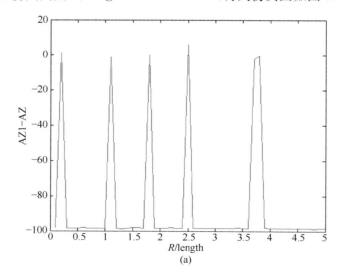

(a)

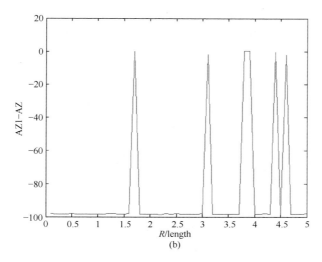

图 3.57 $G_i=1$、$g_i=1/10$ 时 R/λ 与 AZ1－AZ 的对应关系

图 3.57 中的两幅图均在 $R/\text{length}=0.1:0.1:5$、$G_i=1$、$g_i=1/10$ 的情况下得到的仿真图，$R=0.5\lambda$、1λ、1.5λ、2λ、2.5λ、3λ、3.5λ、4λ、4.5λ、5λ 时，AZ1 偏离输入值 AZ 很多，相差 100°左右。由于仿真时用高斯白噪声来模拟噪声，因此每运行一次，噪声不是完全一样的，得到的仿真图也就不一样，这也说明算法输出的计算结果是多种因素互相作用的结果。

减弱噪声，使云闪探测系统受噪声的影响减小，$G_i=1$、$g_i=1/100$ 时，得到的仿真图如图 3.58 所示。

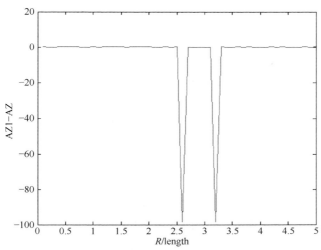

图 3.58 $G_i=1$、$g_i=1/100$ 时 R/λ 与 AZ1－AZ 的对应关系

从图 3.58 可以看出,当系统受噪声的影响较小时,$R=0.5\lambda$、1λ、1.5λ、2λ、4λ、4.5λ、5λ 时,输出的 AZ1 与输入的 AZ 相差几乎为零,天线阵的半径大小对输出结果的影响不大;当 $R=2.5\lambda$、3λ、3.5λ 时,输出的 AZ1 偏离输入的 AZ,测向精度降低。

3. 干涉法三维定位

上面对五元圆形天线阵的干涉算法进行了描述和仿真,若是单站定位,只能得到在探测站所在坐标系的闪电位置,即方位角和仰角,只能定位出二维信息。若要进行闪电三维定位,则需要多个探测站,如图 3.59 所示。在坐标系 O_1 和坐标系 O_2 中分别可以计算出闪电发生位置相对于各自坐标系的方位角和仰角(每个站点的五个阵元取平均值),在球坐标系中,根据方位角和仰角可以确定出一条直线的方程,因此可以得到两条直线的方程,但这两个方程并非是一个坐标系;把坐标系 O_2 中的直线方程,通过坐标平移,转换为坐标系 O_1 的方程,则在坐标系 O_1 中可以得到两条直线的方程,解方程,可以得到交点位置,即闪电的发生位置;把交点坐标平移到以地心为原点的球坐标系,得到闪电发生位置在其中的球坐标;在以地心为原点的坐标系中,把闪电发生位置的球坐标表示形式 (r,θ,φ) 转换为大地坐标表示形式 (B,L,H),中间可以利用直角坐标系 (X,Y,Z) 来转换。

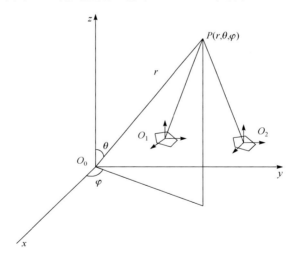

图 3.59　干涉法系统三维闪电定位示意图

利用直线法(方程法),可以只用两个站即可定位,因为两条射线已经足够确定一个交点;但是往往由于误差,无法使得两条射线正好交于一个定点上,所以为了增加精度,而增加第三个站,可以与其他两个站一起进行定位,然后求均值;也可以直接利用三个站的三条射线综合出一个定位的范围。

4. 总结

本节主要介绍了五元圆形天线阵,它是一种典型的干涉仪,也是利用闪电信号在接收天线阵的不同阵元上形成的相位差来确定源信号的方向。本节对五元均匀圆阵干涉算法进行了详细的理论推导,包括五个阵元接收到的信号表示形式、测向基线的选择以及干涉效果的评估等。

还对五元均匀圆阵干涉算法进行了 MATLAB 仿真,由于阵列孔径越大,误差越小,测向精度越高,因此采用五边形的五条对角线作为测向基线,测向基线组合选择的不同,误差不同,测向精度也不同。本节列出了基线的多种组合方式,并分析得到了相应的方位角范围,这样可以使每组基线组合的定位精度最高。相位模糊与测向精度是相互矛盾的,要想达到较高的测向精度,一定要消除测向模糊,并给出了消除相位模糊的算法与相应的仿真结果,从而提高了测向精度、减小了测向误差;最后还对影响算法输出结果的各参数进行了分析,包括云闪信号频率、噪声与天线阵半径。

基于五元圆形天线阵,本节提出了一种多站点三维闪电定位的干涉系统,较繁杂的是坐标系转换的过程,但是定位精度较高。

3.4.2 VHF 时差法闪电定位系统

VHF 时差法是根据闪电辐射的脉冲到达相距一定距离的探测站的时间差来对闪电辐射源进行定位的一种方法。由于闪电辐射过程包含大量的强脉冲,1970年 Procter 首次在南非采用时差双曲线定位方法,手工脉冲匹配,对云闪进行了更精确的定位,并跟踪一次云闪,制成了三维闪电时空分布图。1997 年后,由于高速采样芯片及技术的问世,以及 GPS 时间同步技术的成熟应用,计算机速度大幅的提升,同源脉冲匹配能自动、迅速、可靠实现,使得时差双曲线定位方法及闪电三维时空分布图技术得以完善。

甚高频雷电定位系统不便在大范围内监测雷电活动(比如覆盖上千公里半径区域),最适合于气象部门进行区域雷电放电机理研究以及和云间闪电探测有关的观测,也可以供导弹、卫星火箭基地的空间雷电预警。

在甚高频波段美国 NMIMT 科学家发展了基于 GPS 系统的闪电 VHF 辐射源到达时间差(TOA)定位系统(lightning mapping array,LMA),研究了闪电 VHF 辐射源的三维时空演变过程。时差法又分为长基线时差法和短基线时差法。

1. 短基线时差法闪电定位系统

1978 年,Taylor 等[42] 开发的短基线时差法定位系统,可对频段在 20 ～

80MHz 内的辐射源进行定位。系统由 5 个天线组成,天线布局为等边三角形,三个天线安装在边长为 13.7m 的等边三角形的三个顶点,三角形中心由两个天线构成长度为 13.7m 的垂直基线,如图 3.60 所示。

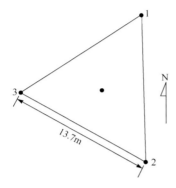

图 3.60   Taylor 系统示意图

覆盖的区域被分成七个象限,根据信号的时间、方位角、仰角进行编号。六个象限中的每一个以 60°仰角在方位角上旋转 60°,第七个象限以大于 30°的仰角覆盖整个方位角。辐射信号大于系统阈值时,被天线接收并归到适当的象限。同一信号到达两个天线的时间差决定了 VHF 辐射源的方位角和仰角。时间差精度 0.5ns,足以给出误差在 0.5°以内的方位角和仰角。利用相距 15～20km 的两套 VHF 系统,能得到 VHF 信号的三维图像。

系统首先要证明一个天线接收的 VHF 信号与其他天线接收的信号是相同的信号,这一点不容易做到且需要两个测站的时间同步性大致在 10μs 以内。(Taylor 于 1978 年分析了同步的两个天线阵的数据,发现其同步性比信号本身的时间精度要更精确,现在利用 GPS 时钟同步很容易实现两套系统的同步。)一旦两个天线阵接收到同一个信号,信号源的三维坐标就可以通过计算得到。

这一系统不可能得到绝对的一维或三维位置,因为在一定的时间窗内相一致的信号实际上并不是来自同一个源。然而大量的定位结果也是很可靠的,因为定位结果中不可能有很多脉冲是错误的闪电信息。而且,通过对比天线阵的时间差和计算得到的时间差可以得到信号源的细节。但能够对地闪和云闪辐射源的方位角与仰角进行定位,尤其对近距离闪电能很好地定位,且不存在多站同步问题;主要缺点是定位得到的仰角误差相对较大,有效探测距离较近[43]。

2. 长基线时差法闪电定位系统

20 世纪 80 年代初,Proctor[44,45]设计开发的五站 VHF 辐射源定位系统,通过两相交基线上的五个宽带垂直极化天线来接收闪电甚高频辐射信号,如图 3.61 所示。工作的中心频率为 355MHz,带宽 5MHz,记录甚高频脉冲宽度范围为 0.2～2s。每个远离中心站的接收装置输出的信号经过频率调节以微波方式传送至中心站。时间差的测量是通过工作人员使用专门的分析仪器来检查每一毫秒的数据单元的信号而得到。不同测站的每一个时间延时量定义出一个时间延时量的双曲面,VHF 辐射源就在这个曲面上,找出三个双曲面的交点即可计算辐射源的位置,第五站采用冗余,以确认四个站点的位置是否适当。该系统的主要缺点是连续记录时间段,只能连续记录 250ms 的数据,且分析工作非常繁琐。因为基线不垂直,

所以 z 方向上的标准误差远大于 x 和 y 方向上的标准误差，x 和 y 方向的误差大约是 25m，z 方向上的误差（主要是仰角）在 0 测站约为 100m，在 $(-3km,-3km,4km)$ 处为 300m，在 $(-6km,-6km,2km)$ 处为 1000m。

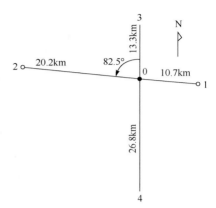

图 3.61　Proctor 的长基线-时差
法系统的天线分布图

Proctor 利用这个探测系统获得了当时最详细的闪电资料，按照辐射波形，Proctor 将辐射源分成两种：脉冲和 Q 噪声，脉冲指持续时间小于等于 3μs 的辐射波形，持续时间较长的辐射波形被称为 Q 噪声，一般持续几十甚至几百微秒或更长。对一个地闪辐射源定位的结果表明，云内主要放电活动基本上水平发展，证实了前人利用地面电场变化观测的结果。

在研究了大量闪电放电个例后，人们总结出地闪时空演变的普遍特征：

（1）闪电发生高度约为 5.5km；

（2）梯级先导有很多分叉；

（3）首次回击通常冲过闪电起始位置并向上延伸；

（4）闪击间放电过程发生于云内较高的区域并向上和向下延伸；

（5）后续回击冲过前期闪电活动区域后水平发展；

（6）发生在回击结束时刻和闪击间过程的垂直流光在延伸过程中消失，而水平流光则继续发展。

这些结果极大地丰富了人们对闪电特征的认识。

在 Proctor 的基础上肯尼迪航天中心开发了第二种长基线时差法——7 站 LDAR 系统及 LDAR Ⅰ、Ⅱ系统，LDAR Ⅰ[46] 由两个同步的、相互独立的天线网组成，工作的中心频率为 63MHz。若系统得到一个有效的辐射源位置，则两个网络辐射源定位的精度必须在一定范围内一致。测网直径为 16km，布局为两个交叉的 Y 形，求解法具有自由度，可以消除噪声对结果的影响。尽管最终解算得到的辐射源数目不多，仍能很好地反映整个雷暴过程中闪电的活动情况。主要缺点是，要求所有测站都参与位置解算，若有个别测站未接收到信号脉冲，则无法进行定位。20 世纪 90 年代初，Lennon 等[47]、Maier 等[48] 与 Mazur 等在肯尼迪航天中心发展了新型的 LDAR Ⅱ系统，提高了系统的定位精度。

该系统有 7 个组成部分：6 个天线大致安装在六边形的顶点，中心是第 7 个天线，如图 3.62 所示，信号通过微波与处理器连接。带宽为 6M，且工作频段可选 60～66MHz 或 222～228MHz 两个频段。当中心天线来的信号超过触发阈值时，系统开

放一个 $80\mu s$ 的窗口,且把来自每一个天线辐射脉冲的峰值及其发生时间存储进窗口,将数据传送到计算机工作站计算出信号源的位置。每秒钟最多可处理 10000 个脉冲。计算一个信号源位置必须得到该信号到达四个天线(必须包含中心站的天线,其他天线用以减少误差)的时间,7 个天线提供了 20 种可用于求解的组合。

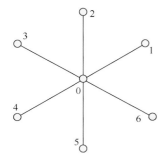

图 3.62　LDAR 系统组成

最初,系统将两个基线联合起来计算,得到最能区分定位结果的误差,并检查两个联合的基线中每一个所给出的相应坐标误差是否保持在 5% 内或小于 350m,如满足,则这两个解的平均值为计算结果;如不满足,则利用所有 20 种组合来求解,并检查每一种组合计算出的坐标,看有多少种组合满足上述条件,拥有最多数目的组合求得的解作为系统的解。

Maier 等在 1995 年通过飞机携带的 GPS 对携带发射器的飞机轨迹的定位结果与 LDAR 系统的定位结果进行比较,分析了 LDAR 的定位误差[49]。他们发现信号到达 LDAR 每一个天线的随机误差为 ±50ns;定位结果的误差随信号源的范围和高度不同而不同,对于范围在网络周长内、海拔高度在 3km 以上的信号源,误差的典型值为 $50\sim100$m;误差在低海拔有细微的增大,并且在 40km 内误差为 1km;在 40km 处的定位误差大部分是由于从中心天线到信号源的水平辐射信号造成的。

NMIMT 在 LDAR 的基础上发展了基于 GPS 的三维闪电 VHF 辐射源定位系统(LMA)系统[50,51],系统采用最小二乘拟合算法作为 TOA 定位算法,结合雷达观测资料分析的结果表明该系统能对闪电 VHF 辐射源进行较为精确的定位,图 3.63 为 LMA 系统对一次地闪过程的定位结果。

NMIMT 的 LMA 系统一套用于科研的三维全闪定位系统,脱胎于 NASA 肯尼迪空间中心 Carl Lennon 等研制的 LDAR 系统。该系统利用闪电电磁波到达多个站点的时间差可以给出辐射源的三维定位信息。系统的工作频段为 $60\sim66$MHz,接收信号的时间信息由 GPS 提供,以 20MHz 采样频率记录信号,定位结果的时间分辨率为 $100\mu s$。观测网上空定位误差为 100m,定位误差特别是辐射源高度的定位误差会随着辐射源与观测站距离的增大而增大。LMA 最早在 1998 年 6 月被布置在 Oklahoma 中部(10 个站),后来在多个地区进行了架设。目前,研究人员在 Kansas 西北部和 Colorado 共架设了 15 个 LMA 探测站并取得了丰硕的成果。整个网络通过互联网连接,可对闪电进行实时监测。

LMA 系统由多个探测站构成,一般为 6 个或更多,同时测量 VHF 辐射脉冲到达各探测站到达时间的方法来定位辐射源的位置,该观测系统的每个探测站接收机采用 $60\sim66$MHz 频带,并利用一个 20MHz 数字转换锁相器到每秒输出一个

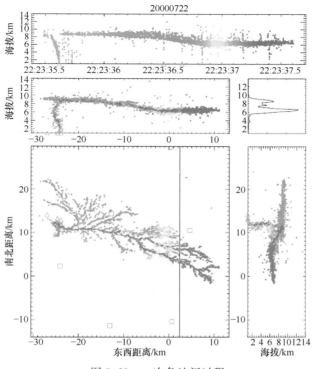

图 3.63　一次负地闪过程

脉冲的 GPS 接收机上,精确地测量闪电辐射脉冲到达测站的时间,时间精度为 50ns。对一个孤立的闪电,LMA 系统一般可以探测到几百到几千个辐射时间,所以在直径为 100km 的范围内系统可以精确地描述闪电的三维结构(以 50m 的精度)。由于系统具有高速记录存储功能,因此不仅可以对单个闪电进行描述,也可以对雷暴中的闪电活动进行监测。

闪电辐射的 60MHz RF 信号脉冲峰到达观测站 i 的时间 t_i 与探测站距离有如下关系(图 3.64):

$$t_i = t + \frac{\sqrt{(x-x_i)^2 + (y-y_i)^2 + (z-z_i)^2}}{c}, \quad i = 1, 2, 3, \cdots \quad (3.132)$$

式中有 4 个未知参数 (x, y, z, t),通过 4 个探测站的探测数据解联立方程组即可确定闪电发生的位置及时间。将式(3.132)展开有

$$(x_i^2 + y_i^2 + z_i^2) - 2x_i x - 2y_i y - 2z_i z + (x^2 + y^2 + z^2) = c^2(t_i - 2t_i t + t^2), \quad i = 1, 2, 3, \cdots$$

$$(3.133)$$

若将到达探测站 1 的时间定义为 0,即 $t_1 = 0$,则对于 $i=1$,式(3.133)可写为

$$c^2 t^2 - x^2 - y^2 - z^2 = x_1^2 + y_1^2 + z_1^2 - 2x_1 x - 2y_1 y - 2z_1 z, \quad i = 2, 3, 4, \cdots$$

$$(3.134)$$

将式(3.134)代入式(3.133)中可得到一理想线性方程组：

$$
\begin{bmatrix}
\frac{1}{2}(L_2^2 - ct_2^2 - L_1^2) \\
\vdots \\
\frac{1}{2}(L_n^2 - ct_n^2 - L_1^2)
\end{bmatrix}
=
\begin{bmatrix}
x_2 - x_1 & y_2 - y_1 & z_2 - z_1 & -ct_2 \\
\vdots & \vdots & \vdots & \vdots \\
x_n - x_1 & y_n - y_1 & z_n - z_1 & -ct_n
\end{bmatrix}
\begin{bmatrix}
x \\
y \\
z \\
ct
\end{bmatrix}
\tag{3.135}
$$

式中，$L_i^2 = x_i^2 + y_i^2 + z_i^2$。求解未知数 x, y, z, t 需至少 4 个方程联立，因此 VHF 时差闪电定位系统至少需要 5 个探测站。

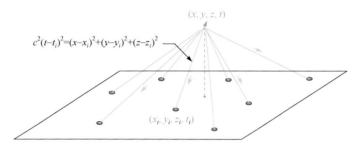

图 3.64 TOA 原理示意图

利用 6 个测站测量的到达时间 t_i 可以得到 6 个如式(3.132)的方程，组成非线性方程组。求解 x, y, z, t 的值应当使测量值 t_i 和由方程(3.132)给出的值 $t_i = f(x_i, y_i, z_i)$ 之间的偏差极小，这里采用非线性最小二乘拟合方法，对该方程中参数 (x, y, z, t) 予以拟合，确定函数 t_i 的参数 (x, y, z, t) 的数值，使 x^2 取极小值：

$$
x^2 = \sum_{i=1}^{N} \frac{t_i^{\mathrm{obs}} - t_i^{\mathrm{fit}}}{\Delta t_{\mathrm{rms}}^2}
\tag{3.136}
$$

x^2 为拟合优度，用于衡量所求的解与实际测量的到达时间的近似程度，通过不断的迭代求解出一组 (x, y, z, t)，并使其最接近于测量结果，就可以得到辐射源的三维空间位置[52]。

目前 LMA 系统在新墨西哥的布网如图 3.65 所示，共有 15 个探测站。

LMA 系统定位结果的高度误差约为 50m。此外还应用穿云飞机电磁噪声观测等试验方法对 LMA 系统的定位误差进行了分析，并结合简单几何模型，与最小二乘拟合的协方差估计、双曲线方法进行了误差的理论分析，发现对于 70km 直径的测网，测网上空范围内辐射源定位精度在水平方向为 6～12m（均方值），垂直方向为 20～30m（均方值），测网外辐射源的位置误差随辐射源距测网中心距离的增加而增大，径向距离误差与高度误差相差不大，方位角误差很小[43]。

长基线时差法的局限性：虽然长基线的 TOA 辐射源定位系统有较高的定位精度，但由于需要多站同步观测势必增加 GPS 等许多观测设备，在某些多山地区观测时，地形也会造成非常不利的影响。

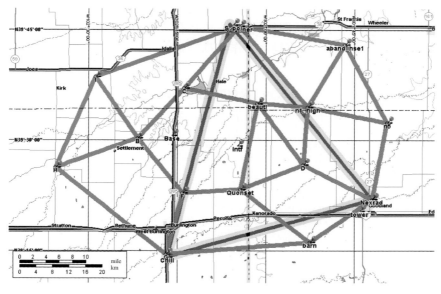

图 3.65　LMA 布网图

3.5　VHF＋VLF 综合雷电监测定位系统

　　一般来讲，VLF 系统探测的信号往往对应于闪电放电过程中较大尺度电流过程，通常仅可获得一个有效的位置，主要用来定位地闪回击点；而 VHF 系统探测更小尺度的击穿过程产生的辐射信号，可以检测到云闪放电中的初始击穿、K 过程以及先导放电等过程，也可描绘出闪电通道。结合这两种闪电定位系统的特点，采用 VLF 和 VHF 频段探测系统联合的系统，既能探测云闪，又能探测地闪。

3.6　星载闪电探测系统介绍

　　前面几节中介绍的闪电探测系统都是在陆地上对闪电进行观测，这些系统虽然能较准确地探测其附近发生的闪电，但由于其站点的局限性，很难给出全球范围内的闪电分布图像。而从空间观测，可以覆盖很大的地球面积。如果采用地球静止与极轨卫星的联合观测方式，则可连续实时地监测全球几乎所有的闪电活动。

3.6.1　基于极轨卫星的闪电探测方法

　　在卫星上对全球雷电活动，尤其是云间闪电进行探测，一直是许多科学家的梦想，最近几年，该领域取得了实质性的进展（表 3.10）。据有关资料表明，美国正在研究利用卫星探测闪电的方法和试验,它是 NASN 热带降雨量测量系列的一部分。其传感器是在任何时候,即便是白天,也具有能探测闪电闪光引起的光变化的充电联体设备光学阵列。从实验室工作和高空试验工作来看,NASA 估计这套系统在白天探测效率为 90%。

表 3.10　星载闪电探测仪列表

卫星	敏感器件	探测时间	功率范围/W	备注
OSO	光度计	无月亮的晚上	$\sim 10^8$	
VELA V	光电二极管	全天	$10^{11} \sim 10^{13}$	
DMS P	扫描辐射计	子夜		分辨率:100km
DMSP-SSL	线阵光电二极管	子夜	$10^8 \sim 10^{10}$	成像范围:750km×750km
DMSP-PBE-2,3	光电二极管	黎明和黄昏	$4 \times 10^9 \sim 10^{13}$	成像范围:直径 1360km
ISS	窄带接收器	全天		
Shuttle-NOSI	光电池和胶片	飞船飞行时间		
Micro Lab-1(OTD)	面阵光电二极管	连续	$10^8 \sim 10^{11}$	成像范围:1300km×1300km
TRMM(LIS)	面阵 CCD	连续	$10^8 \sim 10^{11}$	成像范围:580km × 580km;分辨率:3.9~4.5km

在地面可观测的雷电信号有闪光、天电电磁脉冲、闪电电流及由冲击波产生的声波(即雷声)。地面雷电定位通常是利用天电信号(即由闪电造成的无线电频段的电磁波信号)。而在空间观测闪电,主要有两种方法:其一采用光学方法,其二采用 VHF 脉冲探测法。

1. 光学探测法[53]

1) OSO 光度计[54,55]

OSO(orbiting solar observatory)系列卫星上携带的光度计(photometer)可以探测闪电。它们是宽波段光度计($0.35 \sim 0.5 \mu m$ 或 $0.6 \sim 0.8 \mu m$),最小光探测阈值为 3×10^5 光子/cm^2,对应闪光功率约为 10^8 W。其望远镜视场为 $10°$,空间分辨率为 $1°$。它们仅在新月午夜时观测到闪光。

2) 硅光电管探测器[56,57]

硅光电管探测器搭载于 Vela 系列预警卫星上。卫星轨道高度 1.1×10^5 km,因此几乎覆盖了半个地球。Vela 卫星上的当量计(bhangmeter)主要是为了监测大气层中的核爆炸事件,仅被快速变化的闪光信号所触发并记录。其触发阈值定在 $10^{11} \sim 10^{13}$ W,比一般的闪电光功率高 2 个数量级。因此,只能观测到一些超级闪电(superbolts)。仪器的地面视场约为 $10° \times 10°$,测量光谱范围为 $0.4 \sim 1.1 \mu m$。

3）扫描辐射计

扫描辐射计（scanning radiometer）搭载于早期的美国国防气象卫星 DMSP 上，轨道高度 830km，地面分辨率为 100km，探测灵敏度在闪电功率范围，只能观测当地午夜时的闪电活动。后来的 DMSP 卫星上装有光学线扫描系统（optical linescan system，OLS）以探测闪光。

4）硅光电管阵列探测器[57]

硅光电管阵列探测器（photodiode array）搭载于 DMSP 系列卫星上，是第一种专用于闪电探测的仪器，所以其探测灵敏度比 Vela 卫星上的同类仪器高得多，探测闪光功率范围为 $108 \sim 1010W$；地面分辨率相同，约为 $750km \times 750km$。仅观测当地午夜的闪电。要强调的是，该仪器总重不到 1kg，功耗仅 0.5W。类似的单硅光管探测器搭载在 DMSP-5D 卫星上，探测黎明和黄昏时发生的闪电。同类但更先进、更大阵列的闪电探测器搭载在一艘空间飞船上（1978 年 3 月）。

5）全天光学闪电监测器[58]

全天光学闪电监测器（night/day optical survey of lightning）是一种放在航天飞机上的全天候闪电光学监测仪器。主要组件是一台带衍射光栅的 16mm 摄影机、示警装置、光敏元件和磁带记录仪。白天时由宇航员对闪电摄像，晚上使用衍射光栅获取闪电的光谱信息，从而反演闪电通道的温度、压力、组分、电子浓度、离子百分比等信息。

6）闪电图像仪[58]

闪电图像仪（lightning mapper sensor，LMS）由地球静止气象卫星 GOES 携带，因此能对某一地区进行连续观测。LMS 的视场是 $10.5°$，其动态范围基本覆盖了闪电光辐射功率，对云间和云地闪的探测效率预期大于 90%。地球静止轨道上的闪电图像仪将提供大范围实时的闪电活动信息，可用于雷暴发展的评估和预警。

LMS 采用 4 种方法结合来增强背景上空的闪电信号：①LMS 聚焦平面阵中每个探测元件的瞬时视场都采用一种空间滤波器形式，它与雷击照亮的云顶面积相匹配（即 U10km）。这就会产生与背景照射有关的闪电景象采样。②通过运用滤光技术，LMS 增大与白天光照背景反射相关的闪电信号。在这种情况下，LMS 应用一个窄带干涉滤波器以集中闪电光谱中强光发射线（777.4nm）。③LMS 采用时间滤波技术。这种技术利用了闪电脉冲与背景照明的时间差，即闪电脉冲的周期是 400ms 的量级，而背景照度的时间尺度是十几秒或几十秒，且趋于常数。积分时间规定为一个特定像元两次读数之间的积累充电所用时间。当积分周期接近脉冲宽度时，闪电探测信噪比得到改善。然而，如果积分周期太短，闪电信号往往把连续的帧分开，这实际上减小了信噪比。从上方观察，中等闪电光脉冲带宽是 $400\mu s$，积分时间为 1ms 就会使脉冲分离最小，而闪电探测能力达到最高。遗憾的是，GOES 卫星功率有限，限定积分时间 2ms。即使用以上讨论的采用 3 个"滤波器"的方法,聚焦平面背景照射与闪电信号比常常超过50∶1。④修正帧对帧背景光照减少,通过从 LMS 聚焦板的原始资料中去掉变化很慢的背景信号来完成。

LMS 的系统构成如图 3.66 所示。

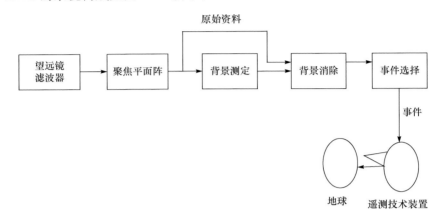

图 3.66　LMS 主探测器构造框图

（1）光学系统。LMS 的光学系统由两个采用折射元件的快镜头组成,每个镜头都有一个窄带干涉滤波器。由于到达对地静止轨道高度的信号微弱,镜头必须使信号能高通量快速通过。设计要求:在保持聚焦平面与探测器尺寸适当匹配的同时,镜头口径尽可能与实用一样大。

（2）聚焦平面阵。聚焦平面是 LMS 的心脏。此组件将入射的光通量转换为电子信号。透镜和聚焦平面共同确定图像仪的空间分辨率。聚焦平面组件的时间过滤性能由积分时间和读数率决定。聚焦平面组件由两个大马赛克充电偶合器件（CCD）阵组成。每一个阵都有 640×400 激活单元及 640×400 帧存储元素。为满足快速读出率、大动态范围、低噪声的要求,用帧漂移和同时读数来完成。由于聚焦平面组件以充电积分方式工作,每个单独的像元必须足够大以存储背景和闪电信号产生的电荷。此外,实际像元要大,以便能得到一个满意的信噪比。对快速读出和高通量效率就要使用帧漂移技术。因此,每个 CCD 阵的一半面积被屏蔽用来临时存储,缓冲从聚焦平面组件传送到实时信号处理器的资料。

（3）实时信号处理器。资料离开聚焦平面的速率为每秒 $2.5×10^8$ 个采样,帧积分时间为 2ms（即 800×640×500）。对遥测系统来说是太高了,无法控制。事实上只有一小部分离开聚集平面的资料包含闪电事件信息,大部分仅含背景信号。实时处理器对照背景噪声检测闪电将数据率降低到百万分之一。实时信号处理器组件包括一个背景信号 P333、一个背景消除器、一个闪电事件阈值器、一个事件选择器和一个信号鉴别器,本书中不再详细介绍。

7）OTD[59]

NASA 研制的闪电探测器（optical transient detector，OTD）由 MicroLab-1 卫星携带（图 3.67），于 1995 年 4 月发射升空，它是世界上第一台白天黑夜都能进行闪电探测和定位且有很高探测率的空基仪器。OTD 工作在中性氧原子近红外的谱线（777.4nm），利用闪电信号与背景信号之间的时间、空间和光谱特性差异从而识别出闪电的信号，其独特的设计使得传感器即使在白天有日光反射的云顶背景下仍然能够识别出闪电的信号。

OTD 的核心器件是一个固态光学传感器，为了实现在空间观测和测量闪电，OTD 需有独特的整体设计和特殊的功能设计。主要由一个窄带、非常稳定的氧化金属滤光片、一高速长焦望远镜系统、一个每秒处理 500 幅图像的高速焦平面和一个每秒处理一千万像素的实时处理器组成。传感器系统的直径约为 8 英尺①，高约 15 英尺，电路系统尺寸约为一台标准打印机大小，总重量约为 18kg（图 3.68），功率低于 25W，数据传输速率为 6Kbit/s。探测数据通过卫星传送到地面位于 Fairmont 的探测站，再传送到 GHCC（Global Hydrology and Climate Center）进行分析研究并公布。

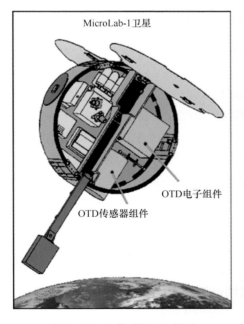

图 3.67　星载 OTD 示意图

图 3.68　OTD 结构图

①　1 英尺＝0.3048m。

OTD 由 Pegasus 火箭发射到地球轨道约 740km 的高度,轨道倾角 70°,具有 100°宽的视野角度,探测面积为 1300km×1300km(整个地球表面积的 1/300),从而可以探测到地球上发生闪电的所有地区(图 3.69)。

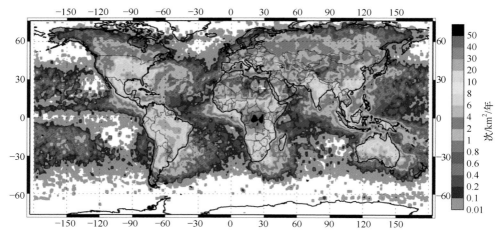

图 3.69   OTD 探测的全球闪电密度

探测精度及效率:空间精度为 20～40km,时间精度达 100ms,对云地闪电的探测效率为 46%～69%。

工作时间:1995 年 4 月 3 日～2000 年 3 月 21 日。

OTD 系统探测到全球闪电发生的频率约为 40 次/s,较之前 1925 年的经验数据 100 次/s 减少了一半(图 3.70)。OTD 系统不能为一个局部区域提供连续的探测数据,因此不适合进行区域性的气候分析,但对于全球闪电的分布及其随时间的变化研究是非常有效的,对潜在的雷电危害和龙卷风的预报以及森林大火预警有重要的意义。

8) LIS[60,61]

LIS(lighting image sensor)系统是在 OTD 基础上的进一步改进,载有 LIS 闪电探测仪的 TRMM 卫星发射于 1997 年 11 月 28 日,在 35°N～35°S 区域中绕地球旋转(图 3.71),轨道高度约 350km,LIS 探测范围为 580km×580km,成像器的水平分辨率为 4～6km,每次对同一个目标约有 80s 的观测时间,对同一地区在同一地方时间的扫描周期约 46.4°。2001 年 8 月 TRMM 升轨到 402.5km 高度,LIS 扫描宽度增加 15%到 667km,单点观测时间 91s,扫描周期约 49°,夜间的闪电探测效率为 93%±4%,白天约 73%±11%。

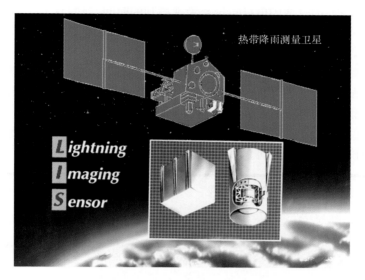

图 3.70　星载 LIS 探测器

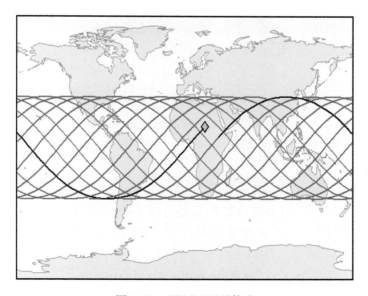

图 3.71　TRMM 卫星轨迹

　　LIS 采用光学方法探测闪电,主要由两个系统组成:电耦合装置(CCD)阵列和实时资料处理单元。资料包括闪电定位资料、辐射能量及轨道信息、仪器状态和背景等,其中,闪电定位资料有:事件(events),即成像器单个感应点探测到的瞬变或光脉冲;组(groups),在相邻 CCD 像素点上,观测到的 2ms 内闪电事件的集合,视为单个放电过程;闪烁或闪电(flashes)为观测到的时间、空间较为接近的放电脉冲组的集合,一般视为一次物理意义上的闪电;区域(areas),用于划分单个雷暴单体或闪电中心,有一个或多个闪电闪烁。

由于探测原理和方式的限制,LIS 也存在一些缺陷,如采用光学探测,LIS 难以辨别闪电的类型(云闪和地闪)和极性(正闪和负闪),卫星位置和探测角度带来的太阳光反射等干扰问题,以及对同一目标的扫描时间短、密度低。

LIS 不仅记录闪电事件和定位,而且有绝对定标,可以测量其光辐射能量。LIS 能探测较弱的闪电,达到 90% 的探测效率(图 3.72)。

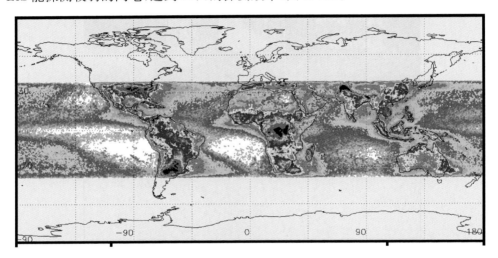

图 3.72 LIS 探测的全球闪电密度

图片源自于 http://thunder.nsstc.nasa.gov/data/query/mission.png

2. 星载甚高频(VHF)闪电定位

星载甚高频 VHF 闪电定位系统是通过在 GPS 卫星上,探测闪电辐射的强 VHF 场,采用时间差法对雷电在空间定位。该方法和光学探测法比,特点如表 3.11 所示。

表 3.11 星载闪电探测光学法与 VHF 法对比

参数	光学法	VHF
探测量	光	VHF
全球定位技术	CCD 阵列	时间到达差法
需要的卫星数	最少需要 1 颗卫星	最少需要 3 颗

续表

参数	光学法	VHF
大气影响	散射/衰减	没有
电离层影响	没有	散射和频率有关
闪电分类	不能区分	能区分云地闪、云闪、回击、先导等

卫星上探测闪电,虽然很先进,但目前的技术还不能做到实时,精确定位,大量的数据都是定时、定点传到地面集中处理。并且卫星上的光学传感器的空间分辨率有限(较低,10^1 km 量级),且不能区分云闪和地闪,是目前较有前途的全球闪电活动监测手段。与之相比,星载的 VHF~UHF 定位技术(TOA 和干涉仪)可以区别云闪和地闪,目前在研、试运行中的两种:GPS 卫星系列,搭载类似 FORTE(fast on-orbit recording of transient)上的 VHF 接收机,利用 DTOA 技术,实行全球闪电的定位监测;干涉仪天线阵列探测闪电的 VHF 辐射。

FORTE 卫星于 1997 年 8 月发射[62](图 3.73),轨道高度 768~810km,倾角为 70°,轨道周期为 100min,由位于 SNL 地面站与 LANL 的操作中心联合控制,接收下行数据发送上行命令、程序等。

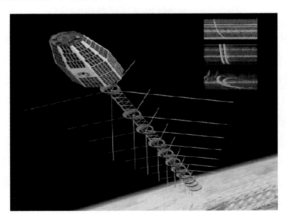

图 3.73　FORTE 卫星闪电探测器

探测器中既包含光学传感器又包含 RF 传感器,可以在全球范围内同时探测闪电的光学特性和 RF 辐射特性。光学探测系统主要包括一个 PDD(fast-time-response photodiode detector)和一个 128×128 的 CCD 成像阵列。PDD 是一个宽带(0.4~1.1μm)硅光电二极管探测器,视野角度为 80°,在闪电发生的瞬间记录闪电波形。CCD 用来记录闪电发生的位置,每两秒钟刷新一次,当像素值超过设定阈值则记录下来。RF 探测器包括两个带宽分别为 22MHz 和 85MHz 的可调信号接收器,采样率为 50MHz。

FORTE 可以记录同一个闪电辐射的上百个 RF 信号,在发射初的两年内 (1998 年 1 月~1999 年 12 月),RF 探测器共探测到 3042236 次 VHF 闪电事件, 光学探测器探测到 4637184 次闪电事件,二者重合的事件为 3210 次(图 3.74),重 合事件一般作为研究的重点。

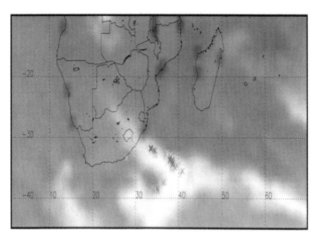

图 3.74　FORTE 卫星探测到的闪电

1998 年,LASA(Los Alamos Sferic Array)建立作为 FORTE 卫星的地面验证 系统,它是一套工作在甚低频/低频频段的快电场变化定位网络,探测器工作频率 为 300Hz~500kHz,通过高精度 GPS 同步授时[63]。最初只有 4 个独立站点架设 在新墨西哥。到 1999 年,该网络的探测站数量扩展到 11 个,其中,4 个在新墨西 哥,1 个在内布拉斯加州的奥马哈,1 个在得克萨斯,另外 5 个在佛罗里达。LASA 使用到达时间差法(TOA)对地闪和云内放电进行定位,定位误差小于 2km。2004 年 4 月,LASA 对传感器、GPS、计算机硬件和采集软件进行了升级。新的监测网 探测的闪电辐射源数量提高了一到两个量级,在 100km 的探测范围内拥有了三维 定位的能力,定位精度可达到百米量级[64]。

3.6.2　基于静止卫星的闪电探测方法

受轨道周期的限制,极轨卫星的闪电探测方法不能长时间对同一地区进行观 测。与极轨卫星闪电探测相比,地球静止轨道卫星闪电探测方法的优势表现在以 下几个方面:

(1) 覆盖范围宽广得多;

(2) 观测能力大大提高;

(3) 时效性能高;

(4) 具有对闪电连续跟踪监视的能力。

美国、欧洲和我国都准备发射下一代静止卫星闪电成像仪。美国准备于 2016 年发射的静止卫星 GOSE-R 上携带闪电成像仪 GLM(geostationary lightning mapper)(图 3.75)。GLM 是单波段、近红外的光学瞬时事件探测仪,用于连续不断的探测、定位以及计算总闪电率。可对同一地区进行连续不间断闪电观测,为雷暴提供预报和预警,为龙卷风提供预警,并建立大时间尺度的闪电数据库。GLM 继承了 OTD 和 LIS 的优点,它们的仪器参数如图 3.75 所示[65]。

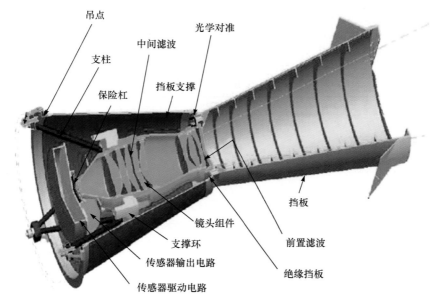

图 3.75　GLM 装置图

系统组成及指标:

(1) 1372×13700 像素的 CCD 成像器;

(2) 空间分辨率 8km,视场宽度 14km;

(3) 覆盖范围到 52°N;

(4) 探测效率 70%(白天)~90%(夜晚);

(5) 少于 20ms 的延时;

(6) 7.7Mbit/s 对地传输速率。

GLM 的地面处理系统由 NOAA 建设,2006 年 8 月成立了 GOES-R Risk Reduction—Science Team,2007 年 6 月成立了 Algorithm Working Group—Lightning Applications Team 专门进行算法的研究。美国由于在 OTD 和 LIS 上的积累,使其在数据预处理方面得到了很多研究成果,已通过 LIS 和区域性试验生成代理数据,例如,在 North Alabama、Washington DC、Oklahoma 的 LMA(lightning mapping arrays)数据。代理数据的研究主要分三部分:LMA 的 W 波段和 LIS 的光学探测波段对比、LIS 数据重采样、LMA 数据应用。已完成的代理数据包括 LIS/OTD 按 GLM 分辨率的重采样数据、VHF 总闪和 LMA 按 GLM 分辨率的重采样数据、ABI-GLM 混合代理数据。同时进行了 WRF(weather research and forecasting)模型的模拟,冰雹、上升气流和闪电率的相关性以及闪电类型辨别等探索性工作。在闪电聚类和滤波方面已研究了滤除假闪电的相关算法。

欧洲的下一代静止卫星 MTG(Meteosat Third Generation)也将搭载闪电成像仪 LI(lightning imager),其分辨率达到 10km,闪电探测率达到 90%以上[66],具体性能参数如表 3.12 所示。

表 3.12　MTG-LI(1 个光学头和 4 个光学头)性能参数

MTG-LI	1 个光学头	4 个光学头(每个)
视场/(°)	16	8
空间分辨率/km	10	10
探测器阵列	1414×1414	707×707
大小/mm	71	36
光学直径/mm	300	200
f/个数	0.84	1.3
探测效率/%	>90	>90
误警率/s^{-1}	<1	<1
延时/ms	0.5	0.5
中心波长/nm	777.4	777.4

注:探测效率>90 针对的是能量大于 $4.0\mu J \cdot m^{-2} \cdot sr^{-1}$ 的闪电。

3.6.3　风云四号闪电成像仪系列技术解决方案

目前风云系列气象卫星在气象预报、洪涝、森林草原火情、雪灾和海冰等监测中发挥了重要作用。风云四号(FY-4)是我国的下一代地球静止轨道气象卫星,预计于 2015 年发射。采用三轴稳定姿态控制方案,主要探测仪器有 12 通道扫描成像仪、大气垂直探测仪、闪电成像仪、CCD 相机和地球辐射收支仪等。

风云四号卫星闪电成像仪是我国首次研制的卫星闪电成像仪,也是全球第二个已经明确列入发射计划的静止卫星闪电成像仪,跨越了诸多中间技术准备环节,直接瞄准当今世界卫星闪电探测的最前沿技术,在仪器研制和资料处理的各个方面都是我国原始创新性研究工作。其主要技术指标如表 3.13 所示。国内许多科研机构对 FY-4 的研发进行了很多技术仿真,为风云四号卫星地面系统建设提供了技术支撑。吉林大学研究了静止卫星闪电成像仪数据预处理中的闪电虚假信号滤除算法、闪电云高定位订正算法以及产品生成聚类算法等关键技术,将对风云四号卫星地面系统建设提供技术支撑[65]；中国科学院上海技术物理研究所参与了扫描成像仪的研制[67]。

闪电探测仪的主要工作原理是：当单体闪击事件发生时，通过窄带光学成像系统后，将单体闪击单色光图像成像到焦平面上，焦平面上的 CCD 将波长为777.4nm 的单色光影像转换成电子学信息，经驱动电路读出和放大器的放大后，输出具有一定幅度的电信号，再经背景扣除、告警、传输等处理完成了一次单体闪击的探测过程。为了克服受太阳辐射产生的仪器杂散光，系统考虑了遮光罩屏蔽外来杂散辐射[68]。

建议闪电探测仪应采用的几个关键参数是：

(1) 大孔径的光学成像系统（相对孔径倒数 $F=1.2$）；

(2) 超窄带干涉滤光片（滤光片半宽度 $\Delta\lambda=1\text{nm}$）；

(3) 高帧频 CCD 器件（积分时间 $t=1\text{ms}$）；

(4) 电子学系统（事件处理速率 1000 次/s）。

表 3.13　风云四号静止气象卫星的闪电探测器主要指标

观测方向	对地观测
探测空间分辨率/km	10
探测面积/km²	5120×5120
中心波长/nm	777.4
带宽/nm	1
数据格式	PCM
量化等级	2^{12}
数传码速率/(Kbit/s)	80
测量精度	定位 1/2 像素；强度 10%
信噪比	>6
探测效率/%	>90
虚警率/%	<5

闪电成像仪硬件包括高速 CCD 焦平面、广角镜头、实时事件处理器。广角镜头又包含窄带干涉滤光片，窄带干涉滤光片是一种带通滤波器，利用电介质和金属多层膜的干涉作用，可以从入射光中选取特定的波长，其半峰值带宽一般为 1～40nm。焦平面输出信号到实时事件处理器，进行事件处理和数据压缩，然后将包括闪电信号（其中含有大量的虚假闪电信号，需要在后续处理中处理）的数据生成固定格式，最后传输到星载 LAN，再传输到地面。

由于白天云顶反射阳光导致背景光较强，比闪电还明亮，使得闪电信号淹没在大量的背景噪声中，因此区分出闪电的唯一办法就是增强闪电信号和这种亮背景信号的对比。这就需要利用闪电和背景信号在时间、空间和光谱特征上的显著差异,采用特定算法,提取闪电信号,包括以下四种关键技术[65]：

(1) 采用空间滤波技术,将焦平面阵列中每个探测单元的瞬时视场与闪电形成的典型的云顶照亮区域匹配,产生一个闪电地点相对于背景照亮区域的最佳采样,如图 3.76 所示。

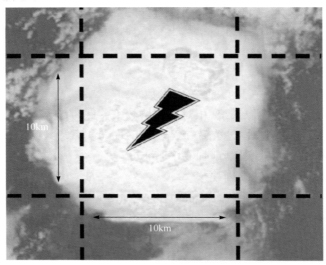

图 3.76　空间滤波示意图

(2) 采用处于闪电多重光谱中心区域的窄带干扰滤波器(777.4nm),增强闪电信号和白天明亮背景对比,如图 3.77 所示。

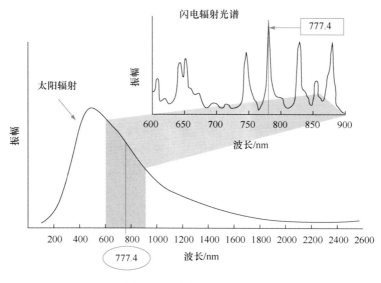

图 3.77　光谱滤波示意图

　　（3）由于背景信号相对稳定而闪电信号持续时间通常不超过于 $400\mu s$，采用时间滤波，过滤持续时间小于 $400\mu s$ 的信号，如图 3.78 所示。传感器的积分时间决定了像元各帧数据间隔（CCD 各帧充电时间），积分时间与闪电持续时间相同时闪电信噪比提高。如果积分时间过短，闪电信号会在各个帧之间分割，实际上降低了信噪比。由于从卫星上观测闪电信号时，其持续时间的中值大约为 $400\mu s$，积分时间为 1ms，对于最小化闪电脉冲分割和最大化探测能力非常合适。技术上的限制使得 1ms 的积分时间不能实现，时间上采取的积分时间是 2ms。

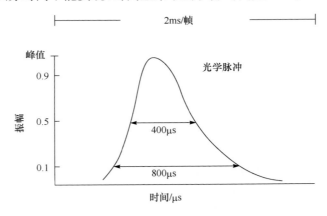

图 3.78　时间滤波示意图

　　（4）采用帧-帧背景提取技术将缓慢变化的背景从焦平面信号中剔除，如图 3.79所示。实时事件处理器在每个帧的闪电信号值读出时，都会产生焦平面上每个像元的背景估计值，然后将背景估计值与离开焦平面的信号值逐个像元进行对比，当某个像元中两者差异超过某个选定的阈值时，就认为是产生了一个闪电事件，并且同时加上时间标识和地点标识，进入实时事件队列。

　　闪电成像仪含有凝视焦平面成像器，用于闪电探测和定位。如果背景移除后，某个像元的差分信号超过了阈值，则认为这个像元探测到了一个 event，进行时间标定（time tagged）和位置标定（location tagged）后通过 LAN 传输到遥测平台。

　　闪电成像仪可以从缓慢变化的背景中提取弱的闪电信号。当有闪电发生时，弱信号会叠加到基本稳定的背景信号上。实时处理器连续求出每个像元的 6 帧的均值，用于产生背景估计值。然后处理当前信号，将背景估值从当前信号中去除。

　　去除了背景估值的当前信号，包括在 0 值附近波动的散粒噪声和偶尔出现的峰值，这些峰值有可能是因闪电而产生的。当峰值超过某个阈值时，被认为是闪电事件（event），进入下一步电路中的处理。白天的阈值应当设得足够高，使得伪触发事件为小概率事件。

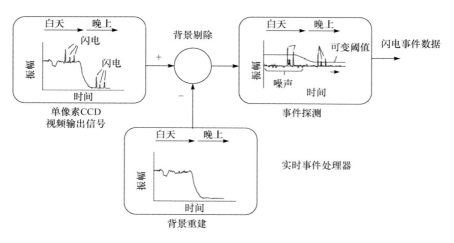

图 3.79　背景减影示意图

参 考 文 献

[1] 陈明理. 确定雷电定位系统场地误差的参数化方法[J]. 高原气象,19903(9):304～318.

[2] Cummins K,Murphy M. An overview of lightning locating systems:History,techniques,and data uses,with an in-depth look at the U. S. NLDN[J]. IEEE Transactions on Electromagnetic Compatibility,2009,51(3):499～518.

[3] Rakov V A,Rachidi F. Overview of recent progress in lightning research and lightning protection[J]. IEEE Transactions on Electromagnetic Compatibility,2009,51(3):428～442.

[4] Goodman S J,Christian H J. Global Observations of Lightning[M]. Cambridge:Cambridge University Press,1993.

[5] Hoffert H H. Intermittent lightning flashes[J]. Philos. Mag. ,1889,28:106～109.

[6] Boys C V. Progressive lightning[J]. Nature,1926,118:749～750.

[7] Watt R A,Head J F. An instantaneous direct-reading radiogoniometer [J]. Journal of the Institution of Electrical Engineers,1926,64(353):611～617.

[8] Horner F. The design and use of instruments for counting local lightning flashes [J]. Electronic and Communication Engineering,1960,107(34):321～330.

[9] Hayenga C O,Warwick J W. Two dimensional interferometric positions of VHF lightning sources[J]. Journal of Geophysical Research,1981,87(C8):7451～7462.

[10] Richard P,Auffray G. VHF-UHF interferometric measurements,applications to lightning discharge mapping[J]. Radio Science,1985,20(2):171～192.

[11] Krider E P,Noggle R C,Uman M A. A gated wideband magnetic direction-finder for lightning return strokes[J]. Journal of Applied Meteorology,1976,15(3):301～306.

[12] Stansfield R G. Statistical theory of DF fixing[J]. Journal of the Institution of Electrical Engineers,1947,94(15):762～770.

[13] Schutte T,Pissler E,Lundquist S,et al. A new method for the measurement of the site errors of a lightning direction finder:Description and first results[J]. Journal of Atmospheric and Oceanic Technology,1987,4(2):305～311.

[14] Passi R M,López R E. A parametric estimation of systematic errors in networks of magnetic direction finders[J]. Journal of Geophysical Research:Atmospheres,1989,94(D11):13319～13328.

[15] Kawamura T,Ishii M,Miyake Y. Site errors of a magnetic direction finder for lightning flashes [C]. International Aerospace and Ground Conference on Lightning and Static Electricity,Oklahoma,1988.

[16] Oetzel G N,Pierce E T. VHF technique for locating lightning[J]. Radio Science,1969,4(3):199～201.

[17] Cummins K L,Murphy M J,Edward A,et al. A combined TOA/MDF technology upgrade of the U. S. national lightning detection network[J]. Journal of Geophysical Research,1998,103 (D8):9035～9044.

[18] Cummins K L,Krider E P,Malone M D. The U. S. national lightning detection network and applications of cloud-to-ground lightning data by electric power utilities[J]. IEEE Transactions on Electromagnetic Compatibility,1998,40(4):465～480.

[19] 王永诚,张令坤. 多站时差定位技术研究[J]. 现代雷达,2003,25(02):1～4.

[20] Betz H D,Schmidt K,Laroche P,et al. LINET—An international lightning detection network in Europe[J]. Atmospheric Research,2009,91(2-4):564～573.

[21] 胡志祥. 雷电定位算法和误差分析理论研究[D]. 武汉:华中科技大学,2012.

[22] 宋徽. 多站无源定位技术的研究[D]. 南京:南京理工大学,2007.

[23] 叶朝谋,俞志强. 三维时差定位系统的模糊及无解分析[J]. 现代电子技术,2005,28:21～24.

[24] Chen S M,Du Y,Fan L M. Lightning data observed with lightning location system in GuangDong Province,China[J]. IEEE Transactions on Power Delivery,2004,19(03):1148～1153.

[25] 廖海军. 多站无源定位精度分析及相关技术研究[D]. 成都:电子科技大学,2008.

[26] Dowden R L,Holzworth R H,Rodger C J, et al. World-wide lightning location using VLF propagation in the earth-ionosphere waveguide[J]. IEEE Antennas and Propagation Magazine,2008,50(5):40～60.

[27] Lay E H,Holzworth R H,Rodger C J. WWLL global lightning detection system:Regional validation study in Brazil[J]. Geophysical research letters,2004,31(3):1～5.

[28] Dowden R L,Brundell J B,Rodger C J. VLF lightning location by time of group arrival (TOGA) at multiple sites[J]. Journal of Atmospheric and Solar—Terrestrial Physics,2002,64(7):817～830.

[29] Rodger C J,Brundell J B,Holzworth R H. Improvements in the WWLLN network:Improving detection efficiencies through more stations and smarter algorithms[C]. Japan Geoscience Union Meeting,Chiba,2009.

[30] Rodger C J,Brundell J B,Holzworth R H,et al. Growing detection effciency of the world wide lightning location network[C]. Workshop on Coupling of Thunderstorms and Lightning Discharge to Near-Earth Space,2009,1118:15~20.

[31] Rodger C J,Werner S W,Brundell J B,et al. Detection efficiency of the VLF world-wide lightning location network (WWLLN):Initial case study[J]. Annales Geophysicae,2006,24:3197~3214.

[32] Richard P,Soulage A,Laroche P,et al. The SAFIR lightning monitoring and warning system:Application to aerospace activities[C]. International Aerospace and Ground Conference on Lightning and Static Electricity,Oklahoma,1988.

[33] Lennon C,Maier L. Lightning mapping system[C]. International Aerospace and Ground Conference on Lightning and Static Electricity,Florida,1991.

[34] Maier L,Lennon C,Britt T,et al. Lightning detection and ranging (LDAR)system performance analysis[C]. 6th Conf. on Aviation Weather Systems,Meteorol,1995.

[35] Hayenga C O. Characteristics of lightning VHF radiation near the time of return strokes [J]. Journal of Geophysical Research,1984,89(D1):1403~1410.

[36] Rhodes C T,Shao X M,Krehbiel P R,et al. Observations of lightning phenomena using radio interferometry[J]. Journal of Geophysical Research,1994,99(D6):13059~13082.

[37] 董万胜,刘欣生,郄秀书,等. 甚高频闪电辐射源的定位与同步观测[J]. 自然科学进展,2001,11(9):954~959.

[38] Thomas R J,Rison W,Hamlin T,et al. Observations of VHF source powers radiated by lightning[J]. Geophysical Research Letters,2001,28(1):143~146.

[39] 张海燕. 五通道相位干涉仪测向的研究和实现[D]. 四川:成都理工大学,2004.

[40] 谌丽,陈昊,肖先赐. 五元均匀圆阵干涉仪测向算法中解相位模糊的条件[C]. 中国电子学会电子对抗分会第十三届学术年会论文集,腾冲,2004.

[41] 赵春晖,李刚,唐爱华. 五元十字交叉阵的测向模糊分析及阵列改进措施[J]. 应用科技,2006,33(2):1~3.

[42] Taylor W I. A VHF technique for space-time mapping of lightning discharge progresses[J]. Journal of Geophysical Research,1978,83(C7):3575~3583.

[43] 曹冬杰. 闪电VHF辐射源定位系统误差分析及辐射观测研究[D]. 兰州:中国科学院寒区旱区环境与工程研究所,2007.

[44] Proctor D E. A hyperbolic system for obtaining VHF radio pictures of lightning[J]. Journal of Geophysical Research,1971,76(6):1478~1489.

[45] Proctor D E. Lightning and precipitation in a small multicellular thunderstorm[J]. Journal of Geophysical Research,1983,88(C9):5412~5440.

[46] 王彦辉. 闪电VHF辐射特征及3D时差定位算法研究[D]. 兰州:中国科学院寒区旱区环境与工程研究所,2006.

[47] Poehler H A,Lennon C L. Lightning detection and ranging system(LDAR)system description and performance objectives[R]. NASA Technical Memorandum,1979.

［48］ Maier L M, Lennon C, Krehbiel P, et al. Comparison of lightning and radar observations from the KSC LDAR and NEXRAD radar systems[C]. Preprints, 27th Conf. on Radar Meteorology, Vail, 1995: 648~650.

［49］ Maier L M, Lennon C, Biitt T. Lightning detection and ranging(LDAR) system performance analysis[C]. Proc. 6th Conf. on Avation Weather Systems, Dallas, 1995.

［50］ Koshak W J, Solakiewicz R J, Blakeslee R J, et al. North Alabama lightning mapping array (LMA): VHF source retrieval algorithm and error analyses[J]. Journal of Atmospheric and Oceanic Technology, 2004, 21(4): 543~558.

［51］ Krehaiel P R, Hamlin T, Zhang Y, et al. Three-dimensional total lightning observations with the lightning mapping array [C]. International Lightning Detection Conference, Tucson, 2002.

［52］ 张广庶, 王彦辉, 郄秀书, 等. 基于时差法三维定位系统对闪电放电过程的观测研究[J]. 中国科学: 地球科学, 2010, 4(40): 523~534.

［53］ 陈洪滨, 吕达仁. 从空间探测闪电的综述[J]. 气象学报, 2001, 3(59): 377~382.

［54］ Vorpahl J A, Sparrow J G, Ney E P. Satellite observations of lightning[J]. Science, 1970, 169(3948): 860~862.

［55］ Sparrow J G, Ney E P. Lightning observations by Satellite[J]. Nature, 1971, 232(5312): 540~541.

［56］ Turman B N. Detection of lightning superbolts[J]. Journal of Geophysical Research, 1977, 82(18): 2566~2568.

［57］ Powell J W. Lightning research from space[J]. Spaceflight, 1983, 25: 280~283.

［58］ Christian H J, Blakeslee R J, Goodman S J. The detection of lightning from geostationary orbit[J]. Journal of Geophysical Research, 1989, 94(D11): 13329~13337.

［59］ Boccippio D J, Koshak W, Blakeslee R J, et al. The optical transient detector (OTD): Instrument characteristics and cross-sensor validation[J]. Journal of Atmospheric and Oceanic Technology, 2000, 17(4): 441~458.

［60］ Christian H J, Blakeslee R J, Goodman S J. Lightning Imaging Sensor(LIS) for the Earth Observing System[M]. Huntsville: NASA Technical Memorandum, 1992.

［61］ Christian H J, Blakeslee R J, Goodman S J. The lightning imaging sensor[C]. International Conference on Atmospheric Electricity, Guntersville, 1999.

［62］ Suszcynsky D M, Kirkland M W, Jacobson A R, et al. FORTE observations of simultaneous VHF and optical emissions from lightning: Basic phenomenology[J]. Journal of Geophysical Research, 2000, 105(D2): 2191~2201.

［63］ Smith D A, Eack K B, Harlin J, et al. The los alamos sferic array: A research tool for lightning investigations[J]. Journal of Geophysical Research, 2002, 107(D13): ACL 5-1~ACL 5-14.

［64］ Shao X, Stanley M, Regan A, et al. Total lightning observations with the new and improved los alamos sferic array (LASA)[J]. Journal of Atmospheric and Oceanic Technology, 2006,

23(10):1273～1288.

[65] 杨莹.静止卫星闪电成像仪数据预处理关键技术研究[D].吉林:吉林大学,2012.

[66] De Leonibus L,Zauli F,Biron D,et al. Simulation of meteosat third generation lightning imager through tropical rainfall measuring mission:Lightning imaging sensor data[J]. SPIE Proceeding,2008,7087:12～14.

[67] 李晓坤,王淦泉,陈桂林.风云四号气象卫星扫描成像仪[J].科学技术与工程,2007,7:993～996.

[68] 中国科学院长春光学精密机械与物理研究所.《风云四号》星载闪电探测仪设计初步考虑[C].风云四号气象卫星使用要求研讨会,北京,2000.

第 4 章　国家雷电监测定位网技术

4.1　国家雷电监测网概况

4.1.1　国内外现状

国家雷电监测网一般依托现有的网络通信技术手段,由覆盖全国范围的探测站网、实时/准实时数据定位处理中心、数据应用服务系统组成,目前,美国、欧洲、日本、巴西、澳大利亚等国家和地区都建立了国家级的雷电监测网。其中,美国和欧洲闪电监测网都实现了对云地闪和云闪的监测,而且欧洲闪电监测网已经实现了对闪电的三维定位。

1984～1989 年,美国建立了使用早期磁方向闪电探测仪(ALDF)的三个独立的闪电探测区域网。1989 年,这些区域网间实现了数据共享,美国建立起国家闪电监测网(NLDN)。1995 年,美国 NLDN 进行了第一次全网升级,建设了一批 VLF/LF 时差测向混合系统探测站(IMPACT),结合 LPATS 时差系统,实现了对云地闪和回击的探测。1998 年,加拿大闪电监测网(CLDN)建成。美国和加拿大闪电监测网使用同一数据处理中心,形成由 187 个探测站组成的北美雷电监测网。2005 年,美国 NLDN 进行了第二次全网升级,升级为由 113 个站组成的 VLF/LF 时差测向混合云地闪和云闪探测系统(IMPACT-ESP)。目前,美国 NLDN 的闪电探测效率超过 95%,定位精度中值 250m。NLDN 闪电探测数据已得到了广泛的应用:用于强对流天气的预报预警、为电力部门的工程规划和运营提供闪电活动分析、用于保障航班飞行安全和机场室外工作安全、用于保险公司确定火灾或财产损失的起因、用于查找森林雷击火灾起火点、为高尔夫等室外娱乐活动提供雷暴报警等。2011 年,美国 NLDN 升级为结合 VHF 干涉测量和 VLF/LF 时差测向混合探测技术的三维雷电监测网。

2007 年,德国慕尼黑大学天电研究小组研制的 LINET 闪电监测网,不仅能同时探测云地闪和云闪,还能提供三维定位功能,平均定位精度达到 150m。目前该系统约由 90 个传感器组成,站点分布在德国、法国、比利时、芬兰、波兰、捷克、奥地利、匈牙利、意大利、英国、西班牙等 17 个国家,探测范围为西经 10°～东经 35°、北纬 30°～65°。LINET 监测网为预报单位提供闪电数据和服务,为许多国家和国际科学项目提供实时和历史数据。

中国科学院空间科学与应用研究中心是我国最早研究闪电与核爆电磁脉冲探测技术的单位之一。从 20 世纪 70 年代开始,研制了数代国产闪电与核爆监测设备。1986 年,中国科学院空间科学与应用研究中心通过"七五"攻关项目,从美国原 LLP 公司引进了当时最先进的磁方向闪电监测系统(ALDF),1990 年国产化成功,1991 年开始正式建立闪电监测网。1997 年,中国科学院空间科学与应用研究中心作者团队在国内最先研制成功采用 GPS 卫星定位系统的 VLF/LF 时差测向混合闪电定位系统(ADTD)。1997~2007 年,中国科学院空间科学与应用研究中心为我国气象、电力、电信、军队等部门建立了一批省级和区域时差测向混合闪电监测网。2004 年开始,为了整合全国的资源,避免重复建设,中国科学院空间科学与应用研究中心将全国多个部门建设的闪电监测网联网,开展"国家闪电监测系统"的综合试验研究。2007 年年底,中国气象局接收了中国科学院空间科学与应用研究中心雷电监测业务,基于中国科学院原有系统建立国家级雷电监测网。

　　截止到 2012 年 5 月,国家雷电监测网共有雷电探测站点 339 个,站点位置如图 4.1 所示。

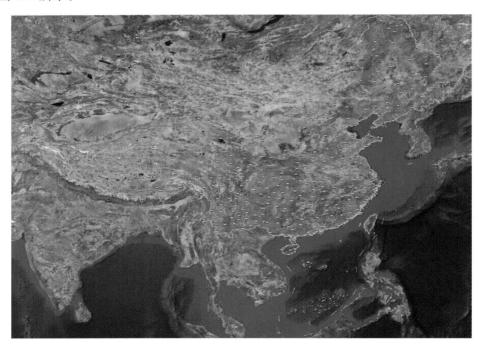

图 4.1　国家雷电监测网站点图

　　数据处理中心站的建设:中国气象局国家雷电数据处理中心设计最多能处理 1024 个探测站的数据,定位 1 次闪电回击的平均时间小于 10ms。由于雷电探测站测量数据上传有一定的时间延迟,其等待时间为 2s,即从探测站接收到雷电辐射信号,到定位结果输出,实时性优于 3s。其数据流程框图如图 4.2 所示。

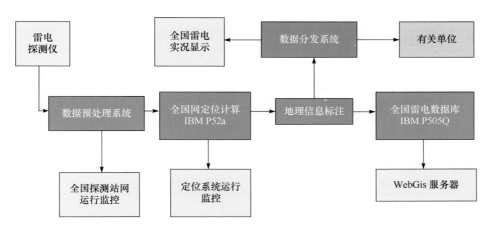

图 4.2　"国家雷电数据处理中心"数据流程框图

　　国家雷电数据处理中心业务系统在中国气象局信息中心运行,其仿真系统在气象探测中心运行,机房图如图 4.3 所示,"国家雷电数据处理中心"运行的主要软件如表 4.1 所示。

图 4.3　"国家雷电数据处理中心仿真系统"机房图

表 4.1　中国气象局国家雷电监测预警网主要软件

序号	软件名称	操作系统	主要功能
1	数据预处理	Linux	接收探测站实时数据,对数据进行格式转换、分类等预处理
2	全国网定位计算	Unix	依算法进行定位计算
3	全国数据处理监控	Windows	监控定位处理机的运行状况

续表

序号	软件名称	操作系统	主要功能
4	全国网探测仪监控	Windows	监控全国探测站的运行情况
5	地理信息标注	Windows	对定位结果依省、市、县标注
6	全国雷电数据库	Unix	以数据库的形式管理全国雷电定位结果
7	全国数据分发	Windows	分发全国雷电数据
8	全国雷电图形显示	Windows	显示全国雷电活动情况
9	全国雷电 WebGis	Windows	全国雷电网综合信息网站
10	全国网数据库管理	Windows	对数据库的访问进行监控

我国的雷电监测网所采用的技术为地基 VLF/LF 时差测向混合定位系统。雷电探测站采用中国科学院空间科学与应用研究中心作者研发团队 1997 年研制并生产的 ADTD 型闪电探测仪,该闪电探测仪能同时探测云地闪电回击过程辐射的电磁场发生的方位角及到达时间。

数据处理及定位算法:当有两个探测站接收到数据时,采用一条时差双曲线和两个测向量的混合算法计算闪电位置;当有三个探测站接收到数据时,在非双解区域,采用时差算法,在双解区域,先采用时差算法得出双解,后利用测向数据剔除双解中的假解;当有四个及四个以上探测站接收到数据时,采用时差最小二乘算法定位计算。

雷电监测业务实现了多种数据服务方式:专业版雷电图形显示系统为专业人员提供了数据分析和产品制作等功能;国家雷电监测网网站为公众提供部分雷电数据和产品的浏览和下载。

国家雷电监测业务自 2004 年开展以来,为强对流天气的监测预警、雷电灾害的防御等业务的开展提供了技术支撑,特别是在 2008 年奥运气象保障服务、2009 年国庆 60 周年雷电保障服务及"5·12"汶川大地震抗震救灾应急服务,发挥了重要作用。

除了气象部门外,雷电监测业务还在电力系统雷击故障点的查巡、森林雷击火灾的定点监测、火箭卫星发射场、机场和石油化工厂附近的雷电预警等方面取得了很高的经济效益。

在取得较大的社会与经济效益的同时,目前,国家雷电监测网主要存在 5 个方面的问题:

(1)国家雷电监测网只能探测云地闪,只能进行闪电二维(经度、纬度)定位;不能探测云闪,不能对闪电进行三维(经度、纬度和高度)定位。而云闪占整个闪电放电的 60% 以上,云闪的高度对强对流天气的预报、人工影响天气作业和航空航天更重要。

（2）国家雷电监测网设备严重老化、维护成本高。国家雷电监测网目前所采用的 ADTD 闪电探测仪是 1997 年研制成功并陆续投入使用的。随着电子科技的发展，雷电探测所采用电子技术已经落后，所用的电子元器件很多都已经停止生产。经过长年野外运行，部分设备严重老化，元器件很难购买到，导致维护成本很高。

（3）雷电探测站网部分区域布局不合理。最初的国家雷电监测网是由气象、电力和部队等不同部门的区域网联网而成，虽然经过几次站网建设和调整，仍然存在部分地区站网布局不合理的问题，特别是在原有区域网的边缘交界处。

（4）雷电探测数据与产品的服务能力有限。目前使用的专业版雷电图形显示系统和雷电监测网站较好地满足了国家级和省级气象局等高端用户的需求，但只具备二维闪电显示功能，国家雷电监测网升级为三维闪电探测系统后，业务需要三维闪电显示系统。另外，增加雷电数据与产品的移动终端访问能更好地满足大众的需求。

（5）急需建立国家雷电监测网的验证与标校系统。由于很难对自然界发生的闪电进行直接测量，无法获取闪电真实值，目前提出的雷电监测网的探测效率和定位精度等技术指标为理论计算值，所以国家雷电监测网的技术指标急需验证与标校。

2009 年，中国气象局气象探测中心依托"十二五"国家科技支撑计划项目，结合美国 IMPACT-ESP 和德国 LINET 系统的优点，和武汉大学、中国科学院合作，成功研制出 VLF/LF 三维闪电监测定位系统[1]。到目前为止，已经建设了 80 多个三维闪电探测站，并在中国科学院电工研究所建设了三维闪电数据处理中心。

本章将介绍新型 VLF/LF 国家三维闪电监测网。

4.1.2　国家闪电探测站网主要功能与技术指标

国家闪电探测站网由一定数量的闪电探测仪、基线距离大于 70km 的监测网组成，探测数据实时上传至中心处理端，三维位置解算软件根据接收到的多站点探测数据，进行相关性分析并计算出闪击位置，完成三维位置解算，并将结果通过网络传送到 3D 图形显示系统与应用服务系统。中心站系统监测及运行控制管理单元负责对整个监测网运行监控，探测数据和定位结果都存储在中心站数据库中。系统总结构图如图 4.4 所示。

国家闪电监测定位网技术指标：

（1）闪电回击类型：正云地（＋CG）、负云地（－CG）、正云内闪（＋IC）、负云内闪（－IC）；

（2）3D 定位精度：平面位置小于 300m（5 站网内），高度小于 500m（5 站网内）；

（3）回击探测效率：云地闪回击高于 90％（5 站网内）；

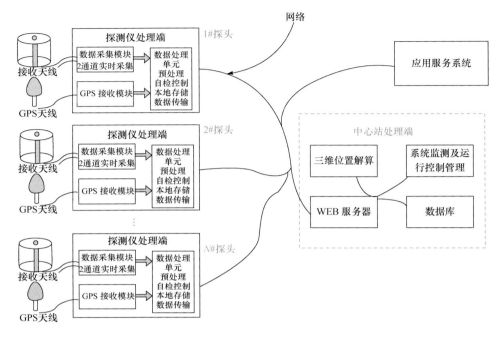

图 4.4　VLF/LF 三维全闪电监测定位系统总结构图

（4）闪电回击强度：相对误差小于 10％，极性准确率高于 99.9％；

（5）闪电回击时间：优于 10^{-4} s；

（6）闪电回击分辨率：小于 2ms；

（7）工作方式：自动、连续、实时测量，无人值守；

（8）可靠性：无故障工作时间 20000h。

4.2　国家雷电监测网探测仪技术

4.2.1　探测仪机械结构与技术指标

三维闪电探测仪（ADTD-2 型）机械结构和 ADTD-1 兼容，由支柱和仪器舱两大部分组成，探测仪的结构如图 4.5 所示。支柱的一端是经过精密机加工的顶端表面，顶端安装仪器舱，并用高强度玻璃钢罩密封；另一端是焊接的底部安装盘，用三根螺栓，通过支柱安装盘上的三个安装孔，将雷电探测仪安装在水泥墩上或用槽钢制成的支架上。探测仪水平调节依靠三个地桩螺丝，正北调整依靠转盘，要求转盘转动均匀、平整、无松动、卡死等现象。立柱笔直无扭曲，结构件表面喷漆均匀光亮、无锈斑与麻点、安装底盘和立柱的焊接牢固、焊接表面基本光滑平整。

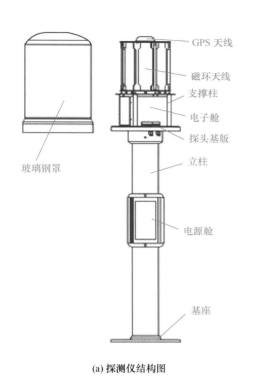
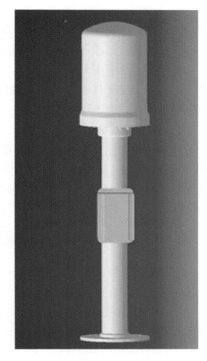

(a) 探测仪结构图　　　　　　　　　　(b) 探测仪3D效果

图 4.5　探测仪结构

1. 立柱

立柱是一根厚壁钢管,它有精密机加工的顶端表面和焊接的底部安装盘。仪器舱安装在顶端。用三根螺栓,通过支柱安装盘上的三个安装孔,将整个探头安装在水泥墩上。

立柱侧面挂有电源舱,用于将 220V 市电变压到 24V 直流,为仪器舱供电。同时电源舱内包含 220V 市电防雷模块、Zigbee 短距离通信模块/有线及无线通信模块、设备状态显示和控制系统。

2. 仪器舱

仪器舱是一个组合部件,由电子舱、磁环天线部件、密封圈以及玻璃钢罩组成。仪器舱被四颗特殊螺丝固定在立柱顶端的槽内,固定螺丝松开后,整个仪器舱可以用手转动,以便安装时校准天线部件的正北方向。在仪器舱的安装托盘上,设计有水平气泡,用以调整探测仪的水平指示。

1）电子舱

电子舱由三块印制电路板、长方形盒及连接电缆组成。

电子盒中的三块印制电路板是：前置信号放大板、CPU 控制板、母版。

2）电磁场及 GPS 天线部件

电磁场天线部件由四个天线组成：平板电场天线、东-西磁场环天线、北-南磁场环天线、GPS 接收天线。

3）玻璃钢罩

玻璃钢罩罩住整个仪器舱，上罩应表面平整，白色喷漆光洁、均匀，无明显斑点和凹凸感；安装在安装盘上的一个特殊密封圈，橡胶密封垫圈整齐，手感柔软，不发粘。罩上有三个 M4 螺孔，用螺丝可把它固定在安装盘上，并压缩密封圈以密封仪器舱。

3. VLF/LF 三维闪电探测仪技术指标

（1）闪电类型：正云地（＋CG）、负云地（－CG）、正云内闪（＋IC）、负云内闪（－IC）；

（2）闪电强度：相对误差＜3％（10～100kA）、相对误差＜10％（＜10kA、＞100kA）；

（3）时间精度：同步精度优于 10^{-7}s；

（4）测向精度：经校准后优于±1°；

（5）探测效率：＞5kA 以上闪电大于 95％（小于 600km）；

（6）事件处理时间：＜1ms（1s 钟处理 1000 次以上脉冲）；

（7）电源：市电 85～265V，50～60Hz，直流 20～30V；

（8）通信类型：有线网络、GPRS/CDMA 网络及卫星通信；

（9）功耗：＜15W；

（10）维修时间：＜30min。

4.2.2 探测仪电路

三维闪电探测仪电路系统主要由天线、信道处理、数字信号处理及电源等部分组成。探测仪前置信道板包括天线接口、信号前端处理模块及自检模块等。供电模组设计采用环境适应能力强的开关电源，通过设计达到获取多种电压的目的。

在该系统设计中，采取了诸多优异的前级信号处理方法，研制出更低噪声的电源模组，使该系统具有更低的背景噪声、更高的信道增益水平。信道板完全采用表面贴装元器件和多层板设计理念，有效减少了布线面积，减少了外界电磁辐射对信道板的干扰。信号前端放大电路运用极低输入噪声、低输入偏移电压、低输入偏移电流的高性能低噪声运算放大器，保证对天线信号放大的质量。结合程控滤波器技术,利用 Cadence 电路设计软件对信道板电源层、数字连接部分进行 EMI 分析,使得最终信号输出背景噪声降低到一个较低水平(峰峰值 20MV 以下)。ADTD-2 采用增益切换控制技术,通过系统软件和硬件相结合,信号幅值动态范围提高到 60dB。

探测仪系统信号处理主板设计采用超大规模的现场可编程逻辑门器件(FP-GA)作为核心,运用 SOPC 技术在 FPGA 上灵活构建了嵌入式软核 NIOSⅡ,有效整合总线资源,提高了设计可靠性和降低了硬件设计复杂性。FPGA 具有丰富的可编程接口和快速的逻辑门电路构建能力,系统设计在 FPGA 内集成来闪信号的处理模块、Zigbee 与网络等通信接口单元、显示及存储管理单元。主板其他部分包括 FPGA 配置芯片、调试接口、SRAM 和 FLASH 存储芯片、数字温度传感器、高稳定度 10MHz 恒温晶振、状态显示单元和信号后端处理模块等(图 4.6)。

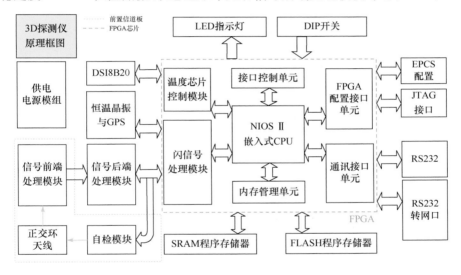

图 4.6　探测仪原理框图

1. 天线

探测仪天线为小环天线。小环天线是指环的导体长度小于 0.085λ(λ 为无线电波波长)的环状天线。小环天线接收电磁辐射信号增益最强方向垂直于环平面,增益最小方向平行于环平面。设计的接收天线采用正交环结构,用以辨别方向;环天线垂直平面,并且馈电端点在底部,为水平极化。经计算得到的探测仪天线史密斯圆图如图 4.7 所示。由于环的导体长度小于 0.085λ,从而使天线可以测得到类似 8 字的辐射形状。

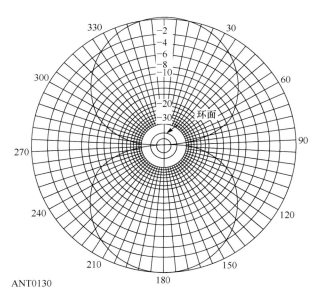

图 4.7　理想小环天线辐射方向图

　　探测仪是一个正交多圈调谐环,接收到的信号为环天线两个端点的电压。端点电压可以由下式给出:

$$V = \frac{2\pi NAE\cos\theta}{\lambda} \tag{4.1}$$

式中,V 为环天线两端点间的电压;A 为环面积,m^2;N 为环的圈数;E 为射频场强,V/m;θ 为环平面与信号源夹角;λ 为工作波长,m。

　　该等式来自一个称为有效高度的术语,有效高度就是能够传递给接收机相同电压值的一段地面上导线的垂直段的高度(或长度)。有效高度的计算式如下:

$$h = \frac{2\pi NA}{\lambda} \tag{4.2}$$

式中,h 的单位为 m。

　　根据式(4.2)可以得出探测仪正交环天线的等效高度很小,也就是天线能提供给处理电路的信号非常微弱。探测仪正交环天线接收的是 350kHz 以下信号,被测信号的波长都大于 1km,人为制造如此长的电磁波信号非常困难,要实际验证天线增益几乎不可能,导致天线实际增益只能停留在理论计算上。

　　正交环天线也作为定向天线,为获得较高的信号精度,相对于地面的环天线必须要达到静电平衡,否则环天线可能会呈现出小尺寸、无方向性垂直天线的工作模式,即天线效应。天线效应显著时,环天线将会发生谐振从而失去方向性。为天线加入调谐电容可以起到一定的效果,而实现静电平衡最有效的办法是给环天线加屏蔽罩。屏蔽罩可以消除天线效应,使得环天线比较接近理想状态。

图 4.8 为环天线屏蔽示意图,屏蔽罩两端没有连接在一起以避免屏蔽掉磁场,而屏蔽罩能有效地屏蔽电场。

2. 信号前端处理框图

信号前端处理框图如图 4.9 所示。VLF 探测仪信道板主要包括以下 4 个部分:天线信号低噪声放大器、天线自检控制、增益控制以及信号滤波。信道单元的特点:

(1) 增益实现自动控制,探测参数和国家雷电监测网一致,处理信号幅值范围为 ±10V;

(2) 电场通道采用工频滤波和椭圆滤波两种方式,提升去噪声能力,同时对电场信号 E 进行相位修正,保持与磁场信号 B 相位一致;

(3) 检出电场和磁场信号中高频干扰成分,用于识别干扰信号 BPR 等;

(4) 对磁场信号采用程控滤波的方法,根据磁场信号特点设定滤波方式,控制信道带宽,减少干扰。

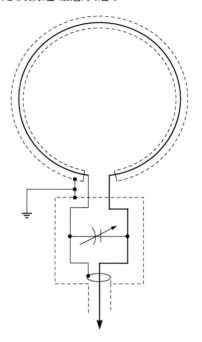

图 4.8　天线静电屏蔽示意图

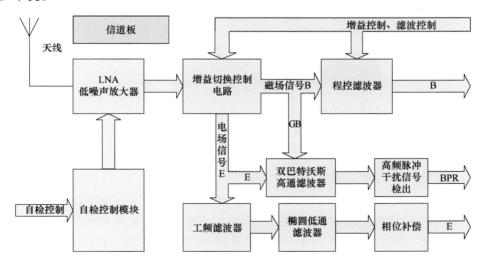

图 4.9　信号前端处理框图

3. FPGA 处理模块

FPGA 处理模块完全采用硬件描述语言编写。模块集成了 AD 控制器、时间同步控制模块、数据缓存单元、平滑滤波模块、信道板控制模块、闪处理单元等（图 4.10）。

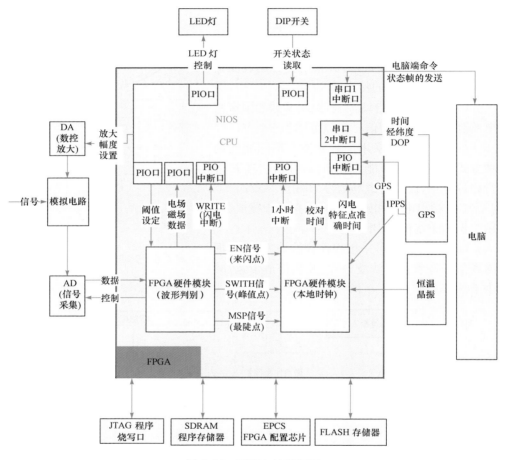

图 4.10 FPGA 处理框图

系统设计采用的 FPGA 器件具有丰富的逻辑门资源（超过 35000 个逻辑门），利用 FPGA 构建有高速数字接口控制电路、数字逻辑判别电路和数字信号处理单元。高精度 GPS 时钟同步，10MHz 恒温晶振，提供计数时钟，保证时间的精确性（精度为 100ns）；12bit 分辨率提高采样数据精度；去背景噪声减少低噪声对小幅值信号分析带来影响，同时平滑滤波除去了高频干扰，可以准确确定来闪绝对时间。

4. 电路设计仿真实现

前置信道仿真测试可描述如下。

（1）前置放大电路特性。

天线信号经调谐后需经过前置放大，前置放大电路如图 4.11 所示，电路采用 SPICE 建模，计算出 2 级前置放大电路的频率响应和电压增益，如图 4.12 所示。

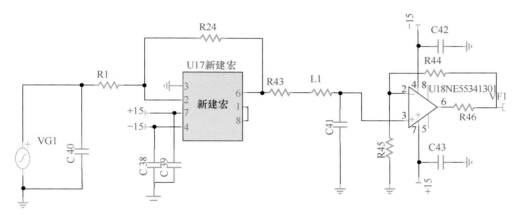

图 4.11　前置放大电路图

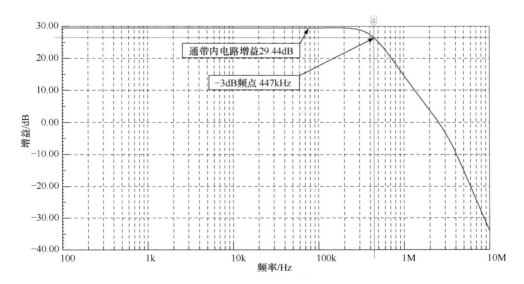

图 4.12　前置放大电路频率响应曲线

从图 4.12 中可以看出,2 级前置放大器对天线信号增益在通带内平坦,最大为 29.44dB,通带带宽为 447kHz。对前置放大电路进行直流特性分析,如图 4.13 所示,放大电路在 0~419mV 输入电压区间内线性放大,最大输出峰值电压为 12.38V。从温度特性分析图 4.14 中看出,在 -40~70℃ 区间内电路输出稳定,最大最小偏移电压间仅差 1.4μV。

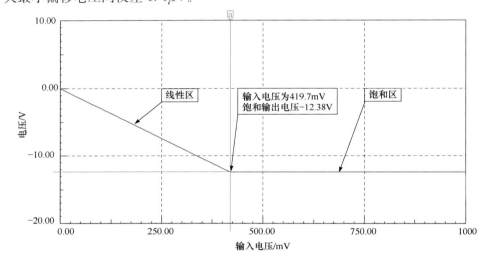

图 4.13   前置放大电路直流特性分析曲线

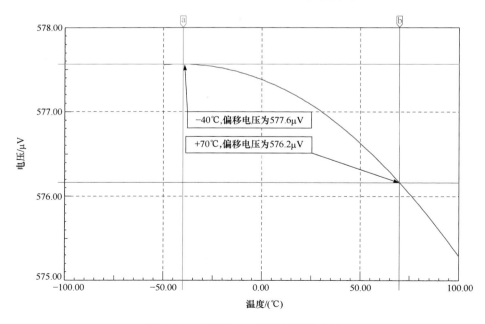

图 4.14   前置放大电路温度特性分析

（2）磁场通道电路特性。

磁场通道电路同样采用 PSPICE 建模。图 4.15 为电路简易模型。

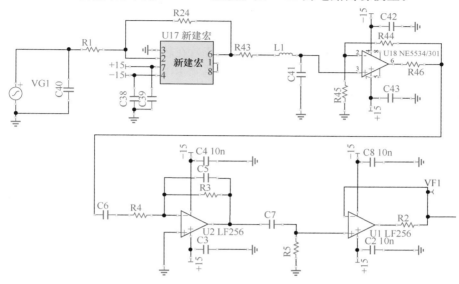

图 4.15　磁场通道放大电路

磁场通道增益曲线如图 4.16 所示，整个信道带宽为 20.7kHz，−3dB 点分别处在 586Hz 和 21.3kHz，通带较为平坦，带内最大增益达到 60.83dB。在整个频带中，电路在 387.5kHz 处仍具有 33.69dB 的增益余量，以保证电路能对较高频率信号处理。

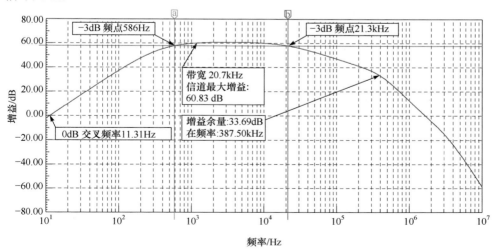

图 4.16　前置信道板磁场通道增益曲线图

　　放大电路工作是否稳定取决于电路的相位裕度(phase margin,PM),相位裕度可以看做是系统进入不稳定状态之前可以增加的相位变化,相位裕度越大,系统越稳定,相位裕度至少要大于45°电路才能稳定。对磁场通道进行相位裕度分析看出,第一个 0dB 交叉频率点在 11.31Hz,相位裕度达到 176.48°;第二个 0dB 交叉点在 1.67MHz,相位裕度为 68.11°(图 4.17);在较高的相位裕度能保证电路在一个较为稳定的状态下工作。群延时曲线(图 4.18)给出了连续信号通过电路时延时情况,在 1kHz 以下延时较长,但对于脉冲信号,群延时曲线不适合。

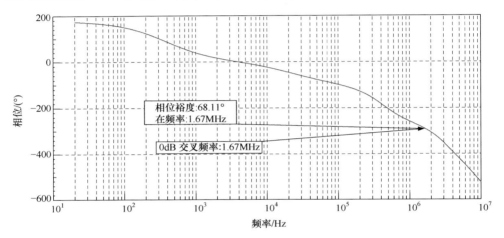

图 4.17　前置信道板磁场通道相位裕度曲线

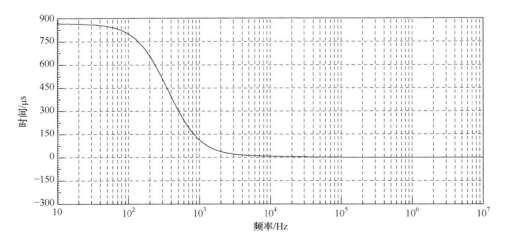

图 4.18　磁场通道群延时曲线

（3）磁场信号仿真。

根据建立的电路 PSPICE 模型，在信道前端加入，VF1 信号（图 4.19）来模拟正交环天线端接收信号，脉冲宽度定位 7.5μs，脉冲峰点幅值设定为 24.2mV，经过前级放大和后级放大处理后，得到 VF6 信号，即模拟的磁场信号，VF6 信号峰点时间为 7.48μs，峰点幅值为 10.03V，后过零点时间为 55.84μs。图 4.20 为前置 2 级放大器输出信号和后级放大器输出对比，从图中可以看出，在设定输入脉冲的脉宽不变情况下，给后级放大器输入峰值为 306.09mV 的脉冲，得到输出的磁场信号峰点幅值为 3.97V，峰点时间为 7.39μs，后沿长度 36.95μs。将图 4.20 中两个图进行比较可以看出，在输出幅度不同情况下，它们之间峰点时间差别不到 0.1μs。

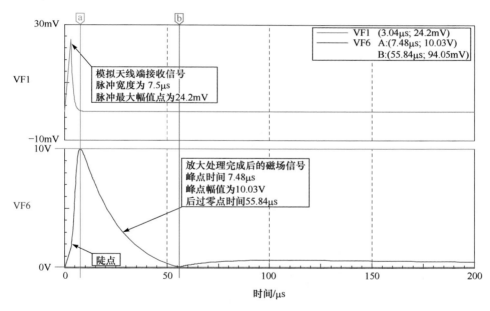

图 4.19 磁场信号模拟

（4）电场通道特性。

图 4.21 为电场滤波电路。从滤波器特性曲线图 4.22 中可以看出，滤波器相位裕度为 65.6°，稳定性好，−3dB 频点在 8.64kHz 处。50Hz 衰减 78dB，有效抑制了工频对电场通道信号的干扰。

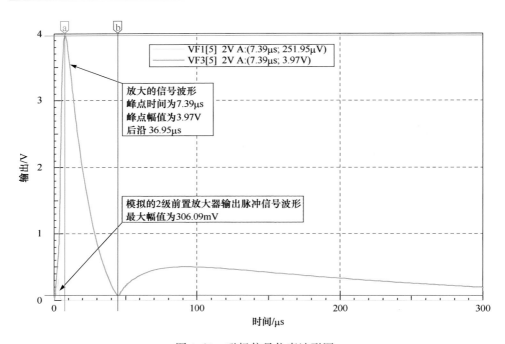

图 4.20　磁场信号仿真波形图

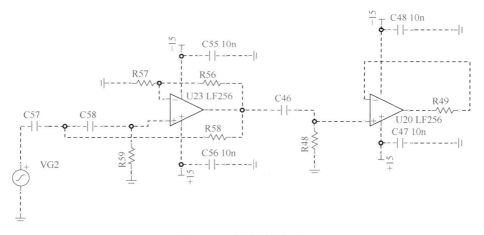

图 4.21　电场滤波电路

5. 不同峰点幅值时间点对比

图 4.23 为 2 级前置放大器放大后的 5 个信号波形图,脉冲脉宽相同,峰点幅值由小到大依次递增,分别为 15.35mV、87.61mV、159.88mV、232.15mV、

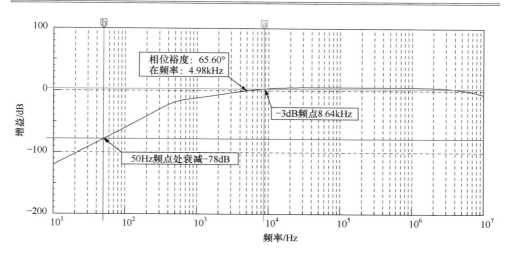

图 4.22　电场通道滤波器特性曲线图

304.41mV。图 4.23 为输出的 5 个磁场信号波形图，从图中可以看出，输出的波形幅度依次为 128.47mV、1.07V、2.03V、3V、3.97V，峰点时间都在 $(7.4\pm0.1)\mu s$ 以内，而后过零时间点不一致。分析得出磁场通道对不同幅度输入信号进行放大，对峰点到达时间的影响在 $\pm0.1\mu s$ 以内，有效地控制了线路对来闪到达时间误差（图 4.24）。后过零点随信号的强弱而发生漂移，信号越强，后过零点时间越长，不能作为记录闪到达时间的判断依据。

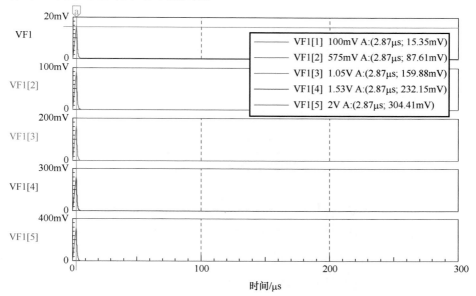

图 4.23　2 级前置放大器放大后的信号波形图

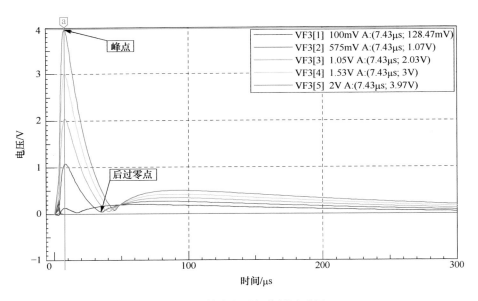

图 4.24　输出的磁场信号波形图

6. 信号完整性设计

CPU 板上除了处理前置板信号的低速模拟电路外，还包含负责控制整个系统运行的 FPGA、高速程序运行存储器 SRAM、下载配置电路以及 50MHz 有源晶振，其中，SRAM 运行所需的 100MHz 时钟频率由 FPGA 倍频后获得。由于时钟频率较高，根据经验，100MHz 频率信号会有 350MHz 信号辐射出来，50MHz 信号产生的辐射信号也将有 150MHz。为使数字电路正常运行和符合信号完整性要求，同时减小 CPU 板电磁辐射水平以满足电磁兼容指标，CPU 板采用了四层板设计，设计采用的叠层结构如图 4.25 所示。

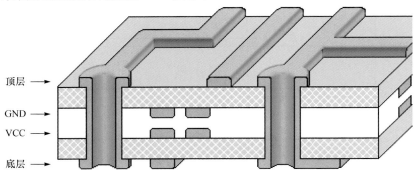

图 4.25　叠层结构图

利用完整的电源平面和地平面可以有效地吸收信号在传输线上的过冲和振铃,减弱地弹。根据实际工艺,电路板材质选用电解质常数为 4.6 的 FR4,地层 GND 和信号层 Top Layer 间距为 0.12mm,顶层铜箔厚为 18μm,利用软件对地平面噪声特性进行仿真,地平面对噪声的吸收在 500MHz 以下有着比较理想的效果。结果如图 4.26 所示。

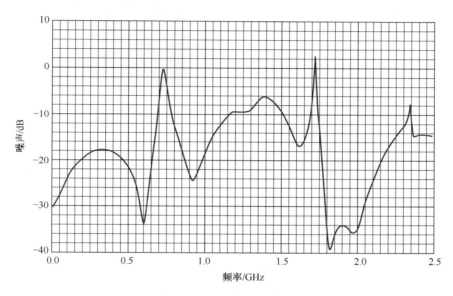

图 4.26　地平面噪声衰减图

SRAM 作为程序运行存储器,由于数据总线和地址总线上数据变换频繁,加之系统运行速度在 100MHz,因此对 SRAM 和 FPGA 连接提出了较高要求。对于 100MHz 的信号,其在一根长度为 10cm 的传输线上通过时产生的阻抗为直流信号通过此传输线时的 1000 倍,所以必须要控制连线阻抗在 50Ω 左右才能保证系统正常稳定运行。

在设计中,走线宽度、沉铜厚度、板材选择、叠层厚度与实际工艺一致,经理论计算得出的连线阻抗为 50.88Ω,表面微带线特性参数图如图 4.27 所示。

4.2.3　探测仪电源与通信

1. 电源设计方案

电源设计目标为采用市电 220V 供电,功耗大约为 15W,电源适应范围为87~278V。电源模组框图如图 4.28 所示。

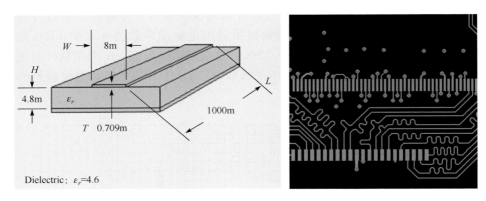

图 4.27　阻抗控制

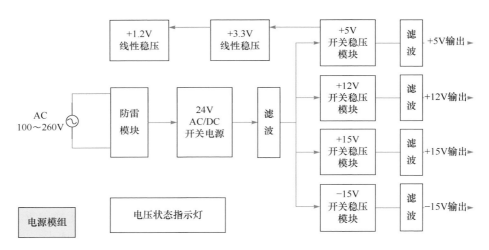

图 4.28　电源模组框图

系统电源设计遵循电网适应能力强、抗干扰能力强、电源输出噪声较低及具有自我保护能力的原则。

系统方案设计优点：

（1）AC 输入范围为 100～220V，电网波动适应能力强；

（2）设备只需 24V 输入即可运转，可以满足其他接电方式，如太阳能电池；

（3）二次电压转换都用上开关电源稳压芯片，大大提高了电源效率，有效降低了整机功耗。

系统电源设计全部采用成熟的开关电源方案，但开关电源噪声较大（尖峰脉冲噪声能达到 100mV），消除这些噪声至关重要。正电压转换成负电压所使用的电路拓扑类型是关键，合理选择可以有效降低开关噪声。

通过对电源模组布线仿真以及表贴器件工艺,采取共模滤波措施和 EMI 噪声仿真分析,将电源纹波噪声峰峰值控制在 20MV 以下,满足系统对电源的性能要求。电源转换效率在 80% 以上,可以获得大电流输出同时有效降低电源发热功耗,提高电源稳定性。

1) 电路设计

二次电源转换电路设计采用美国半导体公司出产的单片集成开关稳压芯片 LM2676,该芯片具有较宽输入电压范围(8~40V),最高 94% 的转换效率,低至 150mΩ 的开关导通电阻,可以达到最高 3A 的输出电流。电路原理图如图 4.29 所示。

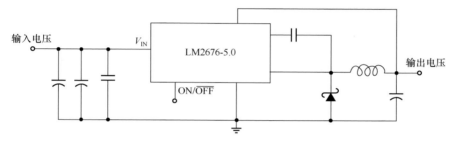

图 4.29　正电压转换电路图

2) 电源转换效率

电源转换效率公式如下:

$$\eta = \frac{V_{\text{IN}} - V_{\text{SW}}}{V_{\text{IN}}} \cdot \frac{|V_{\text{OUT}}|}{|V_{\text{OUT}}| + V_{\text{D}}} \tag{4.3}$$

式中,V_{IN} 为输入电压;V_{OUT} 为输出电压;V_{D} 为肖特基二级管正向导通电压;V_{SW} 为 DMOS 管开关导通压降(图 4.30)。

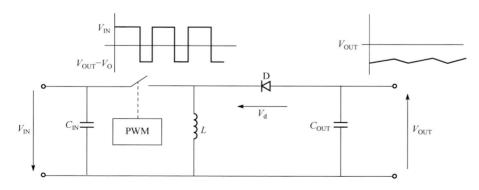

图 4.30　Buck-Boost Converter 拓扑结构,用于正电压转负电压

根据公式计算得出电路转换效率,如图 4.31 所示。输出电压变化范围如图 4.32所示。

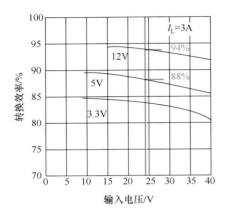

图 4.31　二次电压变换效率图

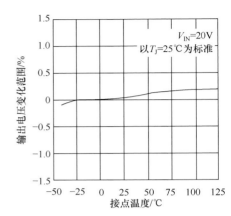

图 4.32　输出电压稳定度温度曲线

2. 通信

设备可采用三种通信方式:

(1) RS232;

(2) GPRS 或者 CDMA;

(3) 网络 RS232 转 RJ45,如通过 Nport 转换。

4.2.4　NIOS Ⅱ 嵌入式 CPU 结构

NIOS Ⅱ 是片上可编程系统,可以灵活构建 CPU。探测仪系统设计中把内存管理的 IP 核、网络通信 IP 核、液晶终端显示 IP 核、AD 与 DA 控制 IP 核等加入 CPU 中,各 IP 核数据通过 AVALON 总线与嵌入式软核进行交互,形成一个满足设计要求的定制型 CPU,给实际设计带来极大的灵活性(图 4.33)。

4.2.5　探测仪嵌入式软件

探测仪软件是整个探测仪的灵魂,直接决定了探测仪的性能,在设计上充分考虑设计的可移植性、处理速度和可靠性等要求,运用了多中断处理技术、并行处理技术和多任务协同等处理技术,基于可编程逻辑器件和嵌入式处理器内核,完成了系统软件的架构设计与实现[2]。

1. 软件功能设计

根据累计探测的任务需求和相关的设计技术,该软件要实现的基本功能是:

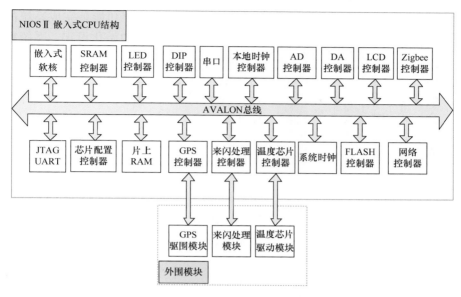

图 4.33　CPU 结构

（1）GPS 信息的读取及精确时钟；

（2）测量闪电回击波形的参量，并将探测数据实时送出；

（3）接收外界的命令，并根据命令执行相应的工作，返回信息；

（4）必要的自我维修、测试功能。

2. 软件架构设计

系统软件结构框图如图 4.34 所示，主要包括系统初始化、波形判别、本地时钟、GPS 授时、状态管理、自检、通信单元和主系统运行等功能模块。

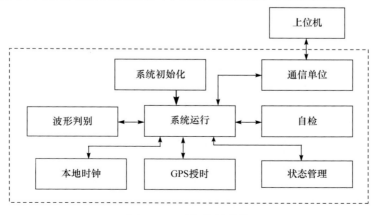

图 4.34　系统软件结构

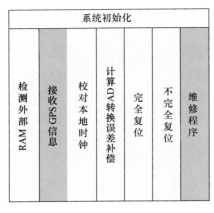

图 4.35　系统初始化结构框图

系统初始化的主要功能是完成系统的启动和各个功能单元的初始化设定。系统初始化的结构框图如图 4.35 所示。初始化包括检测外部 RAM、接收 GPS 信息、校对本地时钟、计算 AD 转换补偿误差、复位及维修程序的选择处理。

系统自检模块的主要作用是确定系统各个单元能够正常的工作,其结构模块细分如图 4.36 所示。自检部分主要包括测频、GPS 信息检测、校对本地时钟、校正 AD 转换误差、发测试闪电、计算测试闪电场磁场值、计算增益系数、计算通道系数和平均校正系数值。

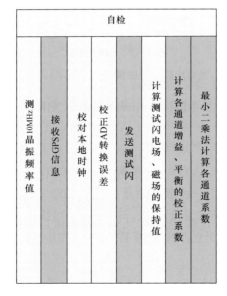

图 4.36　系统自检结构

系统运行作为软件设计的主控制部分,完成各个功能单元的协调和中断的处理,起到任务调配的功能。其结构细分如图 4.37 所示。系统运行包括发送状态信息、闪数据信息、中心站命令处理、中断程序处理以及 AD 的采集和误差计算。

雷击探测的整个系统基于 NIOS Ⅱ 处理器,NIOS Ⅱ 处理器是 Altera 公司开发的一款嵌入式软核,可以根据任务的需求进行设计的裁剪和资源的管理。整个系统的处理结构框图如图 4.38 所示。图中,系统和上位机以及 GPS 的通信都采用串口协议实现。

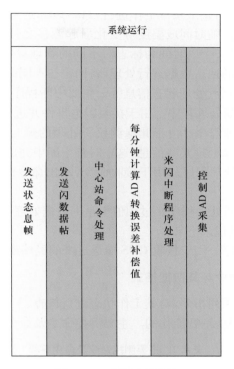

图 4.37　系统运行结构

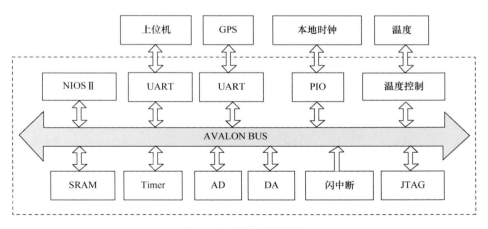

图 4.38　软件处理架构

3. 软件结构划分

　　程序的基本组成分为初始化程序、自检程序、主程序以及相关中断程序。初始化程序用于对整个系统硬件及软件置初始状态，设置中断，对模数转换器进行分层调整等;自检程序用于对整个系统工作进行自检,以确定系统工作是否正常,并求出由软件算出的对硬件随时间或温度等变化引起漂移之补偿值;主程序段是自检通过以后的程序,这是一个以时间为标志对不同的物理量或任务进行处理循环程序。它需要对探测仪的回击数据进行处理,将回击按不同的格式发送出去,需要定时处理自诊断、处理命令、处理状态信息等。主要中断程序包括:

(1) 闪电信号中断处理程序。用于接收闪电事件并进行处理。

(2) 时钟中断处理程序。由于此探测仪所处理的量与时间关系极其密切,故需要一些准确的时间来处理某些信息,这在时钟中断中完成。

(3) 串行口中断处理程序。用于接收命令,输出命令结果,输出闪数据、输出状态信息等。

(4) 过阈值率中断处理程序。过阈值率是闪数据处理中判别背景噪声大小的一个量,需要将这个量记录下来。

(5) GPS 中断程序。用于接收 GPS 输送过来的经纬度及时间等信息。

4.2.6　探测仪测控命令与集数据格式

探测仪可以通过系列指令,对其工作状态进行检查、工作参数进行设置以及一般故障进行诊断与恢复,是智能化的。主要测控命令及命令解释如表 4.2 所示。

表 4.2　主要测控命令及命令解释

(a) 测控命令集

命令编号	命令字及其缩略形式		参数个数	功能简述
1	ADCTEST	(ADCT)	4	模数转换器测试
2	BAUDRATE	(BR)	0 或 1	显示或设置通信波特率
3	CLEAR	(CLR)	0	清除全部 RAM 和复位硬件
4	CORRECTIONS	(CORT)	0	显示现行的校正量
5	FLASHES	(FL)	2 或 0	产生测试闪
6	FREQUENCY	(F)	0	显示 10MHz 恒温槽石英晶振频率值
7	HELP	(H)	0	显示探测仪命令的清单
8	LIMITS	(LIM)	0	显示自检通过/失败的限定范围
9	RATE	(R)	0 或 1	显示或归零阈值通过率
10	RESET	(RST)	0	复位硬件
11	SELFTEST	(ST)	0	启动一次自检
12	STATUS	(S)	0	显示状态(完整的自检结果)
13	STATUS-PERIOD	(SP)	0 或 1	显示或规定发送状态信息的周期
14	TEMPERATURE	(T)	0	显示探测仪舱内的温度
15	THRESHOLD	(TH)	0 或 1	显示或设置阈值
16	TIME	(TM)	0	显示当前日期和时间
17	TYPETEST	(TT)	0	生成一个连续的通信测试数据流
18	VERSION	(V)	0	显示现行的软件版本

(b) 探测仪数据格式

探测仪二进制探测数据格式

序号	数据名称	数据内容	类型	字节数	偏移量
1	FrameStart ID1	帧起始标志第一字节(0EBH)	byte	1	00H
2	FrameStart ID2	帧起始标志第二字节(90H)	byte	1	01H
3	FrameTag	帧种类(1:云地闪;2:云内闪)	byte	1	02H
4	Hour	闪到达时间的小时值	byte	1	03H
5	Minute	闪到达时间的分钟值	byte	1	04H
6	Second	闪到达时间的秒值	byte	1	05H
7	μs-01	闪到达时间的 0.1μs 值	dword	4	06H
8	Bns	南北峰值磁场	real	4	0AH
9	Bew	东西峰值磁场	real	4	0EH
10	E	峰值电场	real	4	12H
11	CountLightning	当日零点起探测闪电计数器	Long	4	16H
12	SensorID	国家网闪电定位仪编号	word	2	1AH
13	PP-01μs	峰点时间(0.1μs)	word	2	1CH
14	HWP-01μs	后过零点时间(0.1μs)	word	2	1EH
15	CheckSum	帧校验和	byte	1	20H
16	FrameEnd ID1	帧结束标识第一字节(0DH)	byte	1	21H
17	FrameEnd ID2	帧结束标识第二字节(0AH)	byte	1	22H

帧长度　　35 字节

状态的二进制数据帧格式

序号	数据名称	数据内容	类型	字节数	偏移量
1	FrameStart ID1	帧起始标识第一字节(0EBH)	byte	1	00H
2	FrameStart ID2	帧起始标识第二字节(90H)	byte	1	01H
3	FrameTag	帧种类(0 表示状态信息帧)	byte	1	02H
4	Hour	发送状态信息时的小时值	byte	1	03H
5	Minute	发送状态信息时的分钟值	byte	1	04H
6	Second	发送状态信息时的秒值	byte	1	05H
7	Year	发送状态信息时的年	word	2	06H
8	Month	发送状态信息时的月	byte	1	08H
9	Day	发送状态信息时的日	byte	1	09H
10	ResultOfSelfTest	最近一次自检的通过标志	word	2	0AH

序号	数据名称	数据内容	类型	字节数	偏移量
11	Threshold	当前的阈值	word	2	0CH
12	TCR	当前的阈值平均通过率	real	4	0EH
13	Longitude	最近一次自检时 GPS 经度	real	4	12H
14	Latitude	最近一次自检时 GPS 纬度	real	4	16H
15	DOP	最近一次自检时 GPS 误差值	word	2	1AH
16	SensorID	国家网闪电定位仪编号	word	2	1CH
17	FrequencyError	10MHz 恒温槽石英晶振频率值的偏差(实测值),单位:Hz	integer	2	1EH
18	CheckSum	帧校验和	byte	1	20H
19	FrameEnd ID1	帧结束标识第一字节(0DH)	byte	1	21H
20	FrameEnd ID2	帧结束标识第二字节(0AH)	byte	1	22H
帧长度	35 字节				

另外,探测仪具备从天线到输出端口全自检功能,对核心部件工作参数自动输出,故障自动报警。设备状态信息表如下:

Passed selftest at=15:17:18   6/29/2011

GPS Error amplify factor=2.3DOP

Longitude=116.3254",Latitude=39.9490"

Temperature was   36.9"C   Frequency was 10000000Hz

Threshold crossing rate=0.027

Threshold=0.100,Readback=0.100,Crossing rate=0

Test flash statistics

Below threshold   16

Good flashes   26

Overranges   20

Bad polarity   0

Fitted quantity	Slope	Offset	Variance
ADC(Full range)	0.999	−0.001	7.880
ADC(Low range)	1.000	0.000	0.000
NS B-Field(−)	3.999	0.020	8.926
NS B-Field(+)	3.958	−0.047	8.745
EW B-Field(+)	−4.066	−0.026	9.229
EW B-Field(−)	−4.062	0.019	9.209

E-Field(+)	−2.709	−0.060	4.097
E-Field(−)	−2.761	0.004	4.256
NS/EW Ratio	0.991	−0.000	0.070

4.3　定位算法与数据处理中心

本节主要介绍三维雷电监测系统中心站软件的组成、结构、实现方式、主要的数据结构、算法等,数据库的物理设计、逻辑设计等。

4.3.1　系统概述与数据处理流程图

中心站软件是三维雷电监测定位系统的重要组成部分,主要包括数据处理中心、数据存储中心和数据服务中心。它实时接收各地的探测仪实时发送来的雷电探测数据,实时对这些数据进行三维定位处理和存储,并根据需要将这些三维定位结果发送给各个数据用户。

三维雷电监测定位系统有两种运行模式。

1. 实时运行模式

在实时运行模式下,数据接收与处理软件部件通过公共广域网(CDMA、Internet等)实时接收全国各地的探测仪发送来的回击数据和状态数据,将接收到的数据分类、存储,将状态数据发送到探测仪监视软件部件,将回击数据进行定位处理,将自身的运行状态信息、数据接收的统计信息发送给系统监视软件部件显示。

数据处理软件对回击数据实时排序;定时扫描排序后的数据,将同一雷电的回击数据提取,将过时的数据丢弃;对获取的同一雷电的数据进行定位计算,得到三维定位结果,将三维定位发送到数据存储软件部件,将自身的运行状态信息、三维定位结果统计信息发送给系统监视软件部件显示。

数据存储软件部件接收到回击数据、状态数据和三维定位结果后,将回击数据和三维定位结果信息存储到数据库,根据状态数据判断探测仪状态,并根据数据库中探测仪当前状态确定探测仪状态是否改变,如果改变则将该状态数据记录入库,如果没有改变,则该状态数据不记录入数据库;数据存储软件部件将定位结果统计信息发送给探测仪控制与系统监视子系统显示。

系统监视子系统接收到系统中各种软件运行状态信息、状态数据、各种数据统计信息,分类将软件运行状态、探测仪运行状态、数据统计信息显示;获取并显示相应计算机的资源信息。

在实时运行模式下,系统的流程如图 4.39 所示。

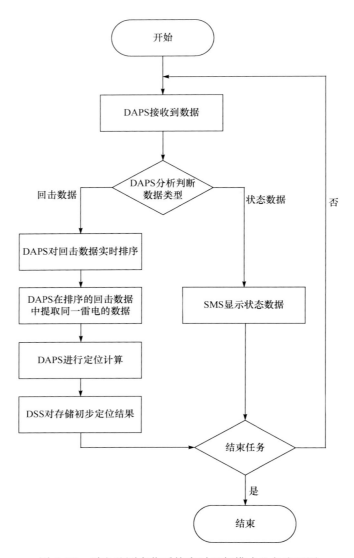

图 4.39　雷电监测定位系统实时运行模式业务流程图

2. 再处理模式

再处理模式是完全的事后处理模式,由数据再处理软件部件独立完成;操作员通过数据再处理软件部件提供的良好的操作界面选择需要进行再处理的回击数据,设定必要的处理参数,进行数据再处理,将得到的处理结果发送到数据存储软件部件。

在上述流程图及以下章节中使用下面的术语及缩略语,其代表的意义如下:

（1）探测仪:安装在各地的雷电探测仪器,通过公共广域网连接在一起;

（2）回击数据:探测仪接收闪电的回击信息后产生的数据,用于进行定位计算;

（3）状态数据:探测站定时生成的自身的运行状态信息。用于检测探测仪的工作情况;

（4）检测信息:探测仪根据接收到的检测命令产生的恢复信息,一般为 ASCII格式,含有探测仪的状态信息;

（5）定位结果:根据多个探测仪同一时间单位内收到回击数据计算得到的闪电的位置、强度等信息;

（6）FMLS:雷电监测定位系统;

（7）DAPS:数据接收与处理子系统;

（8）SMS:系统监视子系统;

（9）DSS:数据存储子系统;

（10）DRS:数据再处理子系统。

4.3.2 系统结构设计

根据 FMLS 的任务、运行环境和需求,将 FMLS 划分为数据接收与处理子系统（DAPS）、系统监视子系统（SMS）、数据存储子系统（DSS）和数据再处理子系统（DRS）,其系统结构图如图 4.40 所示。

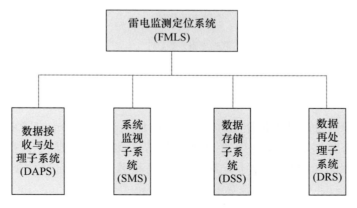

图 4.40 FMLS 系统组成图

整个 FMLS 通过 1000M 带宽组成以太局域网,其中数据接收与处理子系统还通过路由器和公共广域网连接,因此数据接收与处理子系统有双网卡。其硬件组成图如图 4.41 所示。

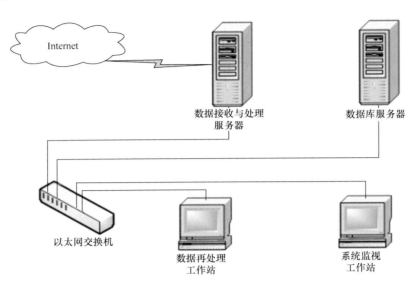

图 4.41　FMLS 硬件组成图

根据功能需求、系统结构设计，将 FMLS 划分为以下软件部件，如表 4.3 所示。

表 4.3　FMLS 软硬件对应表

序号	软件名称	硬件名称	完成功能
1	数据接收与处理软件模块	数据接收与处理服务器	数据接收、处理功能
2	系统监视软件模块	系统监视工作站	系统监视功能
3	数据存储软件模块	数据库服务器	三维定位结果、定位结果的实时入库，回击数据、状态数据的实时入库
4	数据再处理软件模块	数据再处理工作站	回击数据再处理功能
5	数据库	数据库服务器	完成数据库运行

以上 5 个软件模块共同组成中心站软件，接收从 Internet 传送来的探测仪回击数据和状态数据，经过定位处理，得到定位结果，将回击数据、状态数据和定位结果存储在数据库和数据文件中。其他各系统和数据用户通过数据库获取定位结果。

4.3.3　数据接收与处理模块

1. 模块功能

数据接收与处理模块功能：接收探测仪通过广域公共网（Internet、CDMA 等）以 UDP 方式发送来的回击数据、状态数据和检测信息，对接收到的数据按天分类存储,形成回击数据文件和状态数据文件;将回击数据进行排序、提取同一雷电的数据、定位计算,得到三维定位结果,并将三维定位结果存储形成三维定位结果文件;将状态数据发送给 SMS 和 DSS;将回击数据统计信息(IF_FD_STIS)、状态数据统计信息(IF_SD_STIS)、DAPS 运行状态(IF_DAPS_STA)发送给 SMS。

输入:

(1) 回击数据;

(2) 状态数据。

输出:

(1) 排序后回击数据;

(2) 状态数据;

(3) 回击数据统计信息;

(4) 状态数据统计信息;

(5) 三维定位结果;

(6) DAPS 运行状态。

2. 软件组成和进程环境

DAPS 的运行环境如图 4.42 所示。

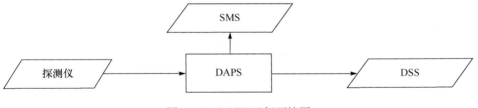

图 4.42　DAPS 运行环境图

根据数据处理软件的功能,该模块的实现又可分为如图 4.43 所示的几个模块。

图 4.43　DAPS 部件组成图

（1）数据收发模块（DAPS_DRS）：接收从探测仪通过 Internet 发送来回击数据、状态数据，将接收到的数据转发给本软件部件内相应软件模块；同时接收各软件模块发送来的数据，并转发给相应的其他软件部件。

（2）数据存储模块（DAPS_DS）：将回击数据和状态数据分别按天存储为文件，存储的文件为二进制格式。

（3）回击数据排序模块（DAPS_DSORT）：对接收到的回击数据按照时间实时排序，形成排序后的回击数据。

（4）回击数据处理模块（DAPS_DP）：在排序后的回击数据中，按照定义的同一雷电回击数据窗口，在排序后的回击数据中查找同一雷电回击数据，对获取的同一雷电的回击数据，进行三维定位计算。

（5）定位结果确认模块（DAPS_RC）：对未经过确认的三维定位结果进行可信性分析和确认，将经过确认、可信的三维定位结果发送。

（6）日志模块（DAPS_LG）：接收数据收发子功能发送来的运行日志，将日志信息存储形成日志文件。

3. 数据流程图和程序主流程

DAPS 的数据流程图如图 4.44 所示。

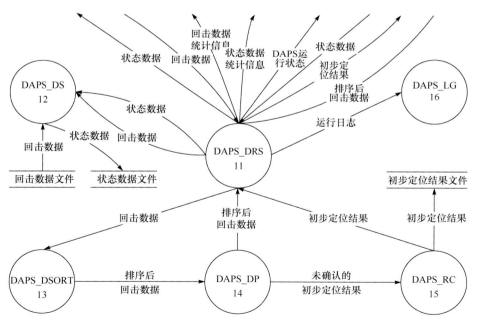

图 4.44　DAPS 数据流程图

数据处理主流程如下：
DAPS()
{
　　读取系统配置文件；
　　初始化系统；
　　初始化探测站数据；
　　启动数据处理线程；
　　启动数据接收线程；
}

4. 运行环境设计

DPSA 运行在 IBM 的 AIX 操作系统上，且该计算机同时连接 Internet 和雷电监测系统内部网。

5. 数据接收与发送模块

1）功能需求和设计约束
功能：
（1）接收探测仪通过公共广域网以 UDP 方式发送来的状态数据和回击数据，将 UDP 包中的有效数据提取，形成接收数据流；
（2）将接收到的回击数据和状态数据发送到数据存储模块（DAPS_DS），供其进行数据存储；
（3）将接收到的状态数据通过内部 TCP 链路发送给 SMS 和 DSS，供其进行系统监视和状态数据入库；
（4）将接收到的回击数据发送给回击数据排序模块（DAPS_DSORT）；
（5）统计接收到的状态数据和回击数据，形成状态数据统计信息和回击数据统计信息，并将这些统计信息发送到 SMS；
（6）收集数据接收与处理模块各个子模块运行状态，形成 DAPS 运行状态，发送给 SMS；
（7）收集数据接收与处理模块各个子模块的运行日志，发送给日志模块（DAPS_LG），形成运行日志文件；
（8）接收三维定位结果确认模块（DAPS_RC）发送来的三维定位结果，并将其发送给 SMS 和 DSS。
输入：
（1）回击数据；
（2）状态数据；

（3）三维定位结果。

处理：

（1）从配置的 UDP 接收端口接收数据；

（2）当接收到一个 UDP 数据包后，根据定义的数据格式，判断是回击数据还是状态数据；

（3）对回击数据和状态数据分别进行统计；

（4）将回击数据发送给数据存储模块（DAPS_DS）和回击数据排序模块（DAPS_DSORT）；

（5）将状态数据发送给数据存储模块（DAPS_DS），并通过内部 TCP 连接发送到 DSS；

（6）将统计得到的回击数据统计信息和状态数据统计信息通过内部 TCP 发送给 SMS；

（7）收集数据接收与处理模块各个子模块的运行状态，形成 DAPS 运行状态，通过内部 TCP 网络发送给 SMS；

（8）接收排序后的回击数据和三维定位结果，将其通过内部 TCP 发送给 SMS 和 DSS。

输出：

（1）回击数据；

（2）状态数据；

（3）三维定位结果；

（4）回击数据统计信息；

（5）状态数据统计信息；

（6）DAPS 运行状态；

（7）运行日志。

2）关键处理设计

对于回击数据：

根据接收到的数据发送端 IP 及 port 查找到对应的探测站。

if(探测站未找到){

　　放弃该数据；

}

while(数据包中仍有回击数据){

　　解析原始回击数据；

　　添加相应探测站信息等信息，原始回击数据包转换成回击数据包；

　　将回击数据相关信息按天写入回击数据文本文件及二进制文件；

　　回击数据计数；

将新生成的回击数据包通过 TCP 发送到 DSSA；

将新生成的回击数据包送给上层进行三维定位处理；

（定位处理结束后由其将排序后的回击数据发送至 SMSA 显示）

}

对于状态数据：

根据接收到的数据中所带的经纬度信息查找对应的探测站。

if(探测站未找到){

　　放弃该数据；

}

else{

　　更新该探测站 IP 和 port 信息；

}

while(数据包中仍有回击数据){

　　解析原始状态数据；

　　添加相应探测站信息等信息，原始状态数据包转换成状态数据包；

　　将状态数据相关信息按天写入状态数据文本文件及二进制文件；

　　状态数据计数；

　　将新生成的状态数据包通过 TCP 发送到 DSSA；

　　将新生成的状态数据包通过 TCP 发送到 SMSA；

　　将新生成的状态数据包通过点对点的 UDP 发送至探测站监视终端；

}

6. 数据存储模块

1）功能需求和设计约束

功能：将回击数据和状态数据分别按天存储为文件，存储的文件为二进制格式。

输入：

（1）回击数据；

（2）状态数据；

处理：

（1）接收回击数据，判断系统时间是否跨天，如果是，则取系统时间的年月日，形成新的文件名称，关闭旧文件，打开新文件；将回击数据存储到文件中。

（2）接收状态数据，判断系统时间是否跨天，如果是，则取系统时间的年月日，形成新的文件名称，关闭旧文件，打开新文件；将状态数据存储到文件中。

输出：

（1）回击数据文件；

（2）状态数据文件。

2）关键处理设计

仅在系统启动时设置记录时间为当时的时间。

取当前时间

if(数据文件指针为 NULL){

    创建二进制数据文件；

    在文件头填写探测站信息；

    if(需要存储文本文件){

        创建文本数据文件；

        在文件头填写标题行信息；

    }

}

else{

    if(当前时间与记录时间不是同一天){

        if(二进制数据文件指针存在){

            关闭二进制数据文件；

        }

        创建二进制数据文件；

        在文件头填写探测站信息；

        if(需要存储文本文件){

            if(文本数据文件指针存在){

                关闭文本数据文件；

            }

            创建文本数据文件；

            在文件头填写标题行信息；

        }

    }

    更新记录时间为当前时间；

}

if(二进制文件指针不为 NULL){

    将数据写入二进制文件；

}

if(文本文件指针不为 NULL){

    将数据信息经过转化为可见字符,按格式写入文本文件；

}

7. 回击数据排序模块

1) 功能需求和设计约束

功能:对接收到的回击数据按照时间实时排序,形成排序后的回击数据。

输入:回击数据。

处理:

(1) 取当前时刻前 N 秒的回击数据;

(2) 对获取的回击数据按照回击数据中的时间进行排序。

输出:排序后回击数据。

2) 关键处理设计

回击数据排序算法如下:

FData_Sort( )

{

　　获取当前时间;

　　获取当前时间前 N 秒的回击数据;

　　对获取的回击数据进行排序,得到排序后回击数据;

　　将排序后回击数据发送;

}

8. 回击数据处理模块

1)功能需求和设计约束

功能:在排序后的回击数据中,按照定义的同一雷电回击数据窗口,在排序后的回击数据中查找同一雷电回击数据,对获取的同一雷电的回击数据,进行定位计算。

输入:排序后回击数据。

处理:

(1) 使用定义的同一雷电回击数据窗口,在排序后回击数据中查找同一雷电回击数据。

(2) 对获取的同一雷电回击数据进行回击数据检查,包括:①删除同一探测仪来的回击数据,每个探测仪只保留一条回击数据;②删除回击数据中强度饱和的回击数据;③将所有回击数据中的闪的极性变为一致;④删除离第一个回击数据距离超过 600km 的探测仪的回击数据;⑤如果回击数据大于 5 个,则只取前 5 个回击数据。

(3) 根据回击数据的数量,使用相应的定位算法进行三维定位计算,得到未经过确认的三维定位结果;

（4）将参与定位计算的回击数据的探测仪编号记录在三维定位结果中；

（5）将获取的同一雷电回击数据发送。

输出：

（1）未确认的三维定位结果；

（2）排序后回击数据。

2）关键处理设计

回击数据处理线程主流程如下：

```
DATA_PRO()
{
    while(未结束)
    {
        获取接收数据队列中回击数据；
        将新获取的回击数据和剩余的回击数据合并；
        对回击数据排序；
        while(还有多个回击数据,而且这些回击数据不是同一雷电回击数据)
        {
            用同一雷电时间窗口查找同一雷电回击数据；
            if(找到同一雷电回击数据)
            {
                使用回击数据挑选策略,挑选回击数据；
                将挑选后回击数据进行定位处理,得到三维定位结果；
                使用三维定位结果质量控制策略,确定三维定位结果的可信度；
                将可信的三维定位结果发送；
            }
            删除已经查找过的回击数据；
        }
        保留剩余回击数据；
    }
}
```

3）回击数据挑选算法

回击数据挑选算法是在已经找到的同一雷电的回击数据中,去除一些不适用的回击数据,其具体算法如下：

```
Data_Check()
{
    保留同一探测站接收到的第一个回击数据；
```

依次查找回击数据,删除强度饱和的回击数据;

依次查找回击数据,将回击数据的极性统一;

依次查找回击数据,将回击数据中与第一个回击数据探测仪的距离大于 600km 的回击数据删除;

如果回击数据数量大于 5,则只使用前 5 个回击数据进行定位计算;

}

9. 三维定位结果确认模块

1) 功能需求和设计约束

功能:对未经过确认的三维定位结果进行可信性分析和确认,将经过确认、可信的三维定位结果发送。

输入:未确认的三维定位结果。

处理:

(1) 计算三维定位结果和各个回击数据探测仪的距离,如果和其中某个探测仪的距离大于 800km,则该三维定位结果是不可信的;

(2) 将可信的三维定位结果通过内部 TCP 网络发送;

(3) 将可信的三维定位结果存储形成三维定位结果文件。

输出:三维定位结果。

2) 关键处理设计

定位结果质量检查是对定位算法生成的三维定位结果进行可行性分析和检查,并根据质量检查的结果,将不可行的三维定位结果排除。定位结果质量检查的算法如下:

Result_Check()

{

检查三维定位结果各计算值是否在合理范围内,如果某个测量值不在合理范围,则将该三维定位结果设置为不可信;

检查三维定位结果与参与定位各回击数据对应的探测仪之间的距离,如果出现与某个探测仪之间的距离大于 800km,则将该三维定位结果设置为不可信;

将不可信的三维定位结果显示但不发送,将可信的三维定位结果显示并且发送;

}

4.3.4　系统监视模块

1. 模块功能

系统监视软件(SMSA)是整个雷电显示监测和综合分析系统的监视中心。它接收数据接收与处理软件(DAPS)通过网络 TCP 协议发送的探测站配置信息、雷电回击数据、探测仪状态数据、三维定位结果数据等,对这些数据进行分类存储后,以列表的形式进行显示,同时根据探测仪状态数据判断当前探测仪的状态;系统监视软件还通过网络 UDP 组播协议接收 DAPS、数据存储软件(DSSA)发送的回击数据统计信息、状态数据统计信息、雷电三维定位结果统计信息,以及各软件运行的相关状态信息;系统监视软件在以柱状图方式显示统计信息的同时,以场景的方式显示所有软件的运行状态。

系统监视软件的输入:

(1) 探测站配置信息;

(2) 雷电回击数据;

(3) 探测仪状态数据;

(4) 三维定位结果数据;

(5) 回击数据统计信息;

(6) 状态数据统计信息;

(7) 定位结果统计信息。

(8) 雷电三维定位结果统计信息;

(9) 数据接收软件运行状态信息;

(10) 数据处理软件运行状态信息;

(11) 数据存储软件运行状态信息。

系统监视软件的输出:

(1) 回击数据文件;

(2) 状态数据文件;

(3) 三维定位结果文件;

(4) 日志文件。

2. 软件组成和进程环境

SMSA 的运行环境如图 4.45 所示。

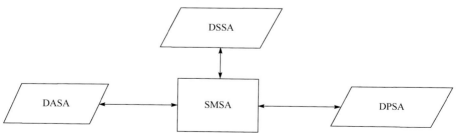

图 4.45　SMSA 运行环境图

根据系统监视软件的功能，设计软件由 TCP 网络数据接收模块、UDP 组播数据收发模块、系统运行状态监视模块、探测仪状态监视模块、数据文件存储模块 5 个模块组成，部件组成图如图 4.46 所示。

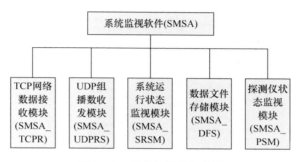

图 4.46　SMSA 部件组成图

（1）TCP 网络数据接收模块：通过网络 TCP 协议建立与 DAPS（数据接收功能）、DAPS（数据处理功能）连接，接收数据接收 DAPS（数据接收功能）发送的探测站配置信息、回击数据、状态数据，接收数据处理功能（DAPS）发送的三维定位结果信息。

（2）UDP 组播数据收发模块：通过网络 UDP 协议定时向 DAPS（数据接收功能）、DAPS（数据处理功能）、DSSA（数据存储功能）发送软件状态巡检信息，接收这些软件发送的软件运行状态信息、回击数据统计信息、状态数据统计信息、三维定位结果统计信息、定位结果统计信息。

（3）系统运行状态监视模块：以列表方式实时显示系统新接收的回击数据、状态数据、三维定位结果数据，以柱状图的方式（横坐标为 0～23 小时，纵坐标为某小时内收到的数据个数）显示回击数据统计信息、状态数据统计信息、三维定位结果统计信息、定位结果统计信息，以场景的方式显示与其他功能的交互状态（包括软硬件运行状态信息、数据收发的统计量信息等）。

（4）探测仪状态监视模块：根据接收到的探测仪状态数据，判断当前探测仪的状态，提供人机交互界面，对探测仪的状态进行监视。探测仪应以省份为单位进行划分，便于操作员查找探测站。

（5）数据文件存储模块：存储接收到的回击数据、状态数据、三维定位结果数据，以及 DAPS、DSSA 的运行状态信息，形成回击数据文件、状态数据文件、三维定位结果信息文件和日志文件。每一种文件每天形成一个，每月形成一个单独的文件夹。

3. 数据流图

系统监视软件的数据流图如图 4.47 所示。

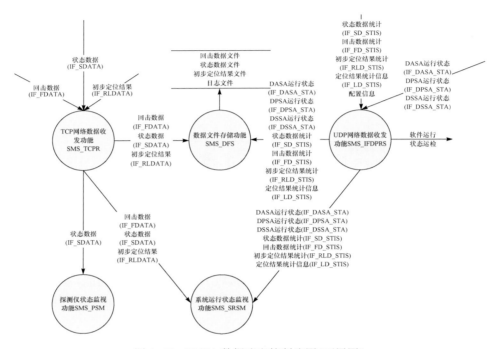

图 4.47　SMSA 数据流和控制流图（两层图）

4. 运行环境设计

系统运行的操作系统为 Windows NT 系列，该计算机需要与数据接收软件、数据处理软件、数据存储软件运行于同一个百兆（或以上）局域网内。

5. TCP 网络数据接收模块（SMS_TCPR）

1）功能需求与设计约束

TCP 网络数据接收模块负责通过网络 TCP 协议建立与 DAS（数据接收子系统）、DPS（数据处理子系统）连接，接收数据接收 DAS 发送的回击数据、状态数据、探测站配置信息，接收数据处理功能（DPS）发送的三维定位结果信息。

系统监视软件的身份为 TCP 服务器，其他软件均作为客户端与之连接。由于运行的环境在维护过程中可能发生变化，TCP 监听的端口需可配置，可配置端口包括：

　　［TCP_DPSA］
　　PREPOS_DPSA_PORT＝4003//三维定位结果信息端口；
　　［TCP_DPSA］

BACK_DPSA_PORT＝4001//回击数据端口；

［TCP_DASA］

STATE_DASA_PORT＝4002//状态数据端口；

TCP 交互双方各自设计并实现各自软件,发送方不会考虑由于发送数据速度过快造成的数据粘包,系统监视软件的 TCP 网络数据接收模块需要对可能的粘包进行处理,做到网络数据不多、不少、不丢失、不增加。

2）模块设计

```
class CSocketServer
{
    public：
    CSocketServer(CSocketServerInterface * pSocketServerInterface)；
    virtual～CSocketServer()；
    bool Initial(const USHORT port,const int MessageMap,char * error)；//进行初始化,参数：侦听端口,映射消息
    void AddSocket(SOCKET socket,sockaddr_in addr,const int MessageMap)；
    //当接收到链接 Accept 的消息后添加链接到列表
    BOOL DeleteSocket(WPARAM wParam)；//当接收到链接 Close 的消息后添加链接到列表
    int   SendData(char * msg,int len)；//发送消息
    bool   Close()；//关闭连接
    SOCKET GetListenSocket ( ){return m_ListenSocket；}//获取侦听 Socket
    private：
    CRITICAL_SECTION          m_csForClient；
    CArray<SOCKET,SOCKET>m_SocketArray；//客户端用户主机链接列表
    CArray<CString,CString> m_SocketAddress；//客户端 Socket 的地址列表
    SOCKET m_ListenSocket；//图形侦听 Socket
    CSocketServerInterface * m_pSocketServerInterface；//TCP Server 消息传递接口
    int   m_ListenPort；//侦听端口
    int Send(char * msg,SOCKET socket,int len)；//发送数据的内部函数
};
```

　　3）关键处理设计

　　对于 TCP 交互可能出现的粘包现象，系统做以下设计：系统启动时，构造缓冲用于 TCP 数据的接收和处理，同时创建一个整形变量，记录处理后剩余的数据长度，对 TCP 数据的接收和处理设计描述如下：

/ *

接收网络数据，注意新接收的数据放在接收缓冲的后面，其中，_ revlength 为本次接收的数据长度，m_pTCPReceiveCache 为系统设计的接收和处理缓冲，m_Tcp-ProcessLeftDataLength 为处理剩余的数据；

* /

_revlength＝recv(_socket,(LPSTR)m_pTCPReceiveCache＋m_TcpProcessLeft-DataLength,MAX_LENGTH_TCPRECV,0);

m_TcpProcessLeftDataLength＋＝_ revlength;//剩余数据增加

_thisLength＝GetFirstFrmLength();//获取第一帧 TCP 数据的长度

/ * 如果剩余数据中有一个完整合法的数据，则对该完整消息进行处理 * /

while(_thisLength!＝－1 && m_TcpProcessLeftDataLength＞＝_thisLength)

{

　　…//根据消息的种类对合法消息进行处理

　　switch(接收数据种类)

　　{

　　　　case 探测站配置信息：

　　　　　　对探测站配置信息进行解析，交由探测仪状态监视模块对模块；

　　　　　　进行初始化；

　　　　　　break;

　　　　case 回击数据：

　　　　　　对回击数据进行解析，交由数据文件存储模块存储回击数据；

　　　　　　交由系统监视模式以列表的方式进行显示；

　　　　　　break;

　　　　case 状态数据：

　　　　　　对状态数据进行解析，根据状态数据判断探测仪当前工作状态；

　　　　　　交由数据文件存储模块存储状态数据；

　　　　　　交由探测仪状态监视模块显示；

　　　　　　break;

　　　　case 三维定位结果数据：

　　　　　　对三维定位结果数据进行解析，交由数据文件存储模块存储三维定位

　　　　　　　结果数据；

　　　　　交由系统监视模式以列表的方式进行显示；

　　　　　　break；

　　　default：

　　　　　　break；

}

m_TcpProcessLeftDataLength-=_thisLength；//剩余数据减少

if(m_TcpProcessLeftDataLength>0) //数据恢复

{

　　　　memcpy(m_pTCPReceiveCache，m_pTCPReceiveCache＋_thisLength，

m_TcpProcessLeftDataLength)；

　　　　_thisLength＝GetFirstFrmLength()；//获取第一帧 TCP 数据的长度

　　}

}

　　6. UDP 组播数据收发模块(SMS_UDPRS)

　　1) 功能需求与设计约束

　　UDP 组播数据收发模块负责通过网络 UDP 协议定时向 DAPS(数据接收功能)、DAPS(数据处理功能)、DSSA(数据存储功能)发送软件状态巡检信息，接收这些功能发送的软件运行状态信息、回击数据统计信息、状态数据统计信息，三维定位结果统计信息、定位结果统计信息。

　　其设计约束包括：

　　由于运行的环境在维护过程中可能发生变化，UDP 组播的 IP 地址和端口需要可配置，配置项目包括：

　　　　　　[多播 IP]

　　　　　　BROADCAST_IP＝225.8.11.9；

　　　　　　[多播端口]

　　　　　　BROADCAST_PORT＝8119；

　　　　　　[软件身份]

　　　　　　ID＝SMSA；

　　2) 模块设计

　　class CComm

{

public：

　　　　CComm(CCommDataHandle * pCommDataHandle，BOOL bNeedDelete)；

　　　　virtual～CComm()；

```
    bool      Initial();//初始化
    int       SendData(char * data,unsigned short len);//发送数据(参数：数
        据、数据长度、消息类型、信宿、消息级别)
    void   Done();//关闭
    CommInfo * GetCommInfo(){return &m_CommInfo;}//获取通信的配置
        信息
private：
    CommInfo   m_CommInfo;        //通信初始化用结构
    BOOL       ReadUdpCfgFile();//根据配置文件获取 UDP 初始化结构中
        的数据
    CRITICAL_SECTIONm_SendCS;//确保一个时间只发送一帧数据
    BOOL       m_bNeedDelete;//是否需要删除处理器
    BOOL       m_bInitialOk;//UDP 是否初始化成功
    int        m_iSendDataLength;//已经发送的数据量
    int        m_InitialID[4];//返回 4 个 ID 值
};
```

3）关键处理设计

UDP 的信息处理是 UDP 组播数据收发模块的关键。由于每一种消息的数据字段的意义和格式不同，因此要根据消息的种类进行不同的处理。程序主流程如下：

```
//广播数据处理
void HandleUdpData(UCHAR * buffer,unsigned short len)
{
    if(接收数据为 DASA 运行状态)
    {
        //删除 DASA 运行超时时钟
        //交由数据文件存储模块存储 DASA 的运行日志到日志文件
        //交由系统监视模块以列表的形式显示 DASA 的运行日志
    }
    else if(接收数据为 DPSA 运行状态)
    {
        //删除 DPSA 运行超时时钟
        //交由数据文件存储模块存储 DPSA 的运行日志到日志文件
```

```
        //交由系统监视模块以列表的形式显示 DPSA 的运行日志
     }
     else if(接收数据为 DSSA 运行状态)
     {
        //杀掉 DSSA 运行超时时钟
        //交由数据文件存储模块存储 DSSA 的运行日志到日志文件
        //交由系统监视模块以列表的形式显示 DSSA 的运行日志
     }
     else if(接收数据为回击数据统计信息)
     {
        //解析回击数据统计信息消息,获取回击数据总数、探测站总数的值
        if(接收站个数是否与探测站配置信息中的接收站个数一致)
           //交由系统监视模块以柱状图的形式显示回击数据的统计信息
     }
     else if(接收数据为状态数据统计信息)
     {
        //解析状态数据统计信息消息,获取状态数据总数、探测站总数的值
        if(接收站个数是否与探测站配置信息中的接收站个数一致)
           //交由系统监视模块以柱状图的形式显示状态数据的统计信息
     }
     else if(接收数据为三维定位结果统计信息)
     {
        //解析三维定位结果统计信息消息
        //交由系统监视模块以柱状图的形式显示三维定位结果统计信息
     }
     else if(接收数据为定位结果统计信息)
     {
        //解析定位结果统计信息消息
        //交由系统监视模块以柱状图的形式显示定位结果统计信息
     }
  }
```

7. 系统运行状态监视模块(SMS_SRSM)

1) 功能需求与设计约束

以列表方式实时显示系统新接收的回击数据、状态数据、三维定位结果数据,以柱状图的方式(横坐标为 0~23 小时,纵坐标为某小时内收到的数据个数)显示

回击数据统计信息、状态数据统计信息、三维定位结果统计信息、定位结果统计信息,以场景的方式显示与其他功能的交互状态(包括软硬件运行状态信息、数据收发的统计量信息等)。

其中,回击数据显示的字段包括:探测仪名称、接收事件时间、地理位置、角度、强度、电磁场强度值、最陡点强度值、起点到峰点时间差、最陡点到峰点时间差、峰点到半周过零点时间差。

状态数据显示的字段包括:探测仪、地理位置、最近一次自检开始时间、最近一次自检通过标志、当前阈值、当前阈值平均通过率、最近一次自检开始时 GPS 信息、10MHz 恒温槽石英晶振频率值的偏差(实测值)。

三维定位结果信息需要显示的字段包括:时间、地理位置、峰值强度、最大陡度、误差、定位方式、处理标志、定位站信息。

系统运行状态监视模块的设计约束:

以网络场景的方式显示其他软件的运行状态,以柱状图的方式显示当前的数据统计信息,以列表的形式显示回击数据、状态数据、三维定位结果数据,以树形结构分省显示各探测站,并用图标的方式显示当前探测仪的状态信息。

2)模块设计

(1)主要数据结构设计:

```
//状态信息帧结构
typedef struct
{
unsigned short DecID;      //探测仪编号
char    DecName[10];       //探测仪名称
char    frameID1;          //帧其始标志,0xEB
char    frameID2;          //0x90
char    frameTag;          //帧类型标志,0—状态信息;非零为闪数据
char    hour;              //最近一次自检开始时的小时值
char    minute;            //最近一次自检开始时的分钟值
char    second;            //最近一次自检开始时的秒值
short   year;              //最近一次自检开始时的年
char    month;             //最近一次自检开始时的月
char    day;               //最近一次自检开始时的日
short   resultofselftest;  //最近一次自检的通过标志
short   threshold;         //当前的阈值
float   TCR;               //当前的阈值通过率
float   longitude;         //最近一次自检开始时 GPS 经度
float   latitude;          //最近一次自检开始时 GPS 纬度
float   DOP;               //最近一次自检开始时 GPS 误差放大因子
```

```
short    frequencyerr；    //10MHz 恒温槽石英晶振频率值偏差,单位：Hz
char     checksum；        //帧校验和
char     frameID3；        //帧结束标志,0x0D
char     frameID4；        //0x0A
}STATEDATA；               //共 47 字节
//站点结构
typedef struct tagStationStruct
{
int              STA_ID；                      //站点 ID 号
char             STA_IP[16]；                  //站点 IP 地址
unsigned short   STA_PORT；                    //站点端口号
char             STA_NAME[32]；                //站点名称
double           STA_LON；                     //站点经度
double           STA_LAT；                     //站点纬度
char             STA_PROV[32]；                //所属省份
char             STA_DESCRIP[64]；             //站点说明
bool             STA_BISNORMAL；               //是否处于正常状态
char             STA_INFO[256]；               //当前要显示的信息
int              STA_BackHourStatistic[24]；   //站点 24 个小时的统计
                                                 （回击数据）
int              STA_StateHourStatistic[24]； //站点 24 个小时的统计
                                                 （状态数据）

STATEDATA    STA_LASTSTATE；                   //上一个状态数据
}StationStruct；
/ * 回击数据结构 * /
typedef struct
{
unsigned short iCom_no；          / * 探测仪编号 * /
char DecName[10]；                / * 探测仪名称 * /
float longitude；                 / * 经度 * /
float latitude；                  / * 纬度 * /
unsigned short iYear；            / * 最近一次自检开始时的年 * /
unsigned char bMonth；            / * 最近一次自检开始时的月 * /
unsigned char bDay；              / * 最近一次自检开始时的日 * /
unsigned char bFramestartid1；    / * 帧开始标志第一字节(EBH) * /
unsigned char bFramestartid2；    / * 帧开始标志第二字节(90H) * /
unsigned char bFrameTag；         / * 帧种类(非 0 表示闪数据帧) * /
```

```
unsigned char bHour;                /* 接收事件时间？小时 */
unsigned char bMinute;              /* 接收事件时间？分钟 */
unsigned char bSecond;              /* 接收事件时间？秒 */
int lUs01;                          /* 接收事件时间？0.1 微秒 */
float fAngle;                       /* 角度 */
float fBIntensity;                  /* 强度 */
float fEIntensity;                  /* 电场强度值 */
float fMsp;                         /* 磁场最陡点强度值 */
unsigned short sMsp_01us;           /* 起点到峰点时间差 */
unsigned short sPp_01us;            /* 最陡点到峰点时间差 */
unsigned short sHwp_01us;           /* 峰点到半周过零点的时间差 */
unsigned char bChecksum;            /* 帧校验和 */
unsigned char bFrameendid1;         /* 帧结束标志第一字节(ODH) */
unsigned char bFrameendid2;         /* 帧结束标志第二字节(OAH) */
}FDATA;
//三维定位结果结构
typedef struct
{
unsigned short sYear;               //年
unsigned char  cMonth;              //月
unsigned char  cDay;                //天
unsigned char  cHour;               //时
unsigned char  cMinute;             //分
unsigned char  cSecond;             //秒
int lUs;                            //毫秒
float fLongitude;                   //经度
float fLatitude;                    //纬度
float fIntensity;                   //回击峰值强度
float fSlope;                       //回击最大陡度
float fError;                       //定位误差
unsigned char cLocatemeth;          //定位方式
unsigned char processflag;          //处理标志,1 为实时处理结果,2 为再
                                    //  处理结果
unsigned char append[32];           //新增 32 字节信息
}RLDATA;
//定位结果结构
```

```
typedef struct
{
unsigned short sYear;              //年
unsigned char cMonth;              //月
unsigned char cDay;                //天
unsigned char cHour;               //时
unsigned char cMinute;             //分
unsigned char cSecond;             //秒
int lUs;                           //毫秒
float fLongitude;                  //经度
float fLatitude;                   //纬度
float fIntensity;                  //回击峰值强度
float fSlope;                      //回击最大陡度
float fError;                      //定位误差
unsigned char cLocatemeth;         //定位方式
unsigned char processflag;         //处理标志,1 为实时处理结果,2 为再
                                   //  处理结果
char Area[10];                     //行政区域
}LDATA;
```

（2）界面设计如图 4.48 所示。

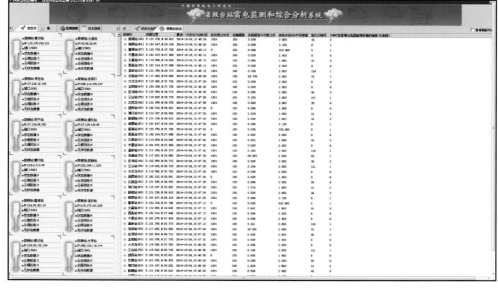

(a)

(b)

图 4.48　SMSA 监视界面参考图

8. 探测仪状态监视模块（SMS_PSM）

1）功能需求和设计约束

根据接收到的探测仪状态数据，判断当前探测仪的状态，提供人机交互界面，对探测仪的状态进行监视。

设计约束：各探测仪应以省份为单位进行划分，便于操作员查找探测站。

2）关键处理设计

探测仪状态异常的可能原因：

（1）长时间（暂定 10min）收不到探测仪发送的状态数据；

（2）状态数据中参数值不合法，包括自检通过值不等于 1024，GPS 阈值不在 $[-10.0,10.0]$ 的区间内，晶振偏差阈值不在 $[-10,10]$ 的区间内，当前的阈值不等于 100，背景噪声超过 1000 等；

（3）发送的探测仪状态数据的时间码没有更新。

根据上述原则，判断探测仪的状态设计如下：

```
Bool JudgeState(STATEDATA_statedata,STATEDATA _lastStateData)
{
    //如果参数的值不合法则认为状态异常
    if(_statedata. resultofselftest! ＝1024||_statedata. DOP＞10||_state-
    data. DOP＜-10||_statedata. DOP==0||_statedata. frequencyerr＞10
```

||||_statedata. frequencyerr<−10||_statedata. threshold! =100||_
statedata. TCR>1000)

　　return false;

if(本次状态数据的时间码和上一次的时间码一致)

　　return false;

//备份本次状态数据,把本次状态数据赋值给备份状态

//杀掉某探测仪的状态超时时钟(在指定时间内若没有收到状态数据,则认为该探测仪故障)

//重新启动超时时钟

　}

9. 数据文件存储模块(SMSA_DFS)

1) 功能需求和设计约束

数据文件存储模块负责存储接收到的回击数据、状态数据、三维定位结果数据,以及 DAPS、DSSA 的运行状态信息,形成回击数据文件、状态数据文件、三维定位结果信息文件和日志文件。

设计约束:每一种文件每日形成一个,每月形成一个单独的文件夹,文件夹由程序自动创建,无需人工干预。

以 2010 年 7 月为例,目录组织结构如下:

Data

├──back//回击数据目录

│　　└──201007//2010 年 7 月目录

├──log//日志数据目录

│　　└──201007//2010 年 7 月目录

├──pos//三维定位结果数据目录

│　　└──201007//2010 年 7 月目录

└──State//状态数据目录

　　　└──201007//2010 年 7 月目录

为了方便用户用 Excel 软件查看,回击数据、状态数据和三维定位结果数据和日志文件均以"某参数列"+"tab"+"其他参数列"的形式提供。

2) 模块设计

为了确保每一种文件每日形成一个,每月形成一个单独的文件夹,系统设计在软件启动时或在每日凌晨零点(使用定时时钟)创建回击数据、状态数据、三维定位结果数据文件和日志文件。

4.3.5 数据存储模块

1. 模块功能

DAPS 发送来的三维定位结果、回击数据和状态数据,以及地理标签处理过的定位结果,将这些数据存入数据库;读取定位结果数据库中的三维定位结果,发送给地理信息标注级数据广播功能。

输入:

(1) 三维定位结果;

(2) 回击数据;

(3) 状态数据;

(4) 定位结果。

输出:

(1) 三维定位结果;

(2) DSS 运行状态。

2. 软件组成和进程环境

DSS 的运行环境如图 4.49 所示。

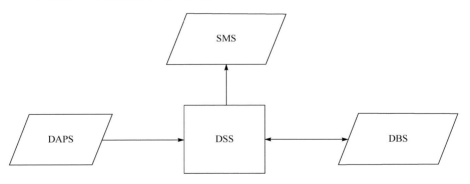

图 4.49 DSS 运行环境图

根据数据存储软件的功能,该软件的实现可分为如图 4.50 所示的几个模块:

(1) 数据接收与发送模块(DSS_DA):通过 TCP 接收从数据接收与处理功能(DAPSA)发送来的三维定位结果、回击数据和状态数据;通过 TCP 接收从地理信息标注及数据广播功能(DBS)发送来的定位结果;将接收到的数据发送给相应的子功能,并形成数据接收信息,发送给日志(DSS_LG)子功能。

(2) 定位数据入库模块(DSS_LIDB):接收三维定位结果和定位结果,并将接收到的三维定位结果和定位结果存入数据库。

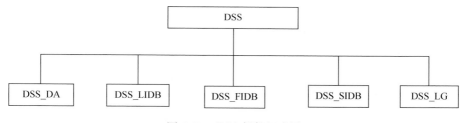

图 4.50　DSS 部件组成图

（3）回击数据入库模块（DSS_FIDB）：接收回击数据，将接收到的回击数据存入数据库。

（4）状态数据入库模块（DSS_SIDB）：根据接收到的状态数据，判断某个探测仪的状态是否改变，如果状态改变，则将该状态数据存入数据库；如果没改变，则不入库。

（5）日志模块（DSS_LG）：接收数据接收信息，并存储形成日志文件；接受SMS 的定时监视；将运行状态，统计数据发送给 SMS。

3. 数据流程图

DSS 的数据流程图如图 4.51 所示。

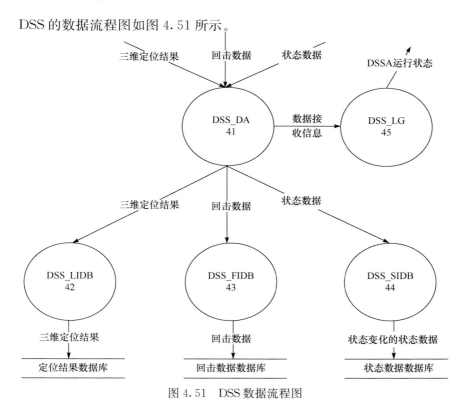

图 4.51　DSS 数据流程图

4. 运行环境设计

DSS 运行在 IBM 的 AIX 操作系统上,该计算机连接在 FMLS 局域网内,且能访问数据库。

5. 数据接收与发送

1) 功能需求和设计约束

功能:通过 TCP 接收从 DAPSA 发送来的三维定位结果、回击数据和状态数据;通过 TCP 接收从地理信息标注及数据广播模块(DBS)发送来的定位结果;将接收到的数据发送给相应的子功能,并形成数据接收信息,发送给日志子功能(DSS_LG)。

输入:

(1) 三维定位结果;

(2) 回击数据;

(3) 状态数据;

(4) 定位结果。

处理:

(1) 将接收到的定位结果、三维定位结果发送到定位数据入库子功能(DSS_LIDB);

(2) 将接收到的状态数据发送到状态数据入库子功能(DSS_SIDB);

(3) 将接收到的回击数据发送到回击数据入库子功能(DSS_FIDB);

(4) 统计各种数据的接收情况,形成数据接收信息,发送到日志子功能(DSS_LG)。

输出:

(1) 三维定位结果;

(2) 回击数据;

(3) 状态数据;

(4) 定位结果;

(5) 数据接收信息。

2) 关键处理设计

```
while(!程序退出标识)
{
  if(有新的连接)
  {
    判断该连接类型:是回击数据、初始定位数据、定位数据还是状态数据的连接;
```

```
    if(该类型有旧连接)
        close(旧连接)
    保存新的连接,并在新的连接上等待数据;
}
else if(有数据到来)
{
    if(根据数据类型及接收到的数据判断是否为一个完整数据包)
    {
        如果有上次保存的数据,拼接成完整数据包;
        将数据保存到数据库处理模块消息队列,并通知数据库处理模块;
    }
    else
    {
        保存该数据包,继续等待数据到来;
    }
}
else if(某连接错误事件)
{
    close(该连接)
    清除和该连接相关的资源;
    }
}
```

6. 定位数据入库

1) 功能需求和设计约束

功能:接收三维定位结果和定位结果,并将接收到的三维定位结果和定位结果存入数据库。

输入:

(1) 三维定位结果;

(2) 定位结果。

处理:

(1) 接收三维定位结果,将三维定位结果存储到数据库中,并将该三维定位结果的地理信息标注为特定值;

(2) 接收定位结果,在数据库中找到对应的三维定位结果,将其地理信息标注为定位结果中的值。

输出：

（1）三维定位结果；

（2）定位结果。

2）关键处理设计

while（消息队列中有待处理的数据）

{

　　if（是定位数据）

　　{

　　　　读取一条数据，进行大端、小端转换处理；

　　　　将定位数据库中的和该数据对应的条目加上地理信息，形成定位数据；

　　　　写入每日定位数据库；

　　}

　　else if（是初始定位数据）

　　{

　　　　读取一条数据，进行大端、小端转换处理；

　　　　定位算法和描述换算：1～7 分别对应"二站算法","二站时差法","三站算法","三站时差法","三站时差测向法","四站算法","二站振幅定位法"；

　　　　写入数据库；

}

7. 回击数据入库

1）功能需求和设计约束

功能：接收回击数据，将接收到的回击数据存入数据库。

输入：回击数据。

处理：

（1）将接收到的回击数据存储到回击数据总表（每年一个）；

（2）将接收到的回击数据存储到回击数据日表（每天一个）；

输出：回击数据。

2）关键处理设计

while（消息队列中有待处理的数据）

{

　　读取一条数据，进行大端、小端转换处理；

　　写入每日定位数据库；

}

8. 状态数据入库

1）功能需求和设计约束

功能：根据接收到的状态数据，判断某个探测仪的状态是否改变，如果状态改变，则将该状态数据存入数据库；如果没有改变，则不入库。

输入：状态数据。

处理：根据接收到的状态数据，判断某个探测仪的状态是正常或异常，并根据数据库中现有的探测仪状态，判断探测仪状态是否改变，如果改变，则将接收到的状态存储到数据库中；如果没有改变，则不存储到数据库中。

输出：状态改变的状态数据。

2）关键处理设计

```
while(消息队列中有待处理的数据)
{
    读取一条数据,进行大端、小端转换处理;
    从数据库中读取该探测仪的最近一次记录;
    if(该记录不存在)
        将当前数据入库;
    else
    {
        计算数据库中记录中设备的状态;
        记录当前数据的设备状态;
        如果两者不一致,则入库;
    }
}
```

状态计算算法如下：

```
if(msg->resultofselftest== 1024)
    &&(msg->longitude > 0)
    &&(msg->latitude > 0)
    &&(msg->dop >= 0)
    &&(msg->dop <= 10)
    &&(abs(msg->frequencyerr)<10)
    &&(msg->threshold<=800)
    &&(msg->threshold>0)
{
    return STATE_OK;
```

```
    }
else
        return STATE_ERROR;
```

4.3.6 数据再处理模块

1. 模块功能

数据再处理软件(DRS)模块提供回击数据查询界面供用户选择需要进行再处理的回击数据文件,设定相应的处理参数,对符合条件的回击数据进行排序,在排序后的回击数据中提取同一雷电的数据,进行定位计算,得到三维定位结果,将得到的处理结果发送到数据存储软件部件进行存储。

数据再处理软件的输入:回击数据。

数据再处理软件的输出:

(1) 三维定位结果数据;

(2) 数据处理日志文件。

2. 软件组成和进程环境

数据再处理软件(DRS)的运行环境如图 4.52 所示。

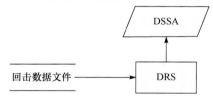

图 4.52   DRS 运行环境图

根据数据再处理软件的功能,设计软件由数据查询界面模块、回击数据处理模块、数据处理过程的监视和控制模块、三维定位结果数据入库模块、数据文件存储模块 5 个模块组成,部件组成图如图 4.53 所示。

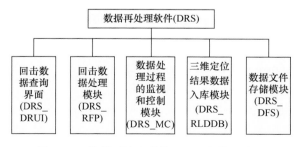

图 4.53   数据再处理软件(DRS)部件组成图

（1）回击数据查询界面：接受用户输入的回击数据时间段查询条件，从数据库中获取符合用户查询条件的回击数据文件；同时提供参数设置界面，用于操作员对处理参数进行设置。

（2）回击数据处理模块：对符合用户输入条件的回击数据进行实时排序，在排序后的回击数据中提取同一雷电的数据，进行定位计算，得到定位结果。

（3）数据处理过程的监视和控制模块：在数据处理的过程中，以列表形式实时显示处理出的三维定位结果信息，以进度条的形式实时显示数据处理的进度，以列表的形式显示数据处理的日志信息，在数据处理过程中提供数据处理的中止功能、三维定位结果数据入库功能，对数据处理过程进行监视和控制。

（4）三维定位结果数据入库模块：将处理产生的三维定位结果数据存储至数据库。

（5）数据文件存储模块：对生成的三维定位结果信息，存储成二进制格式的三维定位结果数据文件，对处理过程中的日志信息，存储成文本格式的日志文件。

3. 数据流图

数据再处理软件（DRS）的数据流图如图4.54所示。

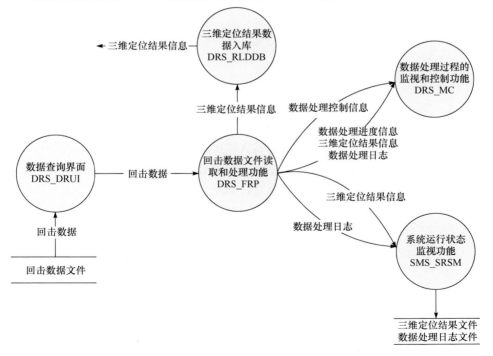

图 4.54　DRS 数据流和控制流图（两层图）

程序主流程如下：

```
DRS()
{
    if(读取配置文件信息失败)//包含查找回击数据文件的目录位置、默认处
    理参数等
    {
        提示读取配置文件失败及其失败原因;
        进程退出;
    }
    while(未退出)
    {
        /*搜集用户输入的回击数据查询条件、数据再处理需要的处理参数,对
            用户输入内容的合法性进行判断*/
        if(根据用户输入的查询条件获取符合条件的回击数据文件列表成功)
        {
            for(int i=0;i<用户选择的回击数据文件个数;i++)
            {
                创建三维定位结果文件;
                创建数据处理日志文件;
                打开回击数据文件;
                逐帧读取回击数据文件中的回击数据;
                对回击数据进行实时排序,在排序后的回击数据中提取同一雷电
                    数据,进行定位计算;
                把三维定位结果信息写入三维定位结果文件;
                把数据处理日志信息写入数据处理日志文件;
                对三维定位结果信息进行显示;
                关闭三维定位结果文件;
                关闭数据处理日志文件;
                关闭回击数据文件;
            }
            根据用户操作确定是否需要把生成的三维定位结果数据写入数据库;
        }
        else
        {
```

　　　　　提示用户数据查询失败及其失败的原因；

　　　　　}

　　　　}

　　}

4. 运行环境设计

　　系统运行的操作系统为 Windows NT 系列，该计算机需要与 Oracle 数据库运行于同一局域网内。

5. 回击数据查询界面(DRS_DRUI)

　　提供回击数据查询界面，接受用户输入的回击数据时间段条件信息（开始时间和结束时间，时间具体到天），在指定回击数据文件存储目录下，获取符合用户输入的时间段条件的回击数据文件，并以列表的方式显示回击数据文件。提供回击数据选择界面，供用户在查询结果中选择需要再处理的文件（图 4.55）。具体设计如下：

图 4.55　DRS 回击数据查询界面参考图

　　(1) 回击数据文件查询条件包括回击数据文件的时间段信息，含开始时间和结束时间，时间具体到天；

　　(2) 数据处理需要的参数包括同一雷电回击数据的距离范围、数据处理精度等；

　　(3) 以列表的方式显示符合条件的回击数据文件，其中，回击数据文件的字段包括文件名称、文件创建时间、文件大小等。

6. 回击数据处理模块(DRS_RFP)

对某一回击数据文件中的回击数据进行排序,在排序后的回击数据中提取同一雷电的数据,进行定位计算,得到三维定位结果。把三维定位结果信息以及处理过程中产生的处理日志一方面提交数据处理过程的监视和控制功能进行显示,另一方面提交给数据存储功能存储成二进制数据文件。

数据处理流程设计如下:
(1) 打开回击数据文件;
(2) 逐帧读取回击数据文件中的回击数据;
(3) 对回击数据进行排序;
(4) 在排序后的回击数据中提取同一雷电的数据,进行定位计算;
(5) 把三维定位结果信息、处理日志信息、处理进度信息交由数据处理的过程的监视和控制功能进行显示;
(6) 把三维定位结果信息、处理日志信息,提交给数据存储功能存储成二进制格式的三维定位结果文件和文本格式的日志文件;
(7) 在接收到用户的三维定位结果数据入库的指令后,把三维定位结果信息,提交给三维定位结果入库模块进行入库;
(8) 在接收到用户的数据处理中止的指令后,停止数据处理。

7. 数据处理过程的监视和控制模块(DRS_MC)

在数据处理过程中,对单个回击数据文件的处理进度、处理日志、处理结果信息进行显示,提供数据处理控制功能(主要是数据处理终止功能),具体设计如下:
(1) 以列表的形式显示回击数据处理功能产生的三维定位结果信息,三维定位结果信息的列表列包括时间、地理位置、峰值强度、最大陡度、误差、定位方式、处理标志、定位站信息等,日志列表包括日志产生时间、日志信息等。
(2) 以进度条的形式显示数据处理的进度。
(3) 以列表的方式显示数据处理的日志,数据处理日志的列包括日志内容、产生日志的时间。

8. 三维定位结果数据入库模块(DRS_RLDDB)

将处理产生的三维定位结果数据存储至数据库,处理流程设计如下:
(1) 链接数据库;
(2) 删除数据库中某时间段的三维定位结果信息;
(3) 插入新处理产生的三维定位结果信息;

（4）关闭数据库。

9. 数据文件存储模块（DRS_DFS）

存储处理产生的三维定位结果数据，以及数据处理过程中产生的处理日志。具体设计如下：

（1）每一种文件的文件名与输入的回击数据文件的文件名完全一致，日志文件的后缀为 .log，定位结果文件的后缀是 .pos；

（2）每一种文件的目录位置与回击数据文件的目录位置一致；

（3）回击数据再处理开始时，创建三维定位结果数据文件、日志文件；

（4）把新处理出来的三维定位结果数据写入三维定位结果数据文件，把处理过程中产生的处理日志写入日志文件。

4.3.7　定位结果格式与数据库

1. 数据库物理设计

数据库采用兼容以前数据库。其物理设计如下所述。

1）表空间和相应数据文件

（1）数据存储表空间 thunder，包含 4 个数据文件，分别为：

e:\oracle\oradata\thunder1. dbf′size 5000M；

e:\oracle\oradata\thunder2. dbf′size 5000M；

e:\oracle\oradata\thunder3. dbf′size 5000M；

e:\oracle\oradata\thunder4. dbf′size 5000M。

（2）回滚数据表空间 undo_thunder，包含数据文件 e:\oracle\oradata\thunder. dbf size 300M。

（3）临时表空间 tem_thunder，包含数据文件 e:\oracle\oradata\tem. dbf size 1000M。

（4）索引表空间 indx_thunder，包含数据文件 e:\oracle\oradata\ind_thunder. dbf′size 500M。

2）用户设计

thunder：该用户是系统管理员用户，完成对雷电监测系统数据库的管理性操作和一般性操作。

3）数据库名

系统数据库名：FMLS。

2. 数据库逻辑设计与定位结果

根据系统需求，在 ThunderDB 表空间下建立如下数据库表。

1）定位结果表

定位结果表用于记录初始定位数据及定位数据，每年建一个，数据库表名为 THUNDER****，其中，**** 为年信息，如 2010 年的数据库表为 THUNDER2010。该数据库表具体的字段定义和建立的脚本如下：

```
CREATE TABLE "THUNDER2010"
(
    "LATITUDE"        NUMBER(12,3),          //闪电发生纬度
    "LONGITUDE"       NUMBER(12,3),          //闪电发生经度
    "INTENS"          NUMBER(12,3),
    "SLOPE"           NUMBER(12,1),
    "ERROR"           NUMBER(12,1),
    "LOCATION"        VARCHAR2(40),          //闪电发生地点
    "DATETIME"        DATE NOT NULL,         //闪电发生日期
    "HOUR"            NUMBER,                //闪电发生时刻
    "MINUTE"          NUMBER,
    "SECOND"          NUMBER,
    "MINISECOND"      NUMBER NOT NULL,
    "PROVINCE"        VARCHAR2(200),         //闪电发生省
    "DISTRICT"        VARCHAR2(200),         //闪电发生市
    "COUNTRY"         VARCHAR2(200),         //闪电发生县
    "INPUTTIME"       DATE NOT NULL,
    "PROCESSFLAG"     VARCHAR2(1),
    "USEDIDS"         VARCHAR2(32),
    CONSTRAINT        "THUNDER2010_PK" PRIMARY KEY ("DATE-
                      TIME","MINISECOND")
);
```

另外，为该数据库表建立索引：

```
CREATE INDEX   "THUNDER2010_IDX1"ON   "THUNDER2010"("PROV-
INCE");
```

为了便于获取每日定位结果信息，建立一个数据库表，存储当日定位数据信息，其表结构和建立脚步如下：

```
CREATE TABLE "NOWFLASH"
(
    "LATITUDE"        NUMBER(12,3),
    "LONGITUDE"       NUMBER(12,3),
```

4.4　图形显示系统

4.4.1　图形显示系统概述

三维闪电专业版图形显示系统是三维闪电监测网系统的重要组成部分,其主要功能包括实时监测探测仪运行状态和运行率自动统计、实时显示闪电定位结果和跟踪闪电发展趋势、历史闪电数据查询统计分析和雷暴过程动画回放、雷电灾害事故点周边闪电信息查询以及自动生成闪电监测服务产品,是一套专门用于闪电监测的业务软件系统,该系统也是一套可提高雷电灾害预警能力和防雷减灾服务能力的有效工具[3]。

三维闪电专业版图形显示系统基于组件地理信息系统(GIS)技术和方法,将闪电监测业务、数据库技术和组件 GIS 技术进行集成,结合面向对象的设计开发语言,对系统进行设计开发[4]。

4.4.2　软件的设计与实现

1. 开发环境

(1) 操作系统:Microsoft Windows XP/7(32 位或 64 位)。

(2) 地理信息平台:ArcGIS Engine 9.3.1、ArcGIS Server 9.3.1。

(3) 开发环境:Microsoft Visual Studio . Net 2005。

(4) 数据库:Oracle 9.2 或以上、SQLLite 文件数据库。

2. 运行软、硬件环境

(1) 操作系统:Microsoft Windows XP/7(32 位或 64 位),安装 ArcGIS Engine Runtime 9.3.1、Oracle 9.2 或以上客户端。

(2) 硬件选用性能优良的 IBM 图形工作站。

配置要求:独立显卡、显存大于 1G,2 个 2.0G 主频以上的 Intel CPU、内存大于 4G、硬盘空间大于 500G,2 个千兆网卡。

3. 开发方式

结合 GIS 工具软件与当今可视化开发语言的集成二次开发方式是当前 GIS 应用开发的主流。其优点是既可以充分利用 GIS 工具软件强大的数据管理和空间分析功能,又可以利用其他可视化开发语言高效、方便等优点,集二者之所长,不仅能大大提高应用系统的开发效率,而且使用可视化软件开发工具开发出来的应用程序具有更好的视觉效果、更强大的数据库功能、更可靠的性能,同时便于维护和移植。

　　三维闪电专业版图形显示系统利用 ArcGIS Engine 提供的空间数据处理、空间分析等功能，使用可视化开发工具 C.Net 进行开发。其中，GIS 功能主要包括视图浏览、矢量图层的查询、属性管理、图形操作、基本的空间分析及各种专题图件输出等。GIS 功能采用 ArcGIS Engine 的接口技术来实现。基于 ArcGIS Engine 开发的信息系统最大的特点是能够完全脱离 ArcGIS 软件系统在 Windows 环境下独立运行，而且操作方便。

　　闪电数据存储采用 Oracle 数据库，探测仪状态监测信息数据采用文件数据库 SQLLite 存储。

4. 系统数据流及架构设计

　　闪电监测需要通过闪电探测仪组网来完成闪电的监测工作。监测网中各个闪电探测仪将自身的状态信息和探测到闪电信息发送到闪电数据中心处理站，闪电数据中心处理站将闪电探测仪状态信息和通过定位算法程序处理后闪电的定位信息以 UDP 包的形式分发到闪电探测仪状态监测子系统和闪电实时显示子系统进行显示[5]。

　　闪电状态监控子系统和闪电实时显示子系统通过监听相对应的计算机端口来获得 UDP 数据包。当有状态数据包或定位结果数据包发送到端口后，程序自动捕获并进行实时解析。对于状态监控子系统则实时更新地图上探测仪的状态，而实时显示子系统则将最新的闪电在地图上进行显示。

　　软件系统的数据流程图和架构图如图 4.56 和图 4.57 所示。

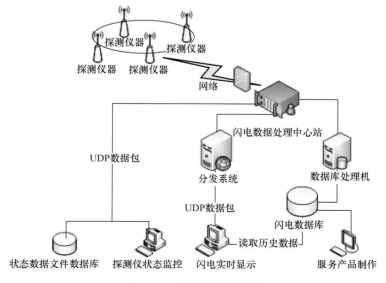

图 4.56　系统数据流程图

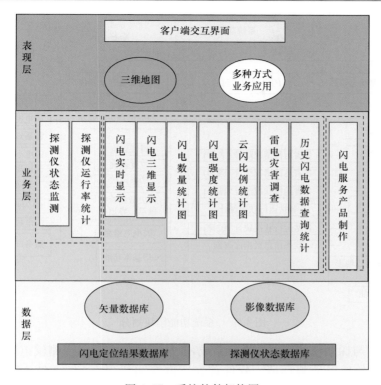

图 4.57　系统软件架构图

4.4.3　软件主要功能模块

系统的主要功能模块主要由三个子系统组成：

（1）闪电探测仪状态监控子系统。主要功能包括闪电探测仪状态数据包接收解析入库、状态实时监测和探测仪运行率查询统计。

（2）闪电定位数据实时显示子系统。主要功能包括闪电定位数据（云地闪和云闪）实时显示、历史闪电定位数据查询统计和闪电过程动画回放、雷电灾害事故点周边雷电调查。

（3）闪电产品制作子系统。主要功能包括自动定时或手动生成闪电探测服务产品。

各子系统的功能划分如图 4.58 所示。

4.4.4　主要子系统

1. 闪电探测仪状态监控显示

闪电探测仪状态监控子系统是图形显示系统的一个重要组成部分，该子系统

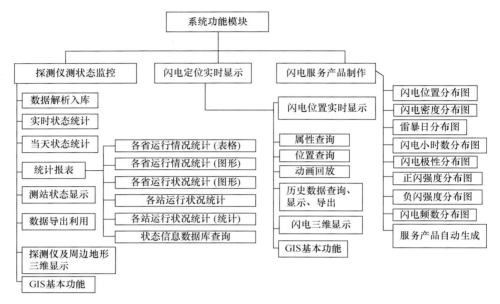

图 4.58　系统功能模块划分

将三维 GIS 与探测仪状态监控进行集成,通过三维 GIS 显示探测仪组网的空间布局以及所处的地形地貌环境。软件首先读取探测仪列表(存储在 SQLLite 文件中),根据探测仪经纬度地图上标注,使用不同的颜色实时显示探测仪运行状态,用户想寻找一个探测设备时,无需在整个设备列表中查找,直接在地图上点击关心的探测仪点位即可。地图上绿色圆点代表探测仪正常运行、黄色圆点代表探测仪状态异常、红色圆点代表探测仪状态缺失、红色叉号代表探测仪停运,一旦设备有故障,地图上的站点颜色就相应地变化,同时会有嘀嘀报警声提醒,如图 4.59所示。

该子系统其他的功能还有:

(1)实时状态统计图。显示的是在网的探测仪总数、状态正常、状态异常和状态缺失的探测仪数量和各个状态占总探测仪数量的比例。每一个项目都有超级链接,点击可以进一步查看详细信息。

(2)当天状态显示图。显示当日到目前为止各种状态的站点所占组网站点的比例图。程序每一小时自动统计一次。

(3)三维显示闪电探测仪周围地形。用三维的方式显示闪电探测仪所安装位置周围的地形情况。

(4)GIS 图层控制、状态故障报警设置、状态数据查询统计。

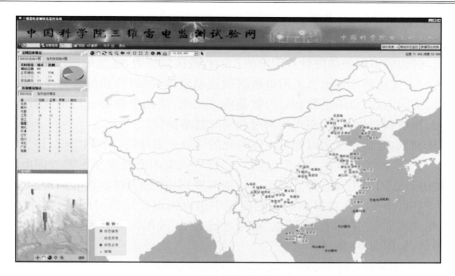

图 4.59　探测仪状态监控

2. 闪电定位数据实时显示

闪电定位数据实时显示子系统(图 4.60)主要功能是实现闪电的实时显示、云闪的三维显示、雷电灾害事故点周边雷电查询、历史闪电数据资料的查询统计以及闪电过程动画回放。

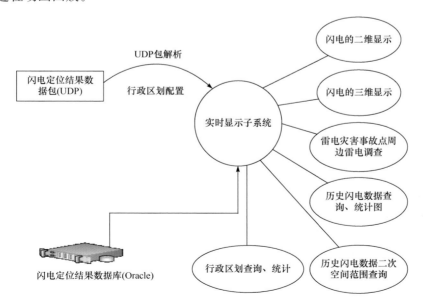

图 4.60　实时显示子系统基本流程

1) 闪电的二维、三维实时显示

闪电定位数据实时显示子系统接收闪电数据处理中心站发送的实时闪电定位数据包,解包后根据经纬度计算闪电所在的行政区划位置,在图形显示窗口上以分时彩色的方式清晰地显示当天闪电数据的运动轨迹,同时自动统计每个小时的闪电总数、正闪电数、负闪电数和云闪数及所占比例,使用户能够直观地查看到闪电的发生、发展和变化情况,实现雷暴过程实时监测预警。

每个闪电数据在显示时都是由图形化的符号来表征的,其中,"+"符号代表闪电强度大于零的闪电数据,即正地闪;"—"符号代表闪电强度小于零的闪电数据,即负地闪。云闪采用圆点符号表示。特别需要指出的是,对于监测网最新监测到的一个闪电,系统会在主界面的左侧面板中给出闪电发生的时间、经度、纬度、强度、类型和高度,在地图上用"闪电"符号进行表示,并跟随监测到的最新一个闪电实时显示,如图 4.61 所示。

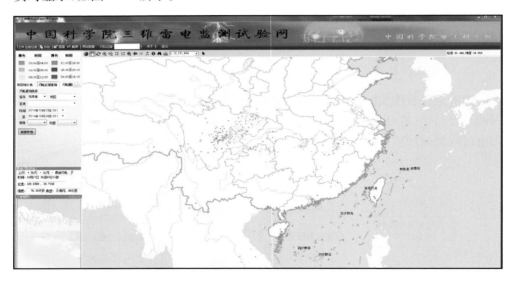

图 4.61　闪电定位数据实时显示

系统三维部分功能的实现主要采用 ArcSence Control 控件,将在二维中选定的数据,通过交互操作功能在 ArcSence Control 中显示出来。在闪电定位数据实时显示中通过在二维地图上进行范围的选择后,点击三维显示功能按钮则显示在该范围内的闪电数据,不同极性的雷电数据用不同的颜色表示。红色的表示云闪,黑色的表示正地闪,蓝色代表负地闪,白色透明线表示云闪连接地的垂直映射线。具体二维到三维显示转换的方法是在三维 sxd 中预先设置一个预定制结构的三维显示图层,当在二维图层中选定相应的数据后,通过程序获得这些数据所对应的 ID,然后在 ArcSence Control 控件中连接数据库获得这些对应 ID 的数据,将其设置到预定制的图层中,并以相应的符号和颜色等渲染该数据,最后刷新该图层,这样在 ArcSence Control 中就会显示出与二维对应的数据(图 4.62)。但目前存在着三维到二维转换的困难。

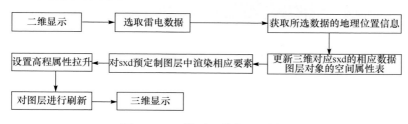

图 4.62　二维到三维的显示转换

三维显示窗口可进行单独放大至全屏、旋转等操作。

2) 历史闪电定位数据查询统计

历史闪电定位数据查询统计是针对闪电定位系统探测到并入库的闪电历史数据进行查询和显示,结合地理信息实现对闪电探测数据的检索、叠加、加工处理及多样化显示,并可进行各种特征统计分析,最终实现闪电服务产品输出。

查询结果数据可以进行统计分析、在地图上进行空间分布显示、在三维空间中进行显示(图 4.63)、对查询闪电数据过程进行动画回放以及将数据进行导出。

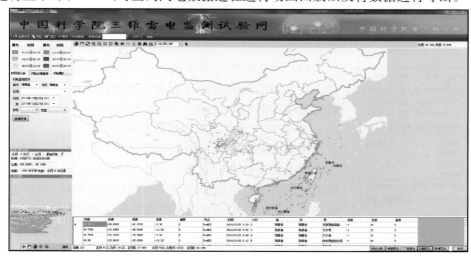

图 4.63　闪电三维显示

查询统计图表主要有闪电数据列表、正负闪分布图、闪电总数分布图、闪电强度分布图、云闪、地闪数量分布图、闪电高度分布图。

主要查询方式有:

(1) 指定行政区划查询。针对某时间段某地区提取闪电资料并在地理底图上按闪电类型、时间等方式显示,同时提供针对闪电类型等的初步统计数据(图 4.64 和图 4.65)。

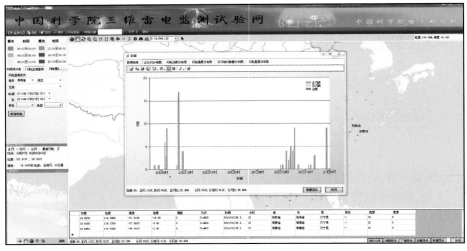

图 4.64　闪电历史数据查询

图 4.65　历史查询工具按钮

图 4.66　闪电范围查询

(2)闪电空间范围查询。针对给出具体经纬度和统计半径范围内的闪电进行查询或在地图上手工进行画圈指定范围的闪电查询(图 4.66 和图 4.67)。

3)雷电灾害事故点周边雷电调查

雷电灾害调查是一项经常性的、广泛而细致的工作,越来越受到全社会的重视。闪电定位数据实时显示子系统有效地将闪电数据与 GIS 平台进行无缝对接,提供进行雷电灾害事故点周边查询雷电发生情况的功能,为防雷中心人员对于雷电灾害事故的认定工作提供了翔实的雷电数据支撑。

如查询指定时间段内雷电灾害事故点(109.6E,19.2N)周围 3km 范围内的雷电情况,系统将给出该段时间内雷电发生的分布情况,进而雷电灾害调查人员可以通过雷电灾害发生时间以及相关因素,来进一步明确雷电灾害(图 4.68)。

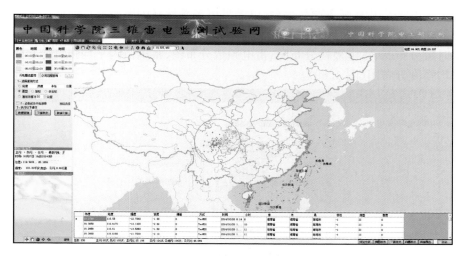

图 4.67　闪电范围查询(红色圆)

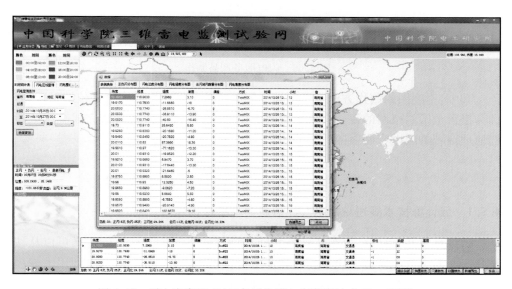

图 4.68　雷电灾害调查(红色圆为雷电灾害事故点 3km 范围)

3. 闪电产品制作

闪电产品制作子系统是一款面向服务部门的快速闪电服务产品加工制作子系统。该子系统集成多种类型的基础地理信息数据,利用三维闪电监测网获得的闪电数据进行加工分析,快速制作一系列图形图像类闪电产品,为决策服务提供支持。同时,该子系统可对生成的闪电服务产品进行综合管理,自动化实现日常作业,联动并上传至雷电"云"共享服务产品平台,以满足更多领域对闪电服务产品的需求。

闪电服务产品主要包括雷电位置分布图、雷电密度分布图、雷暴日分布图、雷电小时数分布图、雷电极性分布图、雷电频数分布图、雷电负闪平均强度分布图、正闪平均强度分布图(图4.69)。

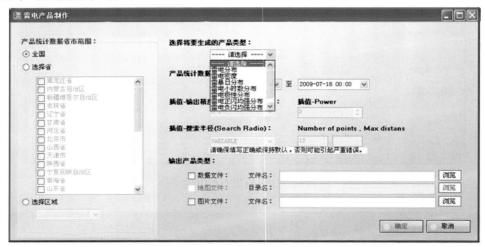

图 4.69   闪电服务产品制作

其中,密度图的制作方法是系统提取闪电定位数据库中的闪电定位结果数据,计算覆盖全国的格网的每一个格里所落闪电数量,通过插值的方式完成全国或所选地理区域的闪电密度服务产品的制作。

4.5   基于云计算的雷电信息共享平台

4.5.1   云计算技术概述与雷电"云"信息共享平台构建

云计算是并行计算、分布式计算和网格计算的发展。云计算的定义可以从狭义和广义两个方面来看。狭义云计算是把提供资源的网络称为"云",利用大规模的数据中心或超级计算机集群,通过互联网将计算资源免费或以按需租用的方式提供给使用者。"云"中的资源在使用者看来是可以无限扩展的,并且可以随时获取,按需使用,随时扩展,按使用情况付费。这种特性经常被称为"像使用水电一样使用 IT 基础设施"。广义云计算中的服务可以是与 IT 和软件、互联网相关的,也可以是任意其他的服务。

雷电定位系统存储的数据是突发性的海量数据。以单个省份发生雷暴时的数据来估量,一次雷暴以十万次雷击来计算,综合各种数据,一天存入数据库的数据将近百万条。全国系统在大规模雷暴时,一天的数据量将达到近千万条。因此,对海量数据的可靠存取、高性能计算,应用系统的稳定性、扩展性以及应用方式的多样化提出了越来越高的要求。而通过云计算,可以把各个省网的雷电定位系统中心站中的数据采用统一的机制进行管理,解决目前广泛存在的雷电原始数据丢失及不一致问题,实现海量数据的可靠存取;可以把各个省网雷电定位系统中心站中的各个分析计算服务器通过"云"的形式集中起来,从而可以拥有前所未有的计算能力,满足高性能计算的要求;可以把现有的应用改造成基于服务的体系架构,通过"云"服务提供数据,极大地提高应用系统的稳定性、扩展性;可以在智能终端和平板电脑上实现对雷电信息的监测、查询及统计等,从而为用户提供更便捷、更及时、更直观、更舒适的应用方式,实现应用方式的多样化[6]。

　　雷电"云"信息共享平台的主要功能包括对在网运行的闪电探测仪进行状态监控、闪电定位数据实时显示、闪电服务产品网络发布、闪电定位数据下载、闪电公共知识宣传服务等功能(图 4.70)。

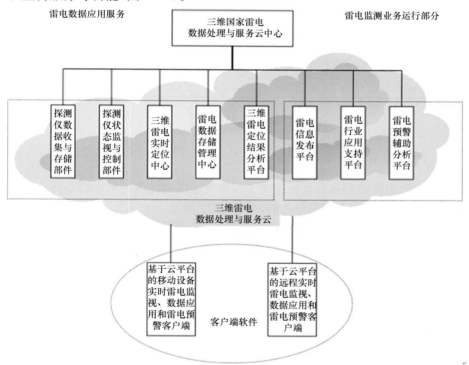

图 4.70　雷电"云"信息共享系统结构图

4.5.2　雷电监测业务运行部分

　　该部分负责探测仪状态数据的收集、状态监测与控制、三维雷电实时定位以及对定位结果的存储与管理,并对雷电定位结果进行分析。

1. 探测仪状态监测显示

用于监控各个闪电探测仪的运行状态。在 GIS 中以图形实时显示探测仪运行状态，同时以表格形式列出探测仪状态的详细信息，用不同的颜色显示不同站点的当前运行状态，如图 4.71 所示。

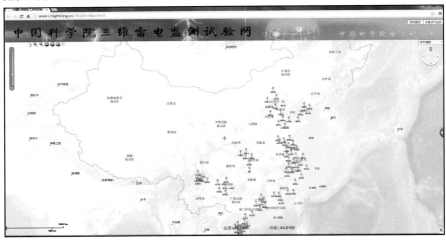

图 4.71　状态监测

2. 闪电定位数据显示

实时闪电定位数据显示页面实现了最新发生闪电的实时显示以及历史闪电数据的查询统计、雷电灾害预警等功能，如图 4.72 所示。

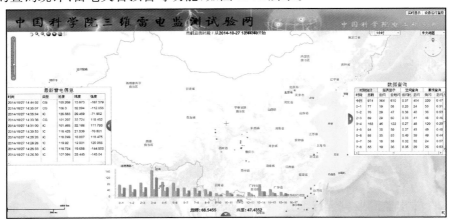

图 4.72　闪电实时显示

4.5.3　雷电数据应用服务部分

该部分可以发布实时的雷电信息,提供定制各行业应用服务及雷电预警辅助分析服务。雷电数据应用服务可以实现数据共享,为公众和专业用户提供闪电相关信息和服务产品。

使用者通过网站的入口注册成为合法用户后根据相对应的权限下载相应的服务产品,如图 4.73 所示。

图 4.73　闪电服务产品展示

4.5.4　雷电数据应用客户端软件

通过云平台用户可以在移动终端(如 iPad、iPhone 等)或远程网络(如 Internet 等)接收雷电数据应用服务发送的实时定位信息或向雷电数据应用服务主动请求各种数据服务和应用服务(图 4.74)。通过雷电数据应用客户端软件(上两节中已经提到)实现对探测仪状态监测的显示、闪电电位数据的显示(图 4.75)、闪电服务产品数据下载、闪电数据的共享、邻近位置闪电发生情况预警等。用户可以随时随地地了解当前的雷电情况,合理安排出行,提高强雷电防御及防范意识,避免因雷电而造成人身意外伤害。

图 4.74　移动终端探测仪状态监测

图 4.75　移动终端闪电显示

4.6　国家闪电监测网运行状态监控与数据质量控制方法

三维闪电监测定位系统采用三级质量控制方法,能有效地剔除错误、无用的数据,保证闪电的探测效率与定位精度,尽量减少误测数据。

4.6.1　探测仪状态监控及质量控制方法

三维闪电探测仪在硬件电路设计中加入了电磁场信号标定与自检模块,可以定时(小时整点)自检、命令自检,检测范围从天线到输出端口的各模块。一般情况下,自检通过,表示该台设备硬件与软件无故障,能正常工作,所测数据为真实数据;但当整点、探测站周边有雷电活动时,自检信号和雷电信号混合在天线中,导致设备没有故障但自检失败,此种情况下,探测站将延时 5min 后再次自检;探测仪自检不过,表明探测站处于故障状态,所测数据为不可信数据,通常选择不往中心站发送。

故障类别如下所述。

1) 探测仪故障,不发送任何探测数据的情况

(1) GPS 自检不通过,意味着时间标准不同步;

(2) Bns、Bew、E 三个通道放大倍数偏离标准值较大,意味着方位角计算误差较大;

(3) 62 个模拟闪电分布不正确,意味着天线和信道故障。

2) 探测仪故障,数据缺省状态为不发送,但也可选择发送

(1) 采集的幅值太低的值不发送(低于 0.3V 即认为不发送);

(2) 自检中 AD-DA 校验不通过时不发送,但是通道检测不过有可能是在集中打雷,数据仍然要发送;

(3) 晶振偏差大于 10Hz 时不发送,以免时间不准,影响定位结果;

(4) 电场/磁场比相差 2 倍以上,可以确定是干扰噪声,探测数据选择不发送;

(5) 统计每分钟平均处理闪电数量,此值过大,意味周边有强干扰,探测数据为干扰数据,为了不给中心站和通信系统造成较大负荷,一般选择不发送。

主要检查参数与范围如下:

FITTED QUANTITY	SLOPE	LIMITS	OFFSET	LIMITS	CHI-SQUARE	LIMITS
ADC(FULL RANGE)	0.950	1.050	−0.050	0.050	0.000	50.000
ADC (LOW RANGE)	0.970	1.020	−0.050	0.050	0.000	50.000
NS B-FIELD(−)	1.500	4.500	−0.300	0.300	0.000	50.000
NS B-FIELD(+)	1.500	4.500	−0.300	0.300	0.000	50.000
EW B-FIELD(+)	−4.500	−1.500	−0.300	0.300	0.000	50.000

EW B-FILED(－)	－4.500	－1.500	－0.300	0.300	0.000	50.000
E-FIELD(＋)	－4.500	－1.500	－0.300	0.300	0.000	50.000
E-FIELD(－)	－4.500	－1.500	－0.300	0.300	0.000	50.000
NS/EW RATIO	0.700	1.300	－0.300	0.300	0.000	50.000
BELOW THRESHOLD	2.000					30.000
GOOD FLASHES	20.000					62.000
OVERRANGES	1.000					30.000
BAD POLARITY	0.000					0.000

4.6.2　数据处理中心闪电数据同步质量控制方法

各探测站发送到数据处理中心的探测数据中，可能还含有部分电磁噪声、云地闪的先导脉冲及云闪高频脉冲等，中心站数据处理软件通过多站数据相干性分析、综合识别、判断以及对误差较大的定位结果复算等方法，剔除无用的数据，最大限度地保证探测资料的准确性。

（1）同源数据相干性分析法；

（2）相对时间一致性判断法；

（3）幅值、极性判断法；

（4）初值检验法。

4.6.3　探测产品的数据质量控制方法

根据中心站输出的定位结果，在制作图形显示产品时，对定位结果的真实性进行数据质量控制。判断依据为：

（1）检查定位结果中的平面定位误差值（判据：小于 10km）；

（2）经纬度范围（视闪电活动的区域而定）；

（3）闪电强度范围（一般为－500～500kA，大于 1kA）；

（4）检查定位结果中的高度值（判据：小于 30km）。

4.7　国家雷电监测网探测结果的验证与定标

4.7.1　雷电监测网主要技术参数描述与定标

对雷电监测网探测效率的评判有以下几个技术指标：

（1）回击探测效率。闪电监测网探测到的云地闪回击个数与真实云地闪回击个数的比值。

（2）闪电探测效率。闪电监测网探测到的闪电个数与真实闪电个数的比值。如果探测到某个闪电的一个或多个回击，即探测到这个闪电。

（3）定位误差。探测到的闪电与真实闪电之间的位置（经/纬/高度）误差，通常表示为距离误差(取均方根或平均值)。

(4)电流峰值估计误差。闪电监测网的闪电电流峰值估值与真实闪电电流峰值的误差比值。

(5)类型误差。闪电监测网错误识别闪电放电类型(云地闪放电或云闪放电)的概率。

4.7.2 火箭引雷

火箭引雷指向起电的雷暴云体发射拖带金属导线的专用引雷火箭,从而引发雷电如图4.76所示。

作为触发闪电的主要工具,火箭的速度不能太快,否则将会把导线拉断而无法引发闪电,这个速度要根据导线所能承受的最大拉力而定。然而火箭也不能太慢,需要具有一定的速度,否则也不能引发闪电。火箭的速度一般为$100\sim200m/s$。

导线也是触发闪电的主要工具,对导线的要求是:①要具有足够强的抗拉强度;②导线要细,以减轻火箭的负荷;③导线表面要光滑,以减少飞行时与空气的摩擦力。

图4.77是经典负极性火箭引雷发展示意图,火箭发射$1\sim2s$后上升到几百米的高度,导线顶端将会出现速度为$10^5m/s$左右向上发展的上行先导。导线很快被上行先导的电流熔断并汽化,上行先导继续上升直到进入云中负电荷区并引发初始连续电流过程,这个过程一般持续几百毫秒。它终止后的几十毫秒内通

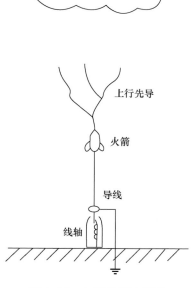

图4.76 火箭引雷示意图

道中几乎不存在任何电流。随后有一直窜先导以$10^7m/s$左右的速度沿着刚刚电离过的通道向地面发展。直窜先导达到地面后会引起与自然雷类似的$10^8m/s$左右的速度向上发展的回击。

如表4.4所示,在$2001\sim2003$年的37次引雷过程中,NLDN探测到的次数为31次,平均探测效率为84%。产生的回击次数为159次,探测到的回击次数为95次,平均探测效率为60%。

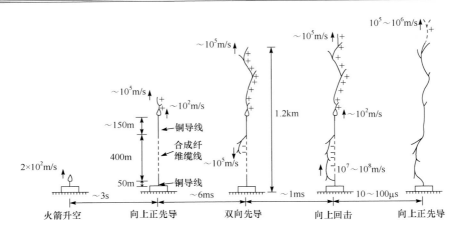

图 4.77　火箭引雷发展示意图

表 4.4　火箭引雷探测效率

年份	火箭引雷次数	NLDN 探得次数	探测效率/%	回击次数	NLDN 探得次数	探测效率/%	复合度
2001	11	9	82	33	17	52	1.89
2002	14	12	86	77	44	57	3.67
2003	12	10	83	49	34	69	3.40
综合	37	31	84	159	95	60	3.06

NLDN 对火箭引雷定位的误差范围为 0～7.2km,误差范围主要集中在 1km 以内 (图 4.78),并且 NLDN 探测到的峰值电流与火箭引雷峰值电流有较高的拟合度 (图 4.79)。

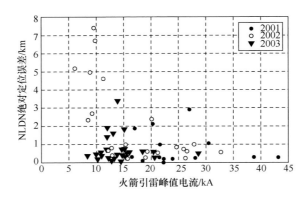

图 4.78　火箭引雷定位精度

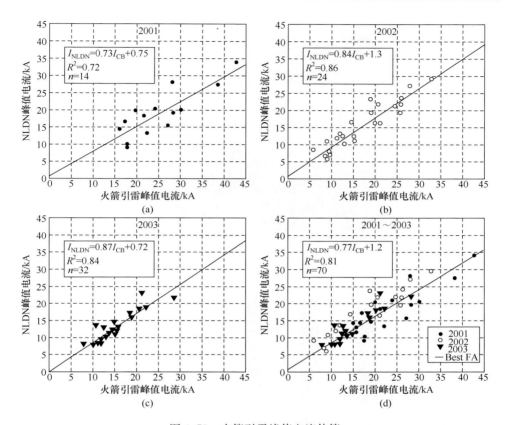

图 4.79　火箭引雷峰值电流估算

4.7.3　高塔雷电流观测验证

高塔雷电流观测(图 4.80)可以知道精确的实际闪电位置,并能够测量到实际的闪电峰值电流,操作简单,不需要人的交互操作。但由于塔的位置是固定的,因此只能评估某一特定位置的探测性能,每年能采集的闪电较少,受塔高度的限制使得其只能测量到极少的首次回击过程。

2000~2001 年以 Gaisberg 塔探测到的雷击为标准,得到 ALDIS(Austrian Lightning Detection and Information System)的探测效率如图 4.81 所示,从图中可以看出电流越大,探测精度越高。ALDIS 的定位误差集中在 200m~1000m,最大不超过 2000m(图 4.82),探测电流与 Gaisberg 塔探测到的电流拟合度也非常高(图 4.83)。

图 4.80　高塔雷电流观测

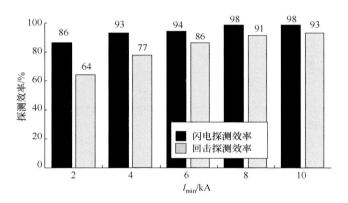

图 4.81　ALDIS 定位误差柱状图

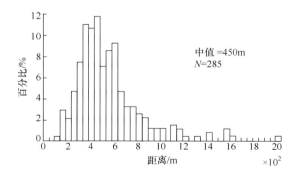

图 4.82　ALDIS 定位的平均误差

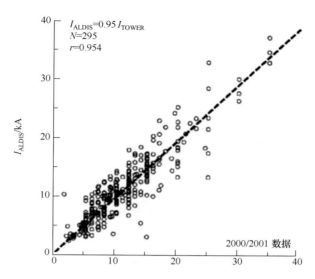

图 4.83　ALDIS 峰值电流与 Gaisberg 塔测量值的对比

4.7.4　光学与摄像系统

最早的闪电的光学测量方法是利用快速移动的相机对自然闪电进行拍摄,发现了闪电的分枝的特点,但对两次闪击的时间间隔测量不准确。直至 1926 年,Boys 设计了一种旋转式条纹相机,后来称为 boys 相机,其时间分辨率可以达到微秒量级,并成功获取了大量地闪结构的照片,揭示了地闪发展过程由先导和回击等构成,并指出首次回击之前的先导是梯级的。日本的 ALPS 是专门为记录闪电发展过程而设计的一套闪电发展特征自动观测系统,采样率高达 10^7 帧/s,在对闪电的始发过程、直窜先导和回击过程等研究中发挥了重要的作用。随着技术的发展,数字化高速摄像技术也已被引入到雷电物理的观测研究中。

国内的中国科学技术大学研制了一套光电同步观测系统,并在人工触发闪电的研究中进行了应用。整个观测系统能够同步记录包括先导初始阶段在内的完整闪电过程的光学和电学资料,其系统框图如图 4.84 所示[7]。

光学和摄像系统能够给出闪电的方向信息,但不能得到闪电发生的距离,能够采集首次回击和大部分后续回击,并且在一天内能采集大范围区域内发生的闪电,对闪电的类型也能加以区分。但受摄像机采样率影响可能会丢失一部分后续回击,光学系统不能测量闪电峰值电流或闪电极性,需要和大气电场测量装置一起工作,且容易受到雨水及能见度的影响,但也是一种验证闪电监测定位网探测效率的方法。

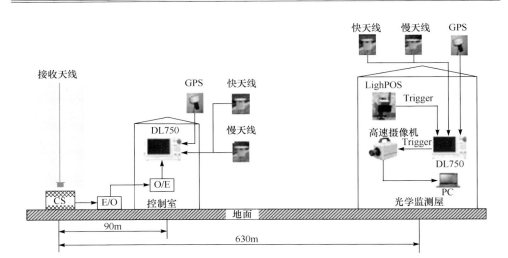

图 4.84　光电同步观测系统框图(控制室和光学监测屋)

参 考 文 献

[1] 马启明,迟文学,周晓,等. VLF/LF 三维闪电监测定位系统的研制与初步试验结果[C]. 暴雨中心探测资料应用技术研讨会,武汉,2011.

[2] 潘超,马启明,黄启俊. 基于 SOPC 的雷电探测仪设计[J]. 微计算机信息,2011,27(10):65～67.

[3] 迟文学,刘达新,庞文静,等. 雷电监测数据三维可视化技术研究[J]. 计算机工程,2011,6(37):247.

[4] 迟文学,庞文静,陈瑶. 基于 GIS 雷电监测预报服务信息系统的研究[J],测绘科学,2011,34:61～63.

[5] 迟文学,马启明,陈瑶,等. 数据图层动态绑定方法在雷电实时监测中的应用[J]. 微计算机信息,2011,27(4):7～9.

[6] 张启明,周自强,谷山强,等. 海量雷电监测数据云计算应用技术[J]. 电力系统自动化,2012,24(36):58～63.

[7] 周恩伟. 触发闪电放电过的光电同步观测与分析[D]. 安徽:中国科学技术大学,2010.

第 5 章　我国雷电气候特征参数的统计与雷电活动时空特性

5.1　我国雷暴日分布图

5.1.1　雷暴日统计意义

我国地处温带和亚热带地区,雷暴活动十分频繁,雷电灾害是我国最严重的自然灾害之一。雷暴日是指某地区一年中发生雷电的天数,一天中只要有一次雷电发生就算一个雷暴日。雷暴日可以用来表征不同地区雷电活动的频繁程度,是用来进行防雷指导、雷击风险评估的重要参数。根据雷电活动的频度和雷电灾害的严重程度,我国把年平均雷暴日数 $T>60$ 天的地区称为强雷区,$40<T\leqslant60$ 天的地区为高雷区,$20<T\leqslant40$ 天的地区为多雷区,$T\leqslant20$ 天的地区为少雷区。

雷暴日多的区域属于雷电高发区,雷电发生概率较高,雷电防护工程要求也较高;反之雷暴日低的区域雷电发生的概率较低,防护工程要求也较低。通过对雷暴日的统计,可以了解雷暴发生的主要时段、重点区域,可以为区域雷电灾害防御规划、雷电预警服务和防雷减灾工作提供参考依据。

5.1.2　气象观测资料雷暴日

我国气象观测现状为一个行政县市设一个气象观测站,以县级行政区域为雷暴日统计单位,气象站观测人员对听到的雷声数进行统计,听到雷声次数大于一次记为一个雷暴日。

5.1.3　雷电监测网资料雷暴日

气象站观测属于人工观测,容易受到主观和客观条件的干扰。国外科学家研究,听力好的人可以听到 20km 以外的雷声,听力不好的人连 5km 处发生的雷电都听不到,另外,气象站观测易受到雷声大小、背景噪声及传播路径上的障碍影响。

雷电监测网通过监测闪电辐射的电磁场来判断有无雷电发生,不管雷声大小,只要有雷电发生就会被探测到。

在雷电定位技术及其系统自主研发以及雷电监测网的建设上,中国属起步早、持续性好、已建的监测覆盖区域大、积累监测资料长的雷电监测大国。截至 2012 年 7 月,国家雷电监测网共有雷电探测站点 326 个,已覆盖了大部分的国土面积。

雷电监测站点密度的增加,进一步提高了雷电监测的准确率和效率。

当前,采用 10km×10km 网格作为标准统计区域是一种较为科学的方法,然而此方法与我国现行的雷暴日计算方法存在部分差异。为与人工观测资料具有可比性,雷电监测网统计以 20km×20km 网格进行雷暴日分布计算。利用国家雷电监测网的统计数据,我国 2012 年的雷暴日分布如图 5.1 所示。

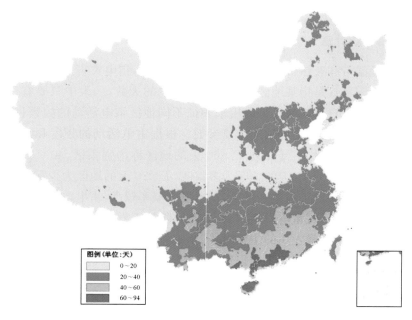

图 5.1　2012 年全国雷暴日分布图

我国年雷暴日数在 60 天以上的地区主要有:广东省、福建省南部、贵州省西南部、云南省东北部以及四川省西南部区域。长江以南仍旧是我国雷暴日数较多的区域。2012 年广东珠三角地区雷暴日数最高达 94 天。北部地区雷暴日较多的地区主要集中在北京、天津、河北省、山西省北部以及内蒙古南部。

雷暴小时数是对特定地区全年发生的雷电小时数的统计,是对雷暴分布更为精细的统计,更能体现全国雷电的空间分布特性。2012 年全国雷电小时数在 100 天左右的地区与雷暴日 60 天以上的区域基本一致,主要集中在广东、广西东部、江西南部、福建南部、云南东北部区域(图 5.2)。

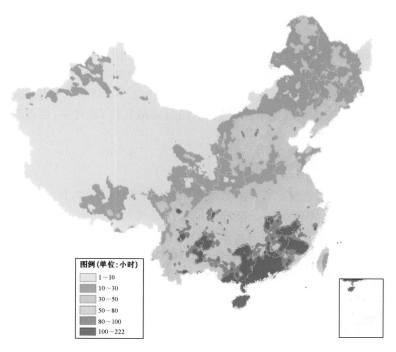

图 5.2　2012 年全国雷暴小时数分布图

5.2　我国雷电密度分布

5.2.1　雷电密度统计意义

仅用雷暴日描述雷电活动强弱远远不够,雷暴日只反映了一年中的有雷天数,具体一个雷暴日中雷电活动的密集程度却没有体现;有些地区在某些年份,虽然雷电日较少,每个雷电日内的雷暴却很密集,单纯依据雷电日来判断地闪活动的相对情况、进行防雷规划是不足的。雷电密度是指单位面积上的年落雷次数(包括云闪和地闪),是雷电防护工程最重要的参数之一,直接反映了雷电的空间分布特性。雷暴日与雷点密度相结合能更加切实反映当地闪电活动的频度,对防雷决策更加有指导意义。

5.2.2　气象观测资料雷电密度

早期的雷电密度是按照 GB 50057—1994 中的公式 $N_g = 0.024T^{1.3}$ 根据雷暴日计算出来的,但 MacGowan 等对比了美国闪电活动和计算得来的闪电密度,认为通过雷暴日计算的闪电密度偏高:一是雷电日本身的计算方法不够精确,其并未考虑在一个雷暴日内地闪活动持续的时间以及密集程度;二是雷电日的获取方式较粗糙,采用人工监测的方式,其结果不仅受到人体机能、工作人员状态的影响,而且不能区分云间闪和云地闪,因而误差较大。后来雷电密度常采用闪电计数器来得到,其探测范围有限,只能记录半径几十公里范围内的闪电次数;随后出现了雷电定位系统,利用一组正交天线远距离探测雷电电磁场,从而推断地闪发生位置、时间及其他属性参数。雷电定位系统是一种全自动、大面积、高精度、实时的地闪监测系统,可以获取连续的雷电活动情况,是目前最先进、最可靠,也最普遍的闪电密度获取方法[1]。

5.2.3　雷电监测网雷电密度分布

雷电监测网的雷电密度统计一般采用网格法,统计过程如下[1]:

(1) 建立统计样本数据库。整理雷电定位系统监测数据,剔除对分布有影响的不够准确的两站定位数据和冗余数据——三站双解汇聚区域数据,以及探测站附近由于干扰产生的堆积数据,以确保统计样本的一致性和可靠性;将整理后的数据按时间、地理位置、雷电流幅值与极性、主放电与后续放电等各项属性存入数据库中,作为雷电参数统计样本。

(2) 将被统计对象划分成一系列等面积的网格,统计各个网格中的雷电次数。用每个网格中的雷电次数除以网格面积,即得到该网格的雷电密度。一般用年平均雷电密度[次/(km²·年)],即各网格年雷电密度的加权平均值表示。同时,对多个网格雷电密度值按照数值大小进行分区分色渲染,即表现出雷电密度的空间分布特征。

(3) 网格大小不同,不会影响区域雷电活动相对规律。不同大小网格反映雷电密度时,地理图形化显示时的分辨率不同。依据被统计区域大小和定位精度,一般,统计区域可适当选择 0.01°×0.01°~0.2°×0.2°。当前我国雷电监测网平均定位误差约为 1km,对雷电密度分布的统计以 2km×2km 网格统计计算每平方千米内雷电发生平均密度值。

中国闪电高密度区相对较集中,主要在 32°N~37°N,114°E~124°E 的江苏安徽北部和山东交界沿黄海的陆地区(区域 1)和 20°N~25°N,100°E~115°E 的云南大部、广西中部、海南和广东北部及江西南部区域(区域 2)(图 5.3)。区域 1 闪电密度受昼夜变化影响较小,而区域 2 中白天发生闪电高密度区在靠近沿海的陆地区,夜间发生闪电高密度区在内陆。

不同季节的雷电密度分布特征也有较大差异。春季闪电高密度区出现在云南南部,内陆大部分地区为较高闪电密度区,且分布较均匀集中,沿海地区闪电密度偏低;夏季是我国主要发生闪电的季节,闪电密度高且面积广,高密度区与年均闪电高密度区一致,内陆地区闪电密度偏低,但较其他季节相比为高密度季节;秋季出现的相对高闪电密度区较分散,区域面积小并且闪电密度偏低,中心在江苏东部

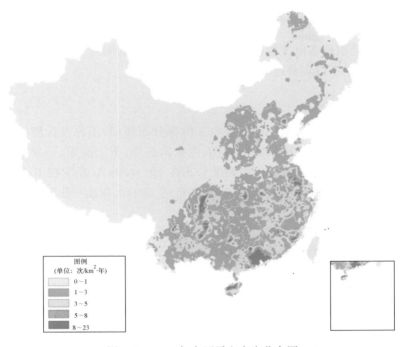

图 5.3　2012 年全国雷电密度分布图

沿海连云港和广东及四川东南部,较高闪电密度小面积区域主要集中在靠近沿海的陆地地区,大陆地区大部分为低闪电密度区;全年闪电密度最少期发生在冬季,闪电密度低且面积小。由四个不同季节的闪电密度量和区域特征可以看出:我国区域发生闪电密度高低和出现地域与不同季节的天气气候变化有关外,与其周边地理环境也有密切关系。

5.3　我国雷电强度分布

5.3.1　雷电强度统计意义

　　雷电强度是在回击过程中回击通道电流的峰值强度。正闪是指正电荷对地的放电,负闪是指负电荷对地的放电。该参数用于反映雷电发生的强烈程度。强度高的区域,雷电引发灾害的概率较高,因此雷电防护工程要求也较高;反之,低强度区域雷电发生概率较低,防护要求也较低。

　　雷电强度直接影响雷电灾害的严重程度。当一个地区的雷电强度达到一定的水平时,对雷电防护系统的级别要求应相匹配,往往一次高强度的雷击所造成的灾害比平时发生的一般雷电灾害要严重得多,而且对所要防护的设备也是致命性的。

5.3.2　雷电强度测量的方法与测量值

　　雷电强度是根据雷电流的幅值来体现的,雷电流的测量方法在第 2 章中已经介绍过,在本节中不过多赘述。

5.3.3　负闪强度分布

　　全国负云地闪的分布与中国地形的三阶梯分布相似,平原及丘陵地区绝大部分闪电强度分布在 10～40kA;第二阶梯,内蒙古高原、黄土高原、云贵高原及准噶尔盆地、四川盆地、塔里木盆地闪电强度分布在 40～100kA;强度在 100kA 以上的区域主要集中在青藏高原等高原地区,最高可达 200kA 以上(图 5.4)。可见闪电强度主要和地形有关。

　　负地闪的强度一般呈单峰变化,峰值集中在 −30kA,峰值范围较小,范围为 −10～185kA,负闪强度分布相对集中。

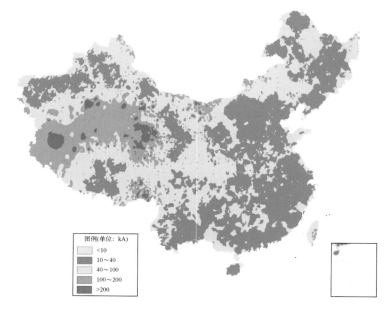

图例(单位: kA)
- <10
- 10～40
- 40～100
- 100～200
- >200

图 5.4　2012 年全国负闪平均强度分布图

5.3.4　正闪强度分布

　　2012 年我国正闪强度分布如图 5.5 所示,全国近 2/3 地区正云地闪强度在 20～80kA,与负闪相比正闪强度相对较强。正闪强度较高地区主要集中在青海大部分地区、新疆南部、西藏北部及四川、云南部分地区。正闪的强度会随着海拔的上升而不断增高,这一规律在高海拔地区尤为明显。在海拔 2000m 以下地区,正地闪强度在 80kA 以下;当海拔上升到 3000m 时,正闪强度上升到 80～150kA;海拔达到 5000m 时,正闪强度增至 150～300kA。

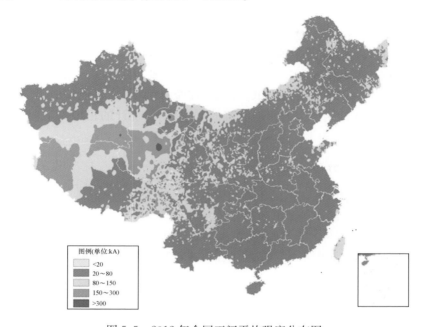

图 5.5　2012 年全国正闪平均强度分布图

正地闪的强度也呈单峰变化,峰值集中在 50kA,峰值范围较小,范围为 5～300kA,正闪强度分布相对比较分散。在大于 50kA 后正闪出现的频率随着强度的增加而减小,正地闪平均电流均值远高于负地闪,并且正地闪具有长的连续电流过程,因此,正地闪的危害更大。

5.4　正云地闪分布

5.4.1　正云地闪的特殊性

一般雷电中多发生的为负地闪,但观测发现,正地闪也时常在一些雷暴或雷暴的某些阶段发生,并且平均回击电流大于负地闪,有时可高达 300kA,同时,因为在正地闪回击之后常伴随着持续时间较长的连续电流,所以中和的电荷量较大,可高达上百库仑甚至更高。

正地闪通常只有一次回击,回击之后常常伴随着连续电流,其持续时间一般为几十到几百毫秒。连续电流的幅值比负地闪大一个数量级,同时大量观测发现,正地闪的时空分布与雷暴内的对流发展、地面降水等过程存在一定的相关性。在雷暴的消散阶段、中尺度对流系统的层流层以及产生冰雹和龙卷风等灾害性天气过程的超级风暴中都时常出现大量的正地闪,对灾害性过程的发生有一定的指示作用。Krehbiel 等认为正地闪还是中层大气放电现象(如红色精灵和极低频率辐射等)的触发源。

中国气象局和中科院寒区旱区环境与工程研究所通过对 37 个正地闪的分析发现,正地闪有以下特性:正地闪的平均持续时间为 730ms,最长的可达 2.4s,最短的为 300ms,持续时间为 500～600ms 的闪电最多,占总数的 43%,而超过 1s 的闪电也有近 30%;正地闪通常为单次回击,在统计的 37 次正地闪中,具有多次回击的只有 10%;正地闪产生大回击电流的概率较大,统计的正地闪中回击电流峰值最大为 70kA,最小为 11.5kA,大于 40kA 的约有 40%。

5.4.2　正云地频次分布

据资料显示,中国的正地闪比例约为 6.6%,日本约为 41%。郄秀书等在甘肃平凉地区利用 LLS 系统观测得到的正地闪比例为 15.3%,2008～2010 年间北京地区正地闪比例为 6%。研究发现,正地闪的比例随海拔高度的增加而增加,随纬度的减小而减小,在我国正地闪多发生在海拔较高的高原地区,如图 5.6 所示。

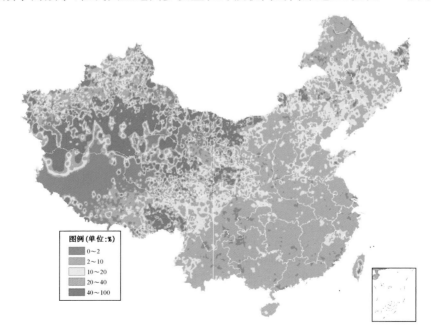

图 5.6　2012 年全国正云地闪频次分布图

我国北方地区的雷暴属典型的三层电荷结构,即从上至下分为正—负—正三层电荷层。大量的研究表明,一般负地闪的发生是中间的负电荷层与底层正电荷层产生放电,发生预击穿过程,击穿通道向地面方向继续发展形成下行先导,随后与地物连接形成云对地放电的,而底层的正电荷层一般能量、范围相对较小,很难对地直接形成放电。一般正地闪的形成是由于低层大气受风切变影响,使得最高层正电荷层有可能对地放电,而不被中部的主负电荷区所拦截。这样看来,正地闪的产生相比负地闪要困难得多,而其产生大电流的概率较负地闪也要大得多[2]。

我国北京正地闪月变化呈现单峰特征,峰值出现在 7 月。正地闪占总闪的比例分布呈现双峰双谷特征,两个峰值分别出现在 4 月和 10 月,其中,4 月的正地闪频次基本和负地闪持平,两个谷值分别出现在 6 月和 8 月(图 5.7)。可以看出,在雷暴低发期(12 月至次年 3 月,该时间段基本无雷暴发生),正地闪占总闪的比例较高;进入雷暴高发月份,总闪频次快速增加,而正地闪占总闪的比例却随之下降,呈现出一定的负相关关系。

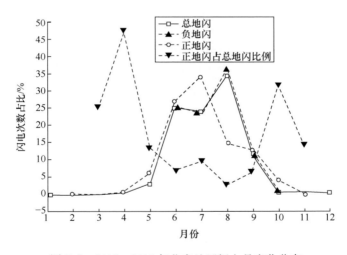

图 5.7　2008~2010 年北京地区闪电月变化分布

北京地区负地闪与总地闪的日变化特征基本一致。正地闪的高发时段为 15、18 时,16 时达到峰值,相比负地闪的峰值时间提前 1h。正地闪占总地闪的比例较高时,总地闪的频次相对较低。由此可见,总地闪频次越低,正地闪占比越高,反之亦然(图 5.8)。

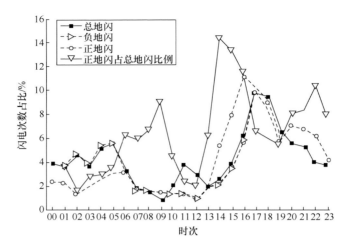

图 5.8　2008～2012 年北京地区闪电日变化分布

5.5　我国雷电时间特性

全球闪电活动主要集中在陆地的傍晚,而早晨的活动多是分散的。北半球闪电活动主要与极地锋辐合有关,南半球闪电偏少,主要与缺少陆地气团有关。最多雷暴日数在 0～10°N 周围,而最高闪电密度发生在 1°N～10°N[3]。我国地处温带和亚热带地区,雷电活动十分频繁,如何预测我国闪电,了解不同区域闪电频率分布和闪电气候特点是非常重要的。

5.5.1　我国雷电日变化

就全国平均来说,雷电大多发生在 4～9 月正午到深夜(12～24 时)这段时间,主要集中在 13～21 时,在盛夏表现比较明显,频次≥2 次,在 15～17 时和 19～20 时存在两个峰值,频次为 3.5 次,而在春季频次≤2 次,峰值则以 19～20 时为主。南方区雷电集中在 3～9 月 12 时至凌晨 6 时,主要集中时段和全国平均基本相当(13～21 时),3～4 月为单峰型(19～21 时),频次≤2 次,5～8 月为双峰型(15～17 时和 19～20 时),频次为 4 次,其中,华南区在 3～9 月几乎整天都有雷电发生,有 3 个峰值,即 2～6 时(5～6 月)、13～18 时(4～8 月)、19～20 时(3～9 月),发生在 2～6 时的峰值频次较低,为 2 次,而另两个峰值频次≥4 次,19～20 时这个峰值持续时间最长(3～9 月);高原区雷电发生在 4～9 月 12 时至凌晨 4 时,峰值在 15～18 时和 19～20 时,5～8 月发生频次较高(≥2 次),6、7 月峰值频次为 4 次和 3.5 次,并且西藏东部比西部雷电持续时间长 2 小时以上,西部雷电发生时间比较集中

(13～21时),峰值主要出现在17时左右;北方区雷暴发生在5～8月12～23时,峰值时间略微偏前,分别在14～17时和19～20时,频次为2.5次,在4个区中频次最低;新疆区雷电发生在5～8月13时至凌晨4时,略比全国平均开始时间偏后,峰值时间也略偏后,分别在16～18时和19～20时,频次为3次,这应该与时差有关系。北方区(包括新疆)雷电发生时间较短,主要集中在夏季,发生月份和时段均晚于南方区,发生频次也明显低于南方区和高原区[3]。

　　如图5.9所示,闪电在全天24小时内都有可能出现,从12时起闪电次数快速增加,最高值出现在18时,20～22时又是闪电另一高发时段,随后起伏下降直至次日9～11时达到日变化的最低谷[4]。

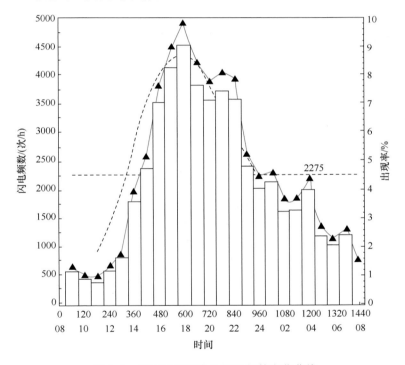

图 5.9　日不同时间发生闪电频数变化曲线

5.5.2　我国雷电月变化特性

　　从雷电发生日的月变化来看,全国雷电主要发生在4～9月,7月达到峰值,月平均9天左右,11月至次年2月全国几乎无雷暴出现,与2.2节中雷电的月平均分布特征是吻合的。南方区雷电发生最早,结束较晚,3月开始9月才结束,在4月有一个次极值,但雷电日数峰值主要集中在7～8月,月平均雷电日数在3～5月为3～6天,7～8月为9天,均高于全国平均水平,而华南雷电发生日数更多,在

4～9 月为 6 天以上，5～8 月达 10 天以上，8 月极值达 13 天以上；高原区雷电发生
在 4～9 月，略晚于南方，峰值也在 7～8 月，达 10 天，整个期间发生频率均高于全
国平均水平，5 月一直持续到 9 月均在 6 天以上；北方区雷电发生较晚，基本上发
生在 5～9 月，峰值在 7 月，与全国平均峰值时间一致，为 8 天；新疆区和北方区的
月变化是一致的。

我国一年四季均有雷暴发生，但主要集中在暖季，从 3 月开始雷电开始增多，
范围也不断扩大，大部分是局地性的弱雷电活动，主要集中在云南、贵州、四川、重
庆、广东、广西等长江以南区域。到 4 月，雷电发生区域几乎已遍布全国，以中南部
区域居多，华北地区居中，东三省只有零星、局地雷电，其中，湖北省雷电频次最高。
5、6 月雷电逐渐增加，范围也逐渐扩大，7、8、9 月是雷电的高峰期，达到几百万次。

根据 2009 年的统计，1～11 月全国共发生云地闪 816.6 万次，与 2008 年
1013.4 万次相比明显偏少。与往年相比，今年的雷电天气系统来得早、去得晚，活
动区域更加集中。

在惊蛰(3 月 5 日)前后，长江以南就开始出现较大规模的雷电天气过程。在
11 月，黄淮以北出现大面积降雪雷电天气，全国共发生云地闪 14.4 万次，比 2008
年同期高出 13.1 万次。全年华北、东北云地闪次数较往年明显增多，南方地区明
显减少。

2009 年 1～3 月，云地闪数量较往年明显增加，尤其在 2、3 月达到近 4 年最高
值；在 4～5 月、7～10 月云地闪数量较往年同期偏少，其中，7 月为近 4 年同期的最
低值；6、11 月云地闪数量较 2008 年同期明显增加，11 月较 2008 年多出近 10 倍。

我国闪电频数的年变化呈双峰形式，闪电主要发生在 4～9 月，站占全年总闪
电数的 92% 左右。6 月中旬为次峰值，主峰值发生在 8 月中旬，占全年总闪电数的
43.4% 左右，夏季 6～8 月占 60%，11 月到次年 2 月发生的闪电很少，仅占全年总
闪电数的 0.4% 以下。

具体图表如图 5.10 和图 5.11 所示。

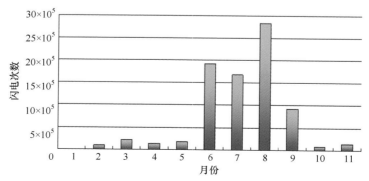

图 5.10　2009 年月雷电数据分布图

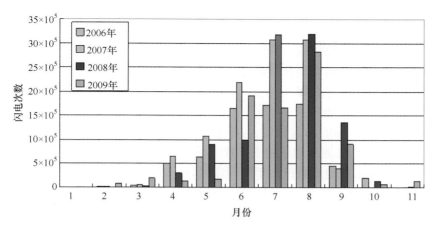

图 5.11　2006～2009 年月雷电数据分布图

　　四个季节发生闪电峰值的日变化时间表明,不同季节出现闪电的日时段不同,冬季主要在中午,秋季主要在下午,春季主要在晚间,夏季主要在傍晚。且不同季节出现闪电密度和分布特征有较大差异。春季闪电高密度区域为我国的西南部,内陆大部分为较高闪电密度区域,沿海陆地区域闪电密度相对较低;夏季闪电密度高且面积广,高闪电密度区域与年均闪电高密度区一致,并靠近沿海,内陆闪电密度相对偏低;秋季出现的相对高闪电密度区很分散,区域面积都较小,主要在靠近南部沿海;冬季为全年闪电最少期,闪电密度低且闪电区域面积小,主要在我国 30°N 以南部分地区和四川盆地。

5.6　我国雷电活动的空间特性

　　根据卫星和地面监测网的联合统计发现,全球每年闪电总数中北半球占全球闪电总数的 54%。不同区域海陆之比为 1:10～1:5,白天海陆闪电比达到 1:20～1:8,晚上在 1:8～1:4。全球闪电频率平均约 100 次/s,下午平均 123 次/s,晚上平均 96 次/s。北半球 142 次/s,南半球 96 次/s。夏季北南闪电比率达到 1.4。全球陆地闪电密度约为 8.3 次/(km² · 年)。

　　我国地域广阔,地形复杂。气候区从亚热带到温带,气候差异明显。闪电密度东部比西部高,南部比北部高,沿海陆地区比内陆区高,陆地比海洋高。雷电分布大致可划分为 4 个区域[5]:第一区域为 30°N 以南,107°E 以东地区;第二区域为 37°N 以南,107°E 以西地区;第三区域为 30°N 以北,107°E 以东地区;第四区域为 37°N 以北,107°E 以西地区,但其东南角划入第二区。

　　第一区中平均年雷暴日随纬度减小明显递增。长江流域为 40 日/年左右,两广和福建则为 90～110 日/年。广东中西部为一高雷暴中心,其中部为全国雷暴最高区。由于东南远离海洋地区为丘陵地带,地势较高且地形复杂,年平均雷暴日偏高于同纬度平原地区的数值。滨海地区比离海洋较远地带数值小,故东南沿海的滨海地区与同纬度离海洋较远地带之间的偏差更为明显。这与 Price 的认识是一致的。江西和云贵高原东部,由于地势较为平坦,平均值低于同纬度其他区域,在此等值线表现为一小槽区。

第二区多高原和山岳,起伏较大,年平均雷暴日高于同纬度其他地区,一般为 50～80 天。由于此区地形和地貌变化较大,平均雷暴日随水平距离变化即水平梯度较大。藏东和川西地区数值高于周围地区,一般为 70～90 天,雅鲁藏布江流域下游区,地形相对低而平坦,在此区平均雷暴日较低,上游区为一高中心。

第三区年平均雷暴日为 30～50 天,随纬度的变化不大,黄河中下游地区仅为 20 天左右,内蒙古高原东部地区数值较高,一般在 40 天以上。

第四区,由于下垫面主要为沙漠和戈壁等干旱地表类型,雷暴平均日数仅为 10～20 天,其中甘肃西北部和内蒙古西部低于 10 天。

从四个区域雷电的分布来看,雷电的发生与地形地貌关系十分密切,主要分布在高原、山区、丘陵或河谷地带,而华南和云南南部地区是雷电发生最频繁的区域,除了与地形有关外,可能还与东风波、台风等热带对流系统的发展有关。

5.6.1 年平均分布特性

根据雷电区域的划分及近 30 年我国雷暴日的统计可以看出,南方区的雷电日随纬度增加是减少的,四川盆地东北部、重庆、贵州、江南大部及华南年均雷电发生日都在 30 天以上,为雷电易发区,大值区主要分布在华南、广西东部、广东西部和海南,达 80 天以上(海南儋县 108 天);高原区的雷电大值带从云南到川西高原呈纵向分布,西藏东偏北地区呈纬向分布,年平均雷电日在 60 天以上,其中,云南南部达 80 天以上(云南勐腊 112 天、江城 109 天、景洪 106 天);北方区的雷电主要分布在华北西部和北部偏山区一侧,以及东北的大兴安岭及长白山地区;新疆区的雷电则主要分布在伊犁河谷一带,年均雷电发生日也都在 30 天以上,也是雷电较容易发生的区域(新疆昭苏 84 天)。从四个区域雷电的分布来看,雷电的发生与地形地貌关系十分密切,主要分布在高原、山区、丘陵或河谷地带,而华南和云南南部地区是雷电发生最频繁的区域,除了与地形有关外,可能还与东风波、台风等热带对流系统的发展有关[3]。

5.6.2 月平均分布特性

分析逐月雷电≥3 天的样本空间分布发现,2 月雷电最早出现在湖南、广西交界处,但主要是从 3 月开始雷电发生区域不断扩大,到 7 月达到区域和频率最大,8

月开始区域逐渐缩小,11 月开始中国大陆雷电基本消失。3 月整个雷电区域从云南中南部到江南、华南中北部呈东西带状分布,为 3～6 天[3]。

4 月南方区域的雷电以江南南部和华南北部为中心向四周辐射,向北扩展到长江沿线一带,向南扩展到整个华南,云南的雷电也进一步向北推进;大值区主要分布在云南南部、贵州、江南中西部和华南,江南东部相对偏少。另外,高原区的雷电由四川西南部向北扩展到四川大部,主要分布在川西高原,极大值出现在四川西南部(达 8 天);新疆阿拉山口也开始出现雷暴(4 天)。

5 月新疆西部雷电活动明显增多,月平均雷电日达 14 天;高原区的雷电从四川南部往北扩展到青海东部,往西扩展到青海南部及西藏北部,极值出现在四川西北部和西南部(12 天);南方区域的雷电范围扩展不明显,云南南部(16～18 天)、广西广东(14 天以上)和海南(17～19 天)一带雷电明显增多;华北和东北地区开始出现雷电,月平均为 3～5 天。

6 月新疆西部的雷电区域继续东扩,月发生频率也明显加强,伊犁河谷地区雷电 13～20 天;青藏高原雷电发生区域进一步向北向西扩展,青海、西藏及川西高原为 12～16 天;南方区域的雷电活动继续向江淮发展,但主要集中在江南南部和华南以及云贵高原(14～18 天);北方区的雷电向南延伸至黄淮地区,华北、东北地区雷电活动明显增加,达 8～11 天,主要分布在山西北部、河北北部、内蒙古东部偏南地区和东北部、东北地区东部;汉水、黄淮、江淮及江南大部雷电活动相对偏少,为 3～5 天。7 月,全国雷电活动达到极盛,范围和频率都达到最强,南北方月平均≥6 天的雷电区域连通。

8 月全国雷电活动明显比 7 月减少,尤其是在华北、东北地区更为明显。新疆西部的雷电也主要分布在伊犁河谷及其以南的新疆西南部;青藏高原及西南、华南的雷暴大值区都有所南移,极值分布在云南西北部和四川西南部的交界处及青藏高原中部,达 15～19 天;云南南部、广西东部、广东西部和海南为 17～21 天,我国东部长江以北大部地区在 4～8 天。

9 月雷电活动迅速减少,南方雷电区域的北界迅速退到江南南部,北方雷电区域明显缩小到华北东北部,仅为 3～5 天,大值区主要集中在青藏高原中部、青海南部、云南中西部及华南中南部,在 9 天以上,整个分布与 5 月类似。新疆西部偏南地区为 3～6 天,极值为 9 天;10 月,仅在青海东南部、川西高原、云南中南部、华南南部沿海和海南雷暴日数为 3～5 天,个别地方为 6～9 天。

5.6.3　闪电频次随经纬度的变化

中国区域发生闪电随纬度的变化表明,每纬度年均出现闪电 2600 次,较高发区出现在 21°N～24°N,25°N～27°N 为低发区,28°N～36°N 为高发区(图 5.12)。结合中国经纬度网格可以看出,21°N～24°N 闪电较高发区位于我国南部的沿海陆地地区,25°N～27°N 位于次沿海陆地地区,而闪电高发区在中东部的 28°N～36°N 为内陆地区。图 5.13 是中国年均闪电数随经度的变化情况,图中表明中国区域发生闪电数随经度的变化以单峰值为主,每经度年均出现闪电 1092 次,闪电峰值主要在中国东南部 105°E～120°E,100°E 以西为低发区[4]。

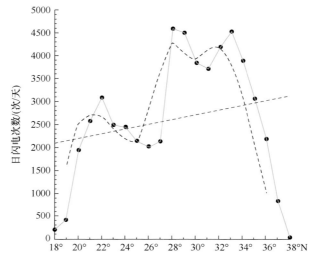

图 5.12　中国年均发生闪电数随纬度的变化

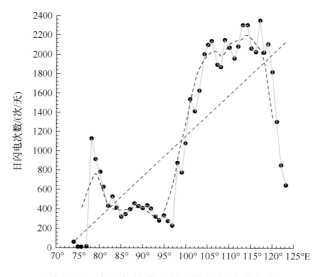

图 5.13　中国年均发生闪电数随经度的变化

经度与纬度年均闪电频数说明,中国区域年均发生闪电数值随纬度的变化要比随经度的变化大得多,纬度变化是经度的 2.5 倍,这说明沿海的陆地出现闪电频数比海区高,东部比西部高的特点。

参 考 文 献

[1] 童雪芳,陈家宏,王海涛.雷电地闪密度研究[C].中国电机工程学会第十届青年学术会议,吉林,2008.

[2] 李如箭,逯曦,张华明,等.2008～2010 年北京地区云地闪时空分布特征[J].气象与环境科学,2013,2(36):52～55.

[3] 林建,曲晓波.中国雷电事件的时空分布特征[J].干旱气象,2008,34(11):22～30.

[4] 张鸿发,程国栋,张彤.中国区域闪电分布和闪电气候的特点[J].干旱气候,2004,22(4):17～25.

[5] 张敏锋,冯霞.我国雷暴天气的气候特征[J].热带气象学报,1998,14(2):156～162.